DIE CHROMOSOMENZAHLEN
DER GEFÄSSPFLANZEN MITTELEUROPAS

DIE CHROMOSOMENZAHLEN

DER GEFÄSSPFLANZEN MITTELEUROPAS

VON

Dr. phil, Dr. med. h.c., Dr. agr. h.c. GEORG TISCHLER

O.Ö. PROFESSOR AN DER UNIVERSITÄT KIEL.
DIREKTOR DES BOTANISCHEN INSTITUTS
UND GARTENS.

UITGEVERIJ Dr W. JUNK
'S-GRAVENHAGE
1950

ISBN-13:978-94-011-5959-3   e-ISBN-13:978-94-011-5958-6
DOI: 10.1007/978-94-011-5958-6

Dr. ARNE MÜNTZING

o. Professor an der Universität Lund

in Freundschaft und Dankbarkeit.

VORWORT.

Seit langem beabsichtige ich, eine Zusammenstellung aller bekannt gewordenen pflanzlichen Chromosomenzahlen zu geben. Doch muss ich für einige Zeit diesen Wunsch noch zurückstellen, da ich vorher noch den Schlussband meiner „Pflanzenkaryologie" beendigen möchte. Aber es ist mir von verschiedenen Seiten nahegelegt, wenigstens sogleich eine Zusammenstellung der Gefässpflanzen Mitteleuropas zu bringen. Diese würde sich nicht nur an den Zellforscher, sondern ebenso an den Genetiker, Oekologen, Pflanzengeographen, Systematiker und Floristen wenden. Denn in steigendem Masse müssen auch die anderen Teilgebiete der Botanik von den Ergebnissen der Chromosomenforschung Notiz nehmen.
Als ich vor mehr als einem Jahrzehnt eine derartige Liste für die Angiospermen Schleswig-Holsteins brachte, hoffte ich auf baldige Nachfolge für andere Länder. In dieser Hoffnung bin ich auch nicht getäuscht worden. Miss Maude (1939) und Rutland (1941) haben im „Merton-Katalog" für Grossbritannien, A. u. D. Löve (1942, 1948) für Skandinavien und v. Sóo (1947) mit seinen Mitarbeitern für die karpathisch-pannonischen Gebiete solche Zusammenstellungen gebracht. Ich selbst habe für Spitzbergen und die griechischen Inseln Aehnliches compiliert. Und, wie ich höre, ist für Portugal bald Analoges zu erwarten. Wenn auch die letztgenannten Zusammenstellungen noch nicht gedruckt sind, so sieht man doch, wie rasch sich eine „cytologische Floristik" herauszubilden beginnt.
Bisher wurde jedoch niemals eine erschöpfende Literaturzusammenstellung gebracht. Man begnügte sich mit der Nennung eines Autors oder gab höchstens einige wenige Autoren bei öfter studierten Arten. Demgegenüber habe ich grosses Gewicht auf wirkliche Vollständigkeit gelegt. In dem beigefügten Literaturverzeichnis wird man 1887 Arbeiten finden, und ich hoffe, keine wichtigere übersehen zu haben. Im nachfolgenden Arten-Verzeichnis sind allein die wirklich wild wachsenden und die eingebürgerten Species enthalten, die nur „verwilderten" oder gar die kultivierten sind ausgelassen. Natürlich bleibt die Abgrenzung dieser Gruppen immer etwas subjektiv. Ebenso wird die Abgrenzung einer Art verschieden beurteilt. Im grossen und ganzen bin ich den Vorschlägen Mansfelds (1940) in seinem bekannten Buch oder Janchens Ergänzungen (Fedde Repertor. Bd. 50, 52, 1942) gefolgt. Beide Autoren haben anscheinend von karyologischen Erfahrungen keine Notiz genommen. Das hat gegenüber meiner Artauffassung manche Verschiedenheiten mit sich gebracht. Zu meiner Freude hat dagegen Hylander (Uppsala Univ. Årsskr. 1945) weitgehend die Chromosomenzahlen bei kritischen Fällen herangezogen. Sein schönes Buch ist für mich ein Musterbeispiel der Zusammenarbeit von Systematikern und Cytologen.
Den Umfang des Areals nehme ich wie Mansfeld. Für eine evtl. nötig werdende zweite Auflage müsste die Flora des gesamten Polen aufgenommen werden. Z. Zt. fehlt mir eine diesbezügliche Zusammenfassung. Entgegen Mansfeld habe ich die Flora des Elsass dazugenommen, da sie mit dem rechtsrheinischen Gebiet eine pflanzengeographische Einheit

bildet. Die Pflanzen der Schweiz blieben wie bei Mansfeld unberücksichtigt, da m. E. sonst zu viele west-oder südeuropäische Arten hätten aufgenommen werden müssen.

In der Nomenklatur bin ich Mansfeld nicht gefolgt. Anfangs stand ich gleich vielen anderen Fachgenossen zwar etwas unter der Hypnose einer „stabilisierten" Artenbezeichnung. Aber allmählich hat sich bei mir die Ueberzeugung durchgesetzt, dass eine Ordnung, die solche Unsinnigkeiten wie die vergessene Bezeichnung „Triticum aestivum" für die durchaus nicht nur sommerliche Gesamtart oder die gleichfalls vergessene Bezeichnung des „Orchis impudicus" nicht oder doch nur nach langer Ueberlegung auszumerzen versucht, nur mit starken Modificationen wert ist, erhalten zu bleiben. Hylander, der allerdings weniger radikal vorgeht als ich, sagt ganz richtig: „Der Sinn der Nomenklatur ist ja, ein Werkzeug für die Forschung und kein paläographisches Museum zu sein". So wird es jedem „Nicht-Nomenklator" mehr als wunderlich erscheinen, dass es nach den „geltenden" Regeln einem Autor verboten ist, seine eigene, später als schlecht empfundene Namengebung zu verbessern. Und wenn jetzt Jahrzehnte lang diese Verbesserung allgemein angewendet wurde, so soll man gezwungen sein, die erste Bezeichnung auszugraben. Bei diesen Grabungen sind, wie sich auch der Nicht-Systematiker leicht überzeugen kann, des öfteren so wenig eindeutige Resultate erzielt, dass einem bei nüchterner Betrachtung der grosse Aufwand schmählich vertan zu sein scheint. Vielleicht wäre es am besten, dem Vorschlag von Little (Phytologia. vol. 2, p. 451. 1948) zu folgen, alle Namen, die hundert Jahre lang, also von 1850 an, im allgemeinen Gebrauch sind, beizubehalten und die früheren, jetzt von den Nomenklatoren ausgegrabenen Namen als „nomina extincta" zu bezeichnen. Ferner dürfte man mit Bartsch und Janchen erwägen, eine grössere Zahl von „nomina conservanda" einzuführen. Dabei könnte man dann auch wohl einige Schreibfehler ausmerzen und z. B. statt Elodea und Eleocharis ruhig Helodea und Heleocharis oder statt sylvestris und Pyrus silvestris und Pirus sagen.

Noch in einem weiteren Punkt habe ich mich Mansfelds Buch entgegengestellt. In Deutschland, Oesterreich und Skandinavien pflegt man bei systematischen Aufzählungen meist dem System von Engler oder dem von R. v. Wettstein zu folgen. Mansfeld hat gleichfalls das Englersche System gewählt. Es ist jedoch meine feste Ueberzeugung, dass, sofern man ein phylogenetisch ausgerichtetes System zu Grunde legt, keines gewählt werden darf, das mit den „Apetalen" beginnt. Mit Hallier, Goebel, Karsten, Lotsy, Mez, Hutchinson und vielen anderen ist mir bei diesen vielmehr der Charakter von Reduktionsreihen erwiesen. Die von mir gewählte Reihenfolge gleicht sehr der von Mez, der sein System ausser auf serologische Erfahrungen auch auf morphologische Erwägungen aufbaut. Firbas gruppiert ähnlich im Bonner Lehrbuch. Bei diesem Autor vermisse ich nur die Hereinnahme gewisser „Sympetalenfamilien" in „Choripetalen-Reihen", die doch z. Tl. ganz offenbar geworden sind. So habe ich die Primulaceen und Plumbaginaceen an die Centrospermen, die Ericaceen an die Empetraceen und damit an die „Discifloren" angeschlossen. Kusnezov und Voronin (s. Bot. Journal t. 30. 1945) gehen noch weiter. Sie nehmen die Oleaceen von den Contorten, die Convolvulaceen von den Tubifloren und schliessen erstere an meine Gruppe der „Discifloren", letztere an

die der „Monadelphia" an. Im übrigen weisen sie auf die Beziehungen der Tubifloren und Contorten zu den Rosales, der Synandrae zu den Parietales hin. Verwandte Reihen wurden von mir unter einer Bezeichnung zusammengefasst. Von den im folgenden aufgestellten 12 Dikotylen-und 6 Monokotylen-Reihen dürfte nur die der „Apetalen" vollständig künstlich sein. Diese Reihe bedeutet wohl sicher nur ein Provisorium, das höchstens mit Hilfe einer von Fehlerquellen gereinigten Serologie wird beendet werden können. Denn morphologische Unterscheidungen lassen uns hier im Stich. Die Zoologen haben in Boydens Laboratorium mit moderner Serologie bereits so grossartige Erfolge erzielt-ich weise nur auf den bündigen Nachweis der Verknüpfung von Cetaceen und Artiodaktylen hin-dass wir auch für die Angiospermen ähnliche Hoffnungen hegen dürfen. Die nahen Beziehungen der Umbellales und Rubiales, auf die im Gegensatz zu Mez die genannten russischen Autoren sowie Walter (1948) wieder aufmerksam machen, anknüpfend an Erwägungen älterer Systematiker, erscheinen mir auch karyologisch gerechtfertigt. Die Auflösung von Englers „Glumifloren" und die Anfügung der Cyperaceen an die Juncaceen, der Gramineen an die Commelinaceen sind für mich ebenso wie für Mez, Firbas und die genannten Russen Selbstverständlichkeiten geworden. Die landläufige Abtrennung der Amaryllidaceen von den Liliaceen erscheint mir ungerechtfertigt. Karyologische Erfahrungen zeigen, dass z. B. die Gattungen Yucca und Agave einander sehr viel näher stehen dürften als diese zu Lilium oder Narcissus. Die von Hutchinson vorgenommene Aufteilung der Liliifloren scheint mir aber Verwandtes zu sehr auseinander zu reissen. Ich habe darum alle diese kleinen Hutchinsonschen Familien in einer und derselben Familie belassen. Schliesslich spielt die Frage der Ober-und Unterständigkeit des Fruchtknotens bei den verwandten Bromeliaceen auch nicht eine solche Rolle wie nach den landläufigen Systemen bei den Liliaceen und Amaryllidaceen. In einer am Anfang gegebenen neuen Systemübersicht habe ich mich — provisorisch — bemüht, die Basiszahlen der einzelnen Familien, soweit sie bekannt sind, zusammen zu stellen.
Bezüglich einer Systemaufstellung überhaupt befinde ich mich in einem scharfen Gegensatz zu Meyer-Abich (Acta Biotheoretica vol. 7. 1943), der generell für ein rein „typologisches" System eintritt. Wenn dieses mehr als ein künstliches System sein will, so führt es uns letzthin in die Metaphysik der Platonischen Ideenwelt, vor der wir in den induktiven Wissenschaften hoffentlich für immer bewahrt bleiben mögen.
Was nun die gewählte Reihenfolge der Arten innerhalb einer Gattung anlangt, so habe ich hier weitgehend karyologische Daten berücksichtigt. Im allgemeinen stehen also die diploiden Species vor den polyploiden, ausser wenn es sich um deutlich geschiedene Sektionen handelt, in denen der Sprung von der Diploidie zur Polyploidie mehrfach vorgekommen sein dürfte. Ich habe die von mir als diploid und polyploid angesehenen Arten besonders gekennzeichnet und ebenso die, für die wir diploide und polyploide Rassen kennen. Künstlich hergestellte Polyploide sind ebenso wenig berücksichtigt wie Haploidrassen, die gelegentlich aufgefunden sind, sich ja aber im Freien nicht halten können. Wo ein Stern vor der haploiden Zahl steht, ist bisher nur die diploide Zahl bekannt und die Haploidzahl lediglich durch Division gewonnen. Im allgemeinen war die Einordnung

nicht schwierig, wenn man die karyologischen Verhältnisse einer grösseren Zahl von Arten oder Gattungen kennt. Es bleibt aber eine Anzahl von Fällen übrig, in denen man verschiedener Meinung sein kann. Doch darf man nicht in den Fehler verfallen, Arten mit hoher Chromosomenzahl ohne weiteres als polyploid zu werten. So sind die aufgeführten Arten der Salicaceen u. Orobanchaceen trotz ihrer 19, die der Pomoideen oder von Nuphar, Hyoscyamus sowie von Cirsium und Verwandten trotz ihrer 17 Chromosomen als diploid gewertet. Als diploid betrachte ich auch die Arten der Ericaceen mit $n = 12$ und 13, die der Caryophyllaceen mit $n = 12$—15, die der Butomaceen und Potamogetonaceen mit $n = 13$, die der Sparganiaceen und Typhaceen mit $n = 15$, trotzdem in verwandten Familien oder Unterfamilien die Zahlen $n = 6$ resp. 7 und 8 existieren können. Schwieriger ist bereits die Frage, ob man die Zahl $n = 12$ bei Lilium, Tulipa etc. als diploid werten soll, nachdem wir bei Gagea auch $n = 6$ haben oder $n = 10$ bei Asparagus, während $n = 5$ bei Paris gesichert ist. Das subjektive Moment vermochte ich hier nie ganz auszuscheiden. Aber ich darf an die vorbildliche Analyse über die Phylogenie innerhalb der Gattung Crepis durch Babcock (1947) erinnern. Dieser Forscher zeigte bekanntlich, dass von Arten mit einer Basiszahl von 5 und 6 sich solche ableiten lassen, bei denen $n = 3$ geworden ist. Nicht immer ist es somit erlaubt, die niedrigste Zahl als Grundzahl zu dekretieren. Ähnlich argumentiere ich für Sedum, Rumex, Aster u.a. Fast am schwierigsten liegt die Frage bei den Orchidaceen mit ihren Zahlen zwischen 14 und 21. Ich konnte mich auch hier nicht entschliessen, diese anders als diploid zu werten. Der Benutzer meiner Tafeln mag nachprüfen, ob und wo er anders klassifizieren würde. Eine allgemeine Zurückführung der „Diploiden" auf Arten mit niedrigen Chromosomenzahlen belastet m. E. jede Einordnung mit zu viel Unsicherheit. Mit dem weiteren Fortschritt unserer Kenntnisse wird sich natürlich die Auffassung, welche Arten nun „wirklich" polyploid sind, noch vielfach ändern. So wird auch die Frage der „sekundären Polyploidie" durch cytogenetische Erfahrungen erst geklärt werden müssen. Für die mitteleuropäische Flora würden aber die Berechnungen über den Grad der Verteilung von Diploiden und Polyploiden durch diese kritischen Fälle nicht sehr veränderte Resultate ergeben. Sofern wir von den 73% bekannten Arten auf die Gesamtzahl schliessen dürfen, steht wohl fest, dass die Zahl derjenigen, die völlig polyploid geworden sind, in jedem Falle sich von 50% nicht weit entfernen wird. Der geringere Teil dieser Polyploiden dürfte durch reine Autopolyploidie zu stande gekommen sein, der grössere verdankt demnach seine Entstehung Hybridisierungsvorgängen. Kerner v. Marilauns intuitive Schau hat also gegenüber seinen Gegnern Recht behalten.

Ich bin mir bewusst, dass bei den vielen tausend Angaben meiner Tabellen sich mancher Fehler eingeschlichen haben wird. Und ich bitte die Benutzer meines Buches, mich auf Unrichtigkeiten aufmerksam zu machen. Ebenso bitte ich, mich auf Schwierigkeiten hinzuweisen, die sich in morphologischer Hinsicht für die von mir gewählte Anordnung der Arten ergeben. Bei einer evtl. nötig werdenden zweiten Auflage werde ich diese Mitarbeit meiner Fachgenossen dankbar verwerten.

Herr College F. v. Wettstein gestattete mir weitgehend die Benutzung der Bibliothek des K. W. Instituts für Biologie in Berlin-Dahlem und später in

Hechingen. Ich bedauere es aufs tiefste, dass ich meinen Dank dafür nur den Manen des Verstorbenen aussprechen kann. Ist doch dieser mir so lieb gewordene College als Opfer treuer Pflichterfüllung im Frühjahr 1945 von uns gegangen. Herr College Kühn hat nach v. Wettsteins Tode mir in gleicher Weise in Hechingen die Bibliothek des Instituts zur Verfügung gestellt. Auch ihm sei dafür herzlich gedankt. Vieles erfuhr ich ferner aus dem Atlas von Darlington und Janaki-Ammal, den ich der grossen Freundlichkeit von Herrn Collegen MacLean-Cardiff verdanke. Aber auch jetzt wären noch ausserordentlich viele Lücken übrig geblieben, wenn ich nicht durch die Munificenz der kgl. schwedischen Regierung in den Stand gesetzt gewesen wäre, mehrere Monate an den Bibliotheken in Stockholm und Lund zu arbeiten. Zahlreiche Fachgenossen haben mir dabei geholfen. Ihnen allen, vor allem den Herren Collegen Rosenberg und Müntzing, sei hier herzlich gedankt. Dem erstgenannten kann ich den Dank wieder nicht mehr persönlich aussprechen, da er vor kurzem verstorben ist. Dieser Tod, der eine fünfzigjährige Freundschaft beendete, ist mir besonders nahe gegangen.

Es bleibt mir noch übrig, einigen Collegen, die mich während meiner Arbeit mündlich oder schriftlich mit ihren Anregungen unterstützten, zu danken, in erster Linie Herrn Collegen Löve-Reykjavik, mit dem ich dauernd in Fühlung war, sodann den Herren Hylander-Uppsala, Janchen-Wien, Suessenguth und Markgraf-München. Einzelne noch nicht gedruckte Angaben von Chromosomenzahlen verdanke ich Frl. Haffner-Tübingen, Frl. Linnert-Freiburg i. B., Miss Manton-Manchester, Frau Rottgardt-Kiel sowie den Herren Bernström-Lund, Darmer-Greifswald, Horn-Oslo, Löve-Reykjavik, Palmgren-Lund, Scheerer- und Wulff-Kiel, Uhl-Itnaca (N.Y). Vor allem aber danke ich der Mitarbeiterin F. v. Wettsteins, Frau Mattick geb. Ehrensberger, die mir mehr als 200 Angaben von Chromosomenzahlen übermittelte. Ihr Material stammte zum allergrössten Teil aus Tirol, meist aus dem Gschnitz-Tal; einige Arten waren auch in Kärnten und Niederoesterreich gesammelt. Ferner hatten die Herren Collegen Favarger-Neuchâtel und Tarnavschi-Bukarest die Freundlichkeit, mir eine Reihe von Zählungen mitzuteilen. Schliesslich danke ich meinem Herrn Verleger für wohlwollende Berücksichtigung meiner Wünsche.

Kiel 15. December 1949.
Botanisches Institut der Universität.

Dr. GEORG TISCHLER

ABTEILUNG PTERIDOPHYTA.

1. *KLASSE LYCOPODIINAE.*

1. Lycopodiaceae	$b = 11.$
2. Selaginellaceae	$b = ?$

2. *KLASSE ISOETINAE.*

3. Isoetaceae	$b = 11.$

3. *KLASSE ARTICULATAE.*

4. Equisetaceae	$b = ? (n = 115-120)$

4. *KLASSE FILICINAE.*

5. Ophioglossaceae	$b = ?$
6. Osmundaceae	$b = 11.$
7. Hymenophyllaceae	$b = ?$
8. Polypodiaceae	$b = ?$
9. Marsileaceae	$b = ?$
10. Salviniaceae	$b = 8 (?)$

ABTEILUNG GYMNOSPERMAE.

1. *KLASSE CONIFERAE*

11. Pinaceae	$b = 12.$
12. Cupressaceae	$b = 11.$
13. Taxaceae	$b = 12.$

ABTEILUNG ANGIOSPERMAE.

1. *KLASSE DICOTYLEDONEAE.*

1. REIHE POLYCARPICAE.

1. *Unterreihe Nymphaeineae.*

14. Nymphaeaceae	$b = 7, 8, 17.$
15. Ceratophyllaceae	$b = 12.$

2. *Unterreihe Ranunculineae.*

16. Paeoniaceae	$b = 5.$
17. Ranunculaceae	$b = (6), 7, 8, (9).$
18. Berberidaceae	$b = (5), 6, 7, (8).$

3. *Unterreihe Aristolochineae.*

19. Aristolochiaceae	$b = ?$

2. REIHE ROSALES.

1. *Unterreihe Rosineae.*

20. Rosaceae	$b = 7, 8, 9, 17.$
21. Leguminosae	$b = 6, 7, 8, (9, 10, 11).$

2. *Unterreihe Saxifragineae.*

22. Crassulaceae	$b = (6), 7, 8, (9)$
23. Saxifragaceae.	$b = 7, 8, 9.$

3. *Unterreihe Myrtineae.*

24.	Lythraceae	b = 5, 6 (?)
25.	Trapaceae	b = 9.
26.	Onagraceae	b = 7, 9, 11.
27.	Haloragaceae	b = 7, 9.

    4. *Unterreihe Thymelaeineae.*

28.	Thymelaeaceae	b = 9 (?)
29.	Elaeagnaceae	b = ?

3. Parietales.

    1. *Unterreihe Rhoeadineae.*

30.	Papaveraceae	b = 6, 7, 8.

    2. *Unterreihe Capparidineae.*

31.	Cruciferae	(6), 7, 8, (9, 10).

    3. *Unterreihe Resedineae.*

32.	Resedaceae	b = 6.

    4. *Unterreihe Droserineae.*

33.	Droseraceae	b = 10.

    5. *Unterreihe Theineae.*

34.	Guttiferae	b = 8, 9(?)

    6. *Unterreihe Tamaricineae.*

35.	Elatinaceae	b = ?
36.	Tamaricaceae	b = ?

    7. *Unterreihe Cistineae.*

37.	Cistaceae	b = ?

    8. *Unterreihe Flacaourtineae.*

38.	Violaceae	b = 6, 9, 10.

    9. *Unterreihe Cucurbitineae.*

39.	Cucurbitaceae	b = 7, 10, 11, 12, 13.

4. Reihe Centrospermae.

    1. *Unterreihe Caryophyllineae.*

40.	Caryophyllaceae	b = (6), 9, 10, 12, 14, 15.

    2. *Unterreihe Primulineae.*

41.	Primulaceae	b = 9, 10, 11, 12 (?).

    3. *Unterreihe Plumbagineae.*

42.	Plumbaginaceae	b = (6, 8), 9.

    4. *Unterreihe Portulacineae.*

43.	Portulacaceae	b — (6), 9.

    5. *Unterreihe Chenopodineae.*

44.	Chenopodiaceae	b = (6), 9.
45.	Amaranthaceae	b = ?

5. Reihe Apetalae [1]).

    1. *Unterreihe Polygonineae.*

46.	Polygonaceae	b — 7, 8, 10, 11.

    2. *Unterreihe Hippuridineae.*

47.	Hippuridaceae	b = 8.

---

[1]) Vgl. dazu die Bemerkungen im „Vorwort". Copeland (Madroño. vol. 5. 1940) möchte die Unterreihe 6 von 5 ableiten.

3. *Unterreihe Santalineae.*
48. Santalaceae   b = ?
  4. *Unterreihe Loranthineae.*
49. Loranthaceae   b = ?
  5. *Unterreihe Urticineae.*
50. Ulmaceae   b = 7.
51. Cannabaceae   b = 10.
52. Urticaceae   b = 6, 7.
  6. *Unterreihe Fagineae.*
53. Betulaceae   b = 7, 8.
54. Fagaceae   b = 12.
  7. *Unterreihe Myricineae.*
55. Myricaceae   b = 8.
  8. *Unterreihe Salicineae.*
56. Salicaceae   b = 19.

6. REIHE MONADELPHIA.

  1. *Unterreihe Malvineae.*
57. Tiliaceae   b = 7 (?).
58. Malvaceae   b = 7 (?).
  2. *Unterreihe Geraniineae.*
59. Oxalidaceae   b = 5, 6, 7.
60. Geraniaceae   b = 7, 8, 9, 10.
61. Linaceae   b = 8, 9.
62. Zygophyllaceae   b = ?

7. REIHE DISCIFLORAE.

  1. *Unterreihe Rutineae.*
63. Rutaceae   b = 9.
  2. *Unterreihe Polygalineae.*
64. Polygalaceae   b = ?
  3. *Unterreihe Tricoccae.*
65. Euphorbiaceae   b = 7, 8, 9, 10.
  4. *Unterreihe Callitrichineae.*
66. Callitrichaceae   b = 3, 5.
  5. *Unterreihe Buxineae.*
67. Buxaceae   b = 7.
  6. *Unterreihe Ericineae.*
68. Empetraceae   b = 13.
69. Ericaceae   b = (8), 12, 13.
70. Pirolaceae   b = 8 (?).
71. Monotropaceae   b = 8.
  7. *Unterreihe Celastrineae.*
72. Aquifoliaceae   b = ?
73. Celastraceae   b = ?
74. Staphyleaceae   b = 13.
  8. *Unterreihe Sapindineae.*
75. Aceraceae   b = 13.
76. Hippocastanaceae   b = 20(?).
  9. *Unterreihe Rhamnineae.*

77. Rhamnaceae $\qquad$ b = ?
78. Vitaceae $\qquad$ b = ?
10. *Unterreihe Balsaminineae.*
79. Balsaminaceae $\qquad$ b = ?

8. REIHE UMBELLALES.

80. Araliaceae $\qquad$ b = (11?), 12.
81. Cornaceae $\qquad$ b = 9, 11.
82. Hydrocotylaceae $\qquad$ b = 12.
83. Umbelliferae $\qquad$ b = (7), 8, (9), 11.

9. REIHE RUBIALES.

84. Rubiaceae $\qquad$ b = 9, 11.
85. Caprifoliaceae $\qquad$ b = 9.
86. Adoxaceae $\qquad$ b = 9.
87. Dipsacaceae $\qquad$ b = 8, 9, 10.
88. Valerianaceae $\qquad$ b = 7, 8.

10. REIHE CONTORTAE.

1. *Unterreihe Gentianineae.*
89. Gentianaceae $\qquad$ b = 5, 7, 9 (?).
90. Asclepiadaceae $\qquad$ b = 11(?).
91. Apocynaceae $\qquad$ b = ?
2. *Unterreihe Oleineae.*
92. Oleaceae $\qquad$ b = 11, 12, 13, 14.

11. REIHE TUBIFLORAE.

1. *Unterreihe Convolvulineae.*
93. Convolvulaceae $\qquad$ b = ?
94. Polemoniaceae $\qquad$ b = 7, 9.
2. *Unterreihe Boragineae.*
95. Hydrophyllaceae $\qquad$ b = ?
96. Heliotropiaceae $\qquad$ b = 6.
97. Boraginaceae $\qquad$ b = 6, 7, 8, 9.
3. *Unterreihe Verbenineae.*
98. Verbenaceae $\qquad$ b = ?
99. Labiatae $\qquad$ b = 5, 6, 7, 8, 9, 10, 11.
4. *Unterreihe Solanineae.*
100. Solanaceae $\qquad$ b = (7, 11), 12, 17.
101. Scrophulariaceae $\qquad$ b = 6, 7, 8, 9, 10, 11, 12.
102. Orobanchaceae $\qquad$ b = 19(?)
103. Lentibulariaceae $\qquad$ b = ?
104. Globulariaceae $\qquad$ b = ?
5. *Unterreihe Plantagineae.*
105. Plantaginaceae $\qquad$ b = 6.

12. REIHE SYNANDRAE.

106. Campanulaceae $\qquad$ b = 6, 7, 8, 10 (?).
107. Compositae $\qquad$ b = 4, 5, 7, 8, 9, 10, 12, 17.

2. *KLASSE MONOCOTYLEDONEAE.*

1. Reihe Helobiae.

1. *Unterreihe Alismatineae.*
108. Alismataceae $b = 6, 7$ (?).
2. *Unterreihe Butomineae.*
109. Butomaceae $b = 13$(?).
110. Hydrocharitaceae $b = 6, 7.$
3. *Unterreihe Potamogetonineae.*
111. Potamogetonaceae $b = 13$ (?).
112. Zosteraceae $b = 6.$
113. Najadaceae $b = 6.$
114. Zannichelliaceae $b = 7.$
115. Ruppiaceae $b = 8.$
4. *Unterreihe Juncagineae.*
116. Juncaginaceae $b = 6.$
117. Scheuchzeriaceae $b = ?$

2. Reihe Pandanales.

118. Sparganiaceae $b = 15.$
119. Typhaceae $b = 15.$

3. Reihe Spathiflorae.

120. Araceae $b = ?$
121. Lemnaceae $b = ?$

4. Reihe Liliiflorae.

1. *Unterreihe Liliineae.*
122. Liliaceae $b = 5, 6, 7, 8, 9, 10, 11, 12.$
123. Dioscoreaceae $b = ?$
2. *Unterreihe Iridineae.*
124. Iridaceae $b = ?$
3. *Unterreihe Juncineae.*
125. Juncaceae $b = 5, 6.$
4. *Unterreihe Cypericineae.*
126. Cyperaceae $b = ?$

5. Reihe Enantioblastae.

127. Gramineae $b = 6, 7, (9), 10.$

6. Reihe Gynandrae.

128. Orchidaceae $b = ?$

ABTEILUNG PTERIDOPHYTA.

1. Klasse Lycopodiinae

1. *LYCOPODIACEAE.*

Chromosomengrundzahl 11.

1. LYCOPODIUM L.

1. L. complanatum L.	11	+	)	Harmsen (bei A. u. D. Löve) 1948
	22	+	(+	Harmsen (bei A. u. D. Löve) 1948.
2. L. clavatum L.	ca. 14	+	) +	Baranov 1925.
	ca. 29	+	)	Ehrenberg 1945.
3. L. alpinum L.	22	+		Harmsen (bei A. u. D. Löve) 1948.
4. L. annotinum L.	ca. 33	+		Ehrenberg 1945, Harmsen (bei A. u. D. Löve) 1948.
5. L. selago L.	44	+		Harmsen (bei A. u. D. Löve) 1948.
6. L. inundatum L.	—			—

2. SELAGINELLACEAE.

Chromosomengrundzahl?

2. SELAGINELLA PAL. BEAUV. EM. SPRING.

7. S. selaginoides (L.) Link	—		—
8. S. helvetica (L.) Link	—		—

2. Klasse Isoetinae.

3. *ISOETACEAE*

Chromosomengrundzahl 11.

3. ISOETES L.

9. I. echinospora Durieu	11	+	Ekstrand 1920, Ehrenberg 1945
10. I. lacustris L.	*ca. $\frac{105}{2}$	+	Ehrenberg 1945.

3. Klasse Articulatae.

4. *EQUISETACEAE.*

Chromosomengrundzahl?

4. EQUISETUM L.

11. E. silvaticum L.	115—120	+	Hagerup 1941a.

12. E. pratense Ehrh.
                     115—120   +   Hagerup 1941a.
13. E. maximum Lam.
                     115—120   +   Hagerup 1941a.
    (= E. telmateja Ehrh.)
14. E. arvense L.   115—120   +   Beer 1913[1]), Hagerup 1941a.
15. E. palustre L.   115—120   +   Hagerup 1941a.
16. E. limosum L.   115—120   +   Hagerup 1941a.
17. E. ramosissimum Desf. —   —
18. E. hiemale L.   115—120   +   Hagerup 1941a.
19. E. trachyodon A. Br. —   —
20. E. variegatum   Schleich.
                     115—120   +   Hagerup 1941a.

4. Klasse Filicinae.

5. *OPHIOGLOSSACEAE.*

Chromosomengrundzahl?

5. Botrychium Sw.

21. B. lunaria (L.) Sw.   48   +   Hagerup 1941a.
22. B. matricariaefolium
    (Retz.) A. Br.   —   —
23. B. lanceolatum (Gmel.)
    Ångstr.   —   —
24. B. multifidum (Gmel.)
    Rupr. [2])   —   —
25. B. simplex Hitchc.   —   —
26. B. virginianum (L.)Sw. —   —

6. Ophioglossum L.

27. O. vulgatum L. *ca. 172   +   Ehrenberg 1945.

6. *OSMUNDACEAE.*

Chromosomengrundzahl 11.

7. Osmunda L.

28. O. regalis L.   22   +   Guignard 1899b, Strasburger
                                                1900, de Litardière 1921, Man-
                                                ton[3]) 1932a, 1939a, 1945, Law-
                                                ton[3]) 1936.

---

[1]) Beer (1913) gibt nur als Mittel der schwankenden Zahlen (94—136)
    n = ca 115 an.
[2]) Das ostasiatische der Art sehr nahestehende B. ternatum Thunb. hat
    nach Okuno (1936) n = 44.
[3]) Miss Manton (1932a) sah auch apospore Individuen mit n = 33 und
    n = 44, Lawton solche mit 2 n = 79. Wie weit sie in der freien Natur
    vorkommen, ist unbekannt.

7. *HYMENOPHYLLACEAE.*

Chromosomengrundzahl?

8. Hymenophyllum Sm.

29. H. tunbridgense (L.) Sm.
*ca. 24   +   de Litardière 1921.

8. *POLYPODIACEAE.*

Chromosomengrundzahl?

9. Pteridium Gled. ex Scop. em. Kuhn.

30. P. aquilinum (L.) Kuhn 32   +   Stevens 1898.

10. Cryptogramma R. Br.

31. C. crispa (L.) R. Br. ex
Hook.   —   —

11. Notholaena R. Br.

32. N. marantae (L.) R. Br. —   —

12. Struthiopteris Hall. em. Willd.

33. S. germanica Willd.   40   +   Friebel 1933, Okuno 1936.
(= Matteuccia struthi-
opteris (L.) Tod.)

13. Blechnum L.

34. B. spicant (L.) Roth   —   —

14. Scolopendrium Adans.

35. S. vulgare Sm.   *32[1])   +   Stevens 1898, R.P. Gregory
(= Phyllitis scolopen-   1904a, b, Farmer u. Digby
drium (L.) Newm.)   1907, de Litardière 1921.

15. Asplenium L.

36. A. trichomanes L. em.
Huds.   —   —
37. A viride Huds.   —   —
38. A. adulterinum Milde —   —
39. A. obovatum Viv.   —   —
40. A. fontanum(L.)Bernh.—   —
41. A. septentrionale (L.)
Hoffm.   —   —

---

[1]) Andersson-Kottö (1931, 1938) sowie Andersson-Kottö u. Gairdner (1936, 1938) sahen in Gartenrassen neben n = 30 auch variable Zahlen bis zu n = 105. Bereits Farmer u. Digby (1907) hatten hier bis zu 2 n = 100 gezählt.

42. A. Seelosii Leyb.	—			—
43. A. fissum Kit.	—			—
44. A. lepidum Presl.	—			—
45. A. ruta-muraria L.	—			—
46. A. adiantum-nigrum L.				
	*62	+		de Litardière 1921.

16. CETERACH ADANS. CORR. GARS.

47. C. officinarum Lam. et DC.	—		—

17. ATHYRIUM ROTH.

48. A. filix-femina (L.) Roth	38—40 [1]	+	Farmer u. Digby 1907.
49. A. alpestre (Hoppe) Rylands	—		—

18. CYSTOPTERIS BERNH.

50. C. fragilis (L.) Bernh.	32	+	Stevens 1898, Lawton 1936.
	54—57	+	Lawton 1936.
	84, 126	+	Manton (mdl.) 1948.
51. C. montana (Lam.) Desv.	—		—
52. C. sudetica A. Br. et Milde	—		—

19. WOODSIA R. BR.

53. W. ilvensis (L.) R. Br.	—		—
54. W. glabella R. Br.	—		—

20. DRYOPTERIS ADANS.

55. D. phegopteris (L.) Christ.	—		—
56. D. Robertiana (Hoffm.) Christ.	—		—
57. D. Linnaeana Christ.	—		—
58. D. thelypteris (L.) A. Gray	—		—
59. D. oreopteris (Ehrh.) Max.	—		—
60. D. filix-mas (L.) Schott[2]			
	ca. 40	+	Rosendahl 1941.
	*ca. 65	+	de Litardière 1921.
	ca. 80—85	+	Döpp 1932, 1939,

---

[1] In Kulturrassen nach Farmer u. Digby (1907) variable Zahlen bis zu $2 n = 100$.

[2] In Kulturrassen finden sich nach Farmer u. Digby (1907) sehr variable Zahlen ein. $(n = 60—96)$.

61. D. Borreri Newm. (= D.
paleacea Christ.) *ca. 65[1])[2])   +   Döpp 1939,1941, Knaben 1948.
ca. 72   +   Farmer u. Digby 1907.
*40, *60, *80   +   Manton 1939b.
62. D. Villarsii (Bell.) Woynar   —   —
63. D. cristata (L.) A. Gray —   —
64. D. spinulosa (Müll.) O.
Ktze. (= D. austriaca
(Jacq.) Woyn.) subspec.
dilatata (Hoffm.) *ca. 65   +   de Litardière 1921.
Schinz et Thell. *ca. 80   +   Döpp 1939.
subspec. euspinulosa
Aschers. *ca. 65   +   de Litardière 1921.
*ca. 80—82   +   Döpp 1932, 1939.

21. POLYSTICHUM ROTH EM. SCHOTT

65. P. lonchitis (L.) Roth —   —
66. P. setiferum (Forsk.) —   —
Moore ex Woynar
67. P. lobatum (Huds.)
Chevall.   —   —
68. P. Braunii (Spenn.)
Fée   —   —

22. POLYPODIUM L.

69. P. vulgare L.   37 + } + Manton 1947.
74, 111   + }

9. *MARSILEACEAE.*

Chromosomengrundzahl?

23. MARSILEA L.

70. M.quadrifolia L.   16 +(?)) Strasburger 1907, de Litardière
                                } + 1921, Marschall 1925, Tarnav-
)   schi (in litt. 1943).
50—70   +) Gustafsson 1935b.

24. PILULARIA L.

71. P. globulifera L.   13 +   de Litardière 1921, Jörgensen
1928h.

---

[1]) Die Zahl ist fiktiv, da die Rasse apogam ist und durchweg 2 n = ca. 130
zählt.

[2]) Die hier beschriebene Rasse „cristata apospora" dürfte zu dieser Art
gehören.

10. *SALVINIACEAE.*

Chromosomengrundzahl 8(?)

25. SALVINIA GUETT.

72. S. natans (L.) All.	8 +		Kundt 1911, Yasui 1911, de Litardière 1928.
	> 12	+	+ Göbel 1935.
	ca. 15	+	Heitz 1926.
	ca. 24	+	de Litardière 1921.

ABTEILUNG GYMNOSPERMAE.

1. Klasse Coniferae.

11. *PINACEAE.*

Chromosomengrundzahl 12.

26. ABIES MILL.

73. A. alba Mill.   —   —

27. PICEA DIETR.

74. P. excelsa (Lam.) Link[1]) 12 +   Miyake 1903, K. u. H. J. Sax
(= P. abies (L.) Karst.)   1933, Schaede 1938, Andersson
                                             1947, Kiellander (bei A. u. D.
                                             Löve) 1948, 1949.

28. LARIX MILL.

75. L. decidua Mill.   12 +   Strasburger 1892, Němec 1910,
                                             Smólska 1927, H. J. Sax 1932,
                                             K. u. H. J. Sax 1933, Hrubý
                                             1933, Larsen u. Westergaard
                                             1938.

29. PINUS L.

76. P. silvestris L.   12 +   Strasburger 1892, Blackman
                                             1898, K. u. H. J. Sax 1933,
                                             Langlet 1934, Vogel 1936.

77. P. montana Mill. (= P.   12 +   K. u. H. J. Sax 1933.
mugo Turra).

78. P. cembra L.   —   —

79. P. nigra Arnold   12 +   Chamberlain 1899, Ferguson
                                             1904, K. u. H. J. Sax 1933.

---

[1]) Kiellander (bei A. u. D. Löve) 1948, 1949 fand bei grösseren Aussaaten zwar gelegentlich tetraploide Individuen, aber er sagt (in litt. 1949) „In der Natur ist soweit bekannt keine tetraploide Rasse von Fichten gefunden worden."

12. *CUPRESSACEAE.*

Chromosomengrundzahl 11.

30. Juniperus L.

80. J. communis L.	11	+	Norén 1907, K. u. H. J. Sax 1933, A. u. D. Löve 1948.
81. J. sabina L.	—		—

13. *TAXACEAE.*

Chromosomengrundzahl 12.

31. Taxus L.

82. T. baccata L.	12	+	Newton (in litt.) 1927, Darlington (in litt.) 1930, Dark 1932a, K. u. H. J. Sax 1933, Branscheidt 1939.

ABTEILUNG ANGIOSPERMAE.

1. Klasse Dicotyledoneae.

1. REIHE POLYCARPICAE.

1. UNTERREIHE NYMPHAEINEAE.

14. *NYMPHAEACEAE.*

Chromosomengrundzahl 7, 8, 17[1]).

32. Nymphaea L. em. Smith.

83. N. alba L.	*56[2])	+	Langlet u. Söderberg 1927, Lohammar (bei A. u. D. Löve) 1942b.
84. N. candida Presl.	*ca. 80	+	Lohammar (bei A. u. D. Löve) 1942b.

33. Nuphar Smith.

85. N. luteum (L.) Smith	17	+	Lubimenko u. Maige 1907, Rosenberg 1909b, Langlet u. Söderberg 1927.
86. N. pumilum (Timm) DC.	*17	+	Langlet u. Söderberg 1927.

---

[1]) Ob die Zahl 17 als „sekundäre Polyploidzahl" zu werten ist, lasse ich dahingestellt sein.

[2]) Ehrenberg (1945) zählte nur 2 n = 105.

15. *CERATOPHYLLACEAE.*

Chromosomengrundzahl 12.

34. CERATOPHYLLUM L.

87. C. demersum L.   ca. 12 +   Langlet u. Söderberg 1927.
88. C. submersum L.   12? +   )   Strasburger 1902.
                          20   +   {   +   Wulff 1938.
                          36   +   {   Jędrychowska u. Sroczyńska
)   1934.

2. UNTERREIHE RANUNCULINEAE.

16. *PAEONIACEAE.*

Chromosomengrundzahl 5.

35. PAEONIA L.

89. P. corallina Retz.   5 +   ) +   Langlet 1927a, Barber 1941b.
                           10   + {   Stebbins 1938, Barber 1941b.
90. P. officinalis L.   10[1])   +   Langlet 1927a, Saunders u.
                                           Stebbins 1938, Stebbins 1938,
                                           W. C. Gregory 1941, Gajewski
                                           1948.

17. *RANUNCULACEAE.*

Chromosomengrundzahl (6), 7, 8, (9).

36. CALTHA L.

91. C. palustris L.   *14   +   Nygren (bei A. u. D. Löve)
    (incl. var. C. radicans   1948.
    (Fr.)   16   +   Langlet 1927a, 1932, Levitsky
                                           1931b, Sokolovskaja u. Strel-
                                           kova 1938, 1941, Rozanova
                                           1940a, Grafl 1941, Felföldy
                                           1947.
                          *24   +   Hocquette 1922, Sokolovskaja
                                           u. Strelkova 1938, 1941, Roza-
                                           nova 1940a, A. u. D. Löve
                                           1948.
                         *ca 26   +   Mattick (in litt.) 1949.
                          *28   +   Langlet 1932, 1936, Sokolovs-
                                           kaja u. Strelkova 1938, 1941,
                                           Rozanova 1940a, Mattick (in
                                           litt.) 1949.
                       *29, *30   +   Langlet 1932.

---

[1]) Nach W. C. Gregory (1941) ist es nicht sicher, ob sich die Angabe von
$2n = 10$ (Dark 1936) auf diese Art wirklich bezieht.

37. Trollius L.

92. T. europaeus L.	8 +	Langlet 1927a, Levitsky 1931b, Matsuura u. Sutô 1935, A. u. D. Löve 1944b, Mattick (in litt.) 1949.

39. Helleborus L.

93. H. foetidus L.	16 +	Mottier 1898, Langlet 1927a, Levitsky 1931b, Pelletier 1936, W. C. Gregory 1941.
94. H. niger L.	*16 +	Langlet 1927a.
95. H. viridis L.	*16 +	Levitsky 1931b, Langlet 1932.
96. H. dumetorum Waldst. et Kit.	*16 +	Langlet 1932.

39. Eranthis Salisb.

97. E. hiemalis (L.) Salisb.	8 +	Langlet 1932, Böcher 1932, 1938a, Archambault 1937, W. C. Gregory 1941.

40. Nigella L.

98. N. arvensis L.	6 +	Hocquette 1922, Langlet 1927a, W. C. Gregory 1941, de Lemos Pereira 1942.

41. Actaea L.

99. A. spicata L.	8 + *ca. 16 +	Langlet 1927a. Mattick (in litt.) 1949.

42. Cimicifuga L.

100. C. foetida L.	8 +	Langlet 1927a, 1932, Levitsky 1931b, Nakajima 1933.

43. Delphinium L.

101. D. consolida L.	8 +	Hocquette 1922, Langlet 1927a, Tjebbes 1927, Levitsky 1931b, W. C. Gregory 1941.
102. D. Ajacis L. em. Gay	8 +	Langlet 1927a, Tjebbes 1927, Levitsky 1931b, W. C. Gregory 1941.
103. D. elatum L.	*16 +	Levitsky 1931b, Propach 1940, W. C. Gregory 1941.
104. D. alpinum Waldst. et Kit.	—	—
105. D. tiroliense Kern.	—	—

44. Aconitum L.

106. A. variegatum L.	*8	+		Schafer u. La Cour 1934, Mattick (in litt.) 1949.
107. A. lycoctonum L.	*8	+		Levitsky 1931b, Afify 1933, Schafer u. La Cour 1934, Mattick (in litt.) 1949.
108. A. anthora L.	16	+		Levitsky 1931b, Schafer u. La Cour 1934, Sokolovskaja u. Strelkova 1938.
109. A. napellus L.	16	+		Levitsky 1931 b, Langlet 1932, Darlington 1932, Schafer u. La Cour 1934, Afify 1938, W. C. Gregory 1941, Mattick (in litt.) 1949.
110. A. paniculatum L.	*8	+	+	Schafer u. La Cour 1934, Mattick (in litt.) 1949.
	*16	+		Langlet 1927a.
111. A. ranunculifolium Rchb.	—			—

45. Anemone L.

112. A. hepatica L.	7^1)	+		Langlet 1927a, Moffett 1932b, Böcher 1932, Nakajima 1933, Matsuura u. Sutô 1935, Pop 1937, W. C. Gregory 1941.
113. A. narcissiflora L.	*7	+		Sakai 1934.
114. A. silvestris L.	8	+	+	Langlet 1927a, Moffett 1932b, Turesson 1938, Gajewski 1946, 1947.
	16	+		W. C. Gregory 1941.
115. A. nemorosa L.[2]	*8	+	+	Guinochet 1935.
	12	+		Winge 1917.
	*16	+		Moffett 1932b.
116. A. ranunculoides L.	16	+		Langlet 1932, Böcher 1932.
117. A. trifolia L.	*16	+		Langlet 1932, Mattick (in litt.) 1949.
118. A. baldensis Turra	12	+		Moffett 1932b.
119. A. vernalis L.	*8	+		Böcher 1932, Moffett 1932b.
120. A. patens L.	*8	+		Langlet 1927a, Rosenthal 1936.
121. A. pratensis L.	*8	+		Langlet 1927a, Böcher 1932, Zimmermann 1932, Rosenthal 1936.
122. A. montana Hoppe	*8	+	+	Langlet 1927a, Zimmermann 1932, Rosenthal 1936.
	*12	+		Guinochet 1935.
	16, 24	+		Moffett 1932b.

[1] Die japanische var. acuta hat nach Sugiura (1931, 1936b) n = 8.
[2] Langlet (1932) zählte nur n = 15, Böcher (1932) n = 14—16, Bernström (1946) n = ca. 15, Moffett (1932b) auch 2n = 39, Bernström (1946) 2n = ca. 45.

123. A. alpina L.	*8	+		Rosenthal 1936, Mattick (in litt.) 1949.
124. A. Halleri All.	*16		+	Rosenthal 1936.
125. A. pulsatilla L. (= A. vulgaris Mill.)	16		+	Langlet 1927a, Moffett 1932b, Böcher 1932, Sakai 1935, Rosenthal 1936, W. C. Gregory 1941.

46. CLEMATIS L.

126. C. alpina (L.) Mill.	8	+	Sakai 1935, Meurman u. Therman 1939, W. C. Gregory 1941, Mattick (in litt.) 1949.
127. C. vitalba L.	8	+	Maude 1939, 1940, Meurman u. Therman 1939.
128. C. integrifolia L.	8	+	Meurman u. Therman 1939, W. C. Gregory 1941.
129. C. recta L.[1]	8	+	Guignard 1885, Langlet 1927a, Meurman u. Therman 1939.
130. C. viticella L.	8	+	Meurman u. Therman 1939.

47. MYOSURUS L.

131. M. minimus L.	8	+		G. Mann 1892, Hocquette 1922, Tarnavschi (in litt.) 1943.
	ca. 14		+	Ehrenberg 1945.

48. RANUNCULUS L.

132. R. ficaria L.[2]	8	+	Langlet 1927a, 1936, Negodi 1930, 1937c, Larter 1932, Marsden-Jones u. Turrill 1935, Barros Neves 1942, 1944.
	12	+	Loschnigg 1926, Barros Neves 1942, 1944.
	16	+	Hocquette 1922, Langlet 1927a, Larter 1932, Marsden-Jones u. Turrill 1935, Negodi 1937c, Böcher 1938a, Barros Neves 1942, 1944.
	20	+	Ribbands (bei Maude) 1939.
133. R. testiculatus Cr.	—		—
134. R. hybridus Biria	*8	+	Mattick (in litt.) 1949.
135. R. lateriflorus DC.	—		—
136. R. pygmaeus Wahlbg.	*8	+	Langlet 1932, Flovik 1936, 1940, Böcher 1938b, Mattick (in litt.) 1949.

---

[1] Frau Mattick (in litt.) 1949 zählte bei einem Individuum 2 n = 20—22.

[2] Die mediterrane „var. calthaefolia Jord." besitzt nach Rutland (1941) 2 n = 48. Hylander (in litt. 1948) glaubt, dass es sich um eine selbständige Art handele.

	Chrom.Z.	D.	P.	D+P	Autor
137. R. sardous Cr.	8	+		⎫	Langlet 1932, Larter 1932.
	*9	+		⎬ +	Pólya 1948.
	24		+	⎭	Barros Neves 1944.
138. R. bulbosus L.	7	+			Matsuura u. Sutô 1935.
	8	+			Hocquette 1922, Langlet 1927a, Larter 1932, Böcher 1938a, Barros Neves 1944, Mattick (in litt.) 1949.
139. R. polyanthemus L.	*7	+			Felföldy 1947.
	*8	+			Larter 1932, Mattick (in litt.) 1949.
140. R. Breyninus Cr.	*8	+		⎫	Langlet 1932, W. C. Gregory 1941, Mattick (in litt.) 1944.
(= R. nemorosus DC.)				⎬ +	
	*16		+	⎭	Mattick (in litt.) 1949.
141. R. repens L.	8	+		⎫	Bruun 1932b, Matsuura u. Sutô 1935, Mattick (in litt.) 1949.
	16		+	⎬ +	Hocquette 1922, Langlet 1927a, Larter 1932, Bruun 1932b, Matsuura u. Sutô 1935, Barros Neves 1944, Vaarama (bei A. u. D. Löve) 1948, Mattick (in litt.) 1949.
142. R. lanuginosus L.[1]	*14		+		Bruun 1932b, W. C. Gregory 1941, Mattick (in litt.) 1949.
	*16		+		Mattick (in litt.) 1949.
143. R. acer L.[2]	7	+		⎫	Senjaninova 1926, Miyaji 1927, Langlet 1927a, 1932, Sorokin 1927a, c, d, Whyte 1929, Larter 1932, Marsden-Jones u. Turrill 1935, Sakai 1935, Matsuura u. Sutô 1935, Böcher 1938a, Coonen 1939, W. C. Gregory 1941, A. u. D. Löve 1944b, Nygren (bei A. u. D. Löve) 1948.
	8	+		⎬ +	Hocquette 1922, Sorokin 1927b, Mattick (in litt.) 1949.
	14		+	⎭	Senjaninova 1926, Langlet 1932, W. C. Gregory 1941, Nygren (bei A. u. D. Löve) 1948.
144. R. montanus Willd.	*8	+		⎫	Langlet 1932, Mattick (in litt.) 1949.
	*12		+	⎬ +	Mattick (in litt.) 1949.
	*16		+	⎭	Mattick (in litt.) 1949.

---

[1] Langlet (1927a) zählte bei einer gefüllten Gartenrasse 2n = 14.
[2] Sorokin (1924, 1927b) fand auch Individuen mit n = 6 sowie solche, die triploid oder aneuploid waren (2 n = 13, 15, 17, 18). Senjaninova zählte 2 n = 29—32. Frau Mattick (in litt. 1949) deckte die Zahl 2 n = 16 bei 68(!) Individuen auf.

	Chrom.Z.	D.	P.	D+P	Autor
145. R. crenatus Waldst. et Kit.	*8			+	Langlet 1936.
146. R. Seguierii Vill.	8			+	Langlet 1932, 1936, Böcher 1938a.
147. R. alpestris L.	8			+	Langlet 1927a, Böcher 1938a, Mattick (in litt.) 1949.
148. R. glacialis L.	*8			+	Langlet 1932, Böcher 1938b, A. u. D. Löve 1944b, Mattick (in litt.) 1949.
149. R. aconitifolius L.[1]	8			+	Langlet 1927 a, Larter 1932, Mattick (in litt.) 1949.
150. R. pyrenaeus L.	*16		+		Langlet 1932.
151. R. illyricus L.	16		+		Langlet 1927a, Larter 1932.
152. R. flammula L.	16		+		Hocquette 1922, Langlet 1927a, Larter 1932, Matsuura u. Sutô 1935, W. C. Gregory 1941, Barros-Neves 1944, 1945.
153. R. reptans L.	16		+		Langlet 1927a, Böcher 1938a, Scheerer 1939.
154. R. sceleratus L.	16		+		Langlet 1936, Coonen 1939, W. C. Gregory 1941, Barros Neves 1944, Felföldy 1947.
155. R. arvensis L.	16		+		Langlet 1927a, Larter 1932, Barros Neves 1944.
156. R. auricomus L.[2]	16		+		Langlet 1932, Bruun 1932b, Böcher 1938a, Levitsky 1940b, W. C. Gregory 1941, Häfliger 1943, Mattick (in litt.) 1949.
	*24		+		Bruun 1932b, Häfliger 1943.
subspcc. cassubicus L.[3]					
	16		+		Langlet 1932, Levitsky 1940b, Häfliger 1943.
157. R. parnassifolius L.	*16		+		Langlet 1936, Mattick (in litt.) 1949.
158. R. falcatus L.	*20		+		Langlet 1932.
159. R. lingua L.	*28—32		+		Larter 1932.
	*64		+		Langlet 1932, Böcher 1938a.
160. R. hederaceus L.	8			+	Langlet 1927a, Böcher 1932, 1938a.
161. R. fluitans Lam.	—				—

---

[1] W. C. Gregory (1941) gibt n = 7 an. Die gleiche Zahl war (für die Subspec. platanifolius L.) von Langlet (1927a) angegeben, wird jedoch von diesem Autor (in litt. A. Löve 1948) ausdrücklich zurückgenommen.

[2] Häfliger (1943) fand in der Schweiz bei der Kleinart R. cassubicifolius W. Koch 2 n = 16, Böcher (1938a) bei der groenländischen Var. glabratus Lynge die gleiche Zahl. Für die schweizerische Kleinart R. sticticaulis W. Koch zählte Häfliger 2 n = 40, für R. Allemannii Br. Bl. 2 n = 48.

[3] R. cassubicus wird meist als selbständige Art betrachtet. Häfliger weist jedoch überzeugend darauf hin, dass sie in die Gesamtart auricomus einzubeziehen ist.

162. R. circinatus Sibth.   8 +   Scheerer 1939.
163. R. trichophyllus Chaix 8 +   Langlet 1927a.
164. R. confervoides Fr.   *8 +   ⎫ Sörensen u. Westergaard (bei
                                         ⎬ + A. u. D. Löve) 1948.
                           *16   +   ⎭ Mattick (in litt.) 1949.
165. R. hololeucus Lloyd   —   —
166. R. Petiveri Koch   —   —
167. R. aquatilis L.   8 +   ⎫ Barros Neves 1944.
                           *16   +   ⎬ + Böcher 1932, 1938a, Larter
                                         ⎭ 1932, Ehrenberg 1945.
168. R. obtusiflorus (S. F. 16   +   Böcher 1932, 1938a.
     Gray) Moss (= R. Bau-
     dotii Godr.)

49. Callianthemum C. A. Mey.

169. C. coriandrifolium Rchb.
                           *8 +   Langlet 1932, Mattick (in litt.)
                                            1949.

170. C. anemonoides Schott
                          *16   +   Langlet 1932, Mattick (in litt.)
                                            1949.

50. Adonis L.

171. A. vernalis L.[1]   8 +   Langlet 1927a, Turesson 1938.
172. A. aestivalis L.   16   +   Langlet 1927a, W. C. Gregory
                                            1941.
173. A. flammea Jacq.   16   +   Langlet 1927a.

51. Aquilegia L.

174. A. vulgaris L.[2]   7 +   Winge 1925, Langlet 1927a,
                                            Levitsky 1931b, W. C. Gregory
                                            1941, de Lemos-Pereira 1948,
                                            Mattick (in litt.) 1949.
175. A. atrata Koch   *7 +   Mattick (in litt.) 1949.
176. A. nigricans Baumg.   7 +   Winge 1925.
177. A. alpina L.   *7 +   Levitsky 1931b, W. C. Gregory
                                            1941.
178. A. Einseleana F. W.   *7 +   W. C. Gregory 1941.
     Schultz.

52. Isopyrum L.

179. I. thalictroides L.   —   —

---

[1] Die ostasiatische var. amurensis (Regel et Radde) Fin. et Gagn. hat nach
     Sugiura (1931, 1936b) n = 20.
[2] Frau de Lemos-Pereira (1948) fand in Portugal unter einigen Keimpflanzen
     auch Tetraploide (2 n = 28); Anderson u. Schafer (1931) zählten 2 n = 16
     bei einer var. „China Blue".

53. THALICTRUM L.

180. T. alpinum L.	*7	+		Langlet 1927a, Kuhn 1930, Sakai 1935, Böcher 1938b, A. u. D. Löve 1944b.
181. T. aquilegiifolium L.	7	+		Langlet 1927a, b, Kuhn 1928, 1930, Heitz 1932, Matsuura u. Sutô 1935, Mattick (in litt.) 1949.
182. T. foetidum L.	*7	+		Langlet 1927a, Kuhn 1928, 1930, Mattick (in litt.) 1949.
183. T. lucidum L.	14		+	Langlet 1927a, Kuhn 1928, 1930.
184. T. minus L.[1])	21		+	Langlet 1927a, Kuhn 1928, 1930, W. C. Gregory 1941, A. u. D. Löve 1944b.
185. T. simplex L.	*28		+	Langlet 1927a, Kuhn 1928, 1930.
186. T. flavum L.	*14		+	W. C. Gregory 1941.
	*42		+	Langlet 1927a, Kuhn 1928, 1930.
187. T. exaltatum Gaud.[2])	—			—

18. *BERBERIDACEAE.*

Chromosomengrundzahl (5), 6, 7, (8).

54. EPIMEDIUM L.

188. E. alpinum L. (incl. var. rubra Hook.)	6	+	Langlet 1928, Maude 1939, 1940.

55. BERBERIS L.

189. B. vulgaris L.	14	+	Tischler 1928, Langlet 1928, Dermen 1931, Giffen 1936, Mattick (in litt.) 1949.

3. UNTERREIHE ARISTOLOCHINEAE.

19. *ARISTOLOCHIACEAE.*

Chromosomengrundzahl?

56. ASARUM L.

190. A. europaeum L.	ca. 12	+	Täckholm u. Söderberg 1918.
	20	+	Ehrenberg 1945.

---

[1]) Frau Mattick (in litt.) 1949 deckte bei einem Individuum einige überzählige Chromosomen auf.

[2]) Die von Kuhn (1928) gebrachten Angaben werden von ihm selbst (1930) nicht mehr als gesichert angesehen.

57. Aristolochia L.

191. A. clematitis L.   7 +   Samuelsson 1914.
192. A. pallida Wilh.   —   —

2. REIHE ROSALES.

1. UNTERREIHE ROSINEAE.

20. *ROSACEAE*.[1])

Chromosomengrundzahl 7, 8, 9, 17.

58. Physocarpus Maxim.

193. P. opulifolius (L.) Ma-
xim.   —   —

59. Aruncus Adans.

194. A. silvester Kostel.   7 +   Langlet 1932.
                             9 +   Kuhn (in litt.) 1928.

60. Spiraea L.

195. S. media Schmidt   *9 +   K. Sax 1936.
196. S. ulmifolia Scop.   *18   +   K. Sax 1936.
197. S. decumbens Koch —   —
198. S. salicifolia L.   *18   +   K. Sax 1936.

61. Filipendula Mill. em. Adans.

199. F. ulmaria(L.) Maxim. *7 +   Wulff 1938.
                            *8 +   Turesson 1938, Tarnavschi (in
                                           litt. 1943), Vaarama (bei A. u.
                                           D. Löve)1948.
200. F. hexapetala Gilib. 7 +   Wulff 1938.
     (= F. vulgaris Moench)
                           *15
                           —— +   Maude 1939, 1940.
                            2

62. Rubus L.

201. R. idaeus L.[2])   7 +   Longley 1924, Longley u. Dar-
     (= R. vulgatus Arrh.)   row 1924, Chomisury 1927,
                                               Crane u. Darlington 1927,
                                               Crane u. Lawrence 1931, Yar-
                                               nell 1931b, Crane 1936, 1940,
                                               Vaarama 1939, Rozanova 1940
                                               a, b.

---

[1]) Die Zahl n = 9 findet sich fast nur bei den Spiraeoideen, die Zahl 17 bei
     den Pomoideen, die offenbar mit dieser Grundzahl entstanden sind.
     Ich werte sie bis auf weiteres als diploid.
[2]) In den Gärten werden häufig triploide und tetraploide Rassen gezogen.
     (Vgl. Longley u. Darrow 1924, Chomisury 1927, Crane 1936, Petrov
     1939, Lewis 1939, Thomas 1940b). Tetraploid ist auch die ostasiatische Sub-
     spec. R. sachalinensis Lév. (= R. sibiricus Koch) Rozanova 1939, 1940a.

	Chrom.Z.	D.	P.	D+P	Autor
202. R. nessensis W. Hall (=R. suberectus Anders).	14			+	Gustafsson 1933c, 1939, 1943.
203. R. fissus Lindl.	*14			+	Gustafsson 1939.
204. R. sulcatus Vest.	*14			+	Fabergé (bei Maude) 1939, Gustafsson (bei A. u. D. Löve) 1942b, 1943.
205. R. plicatus Weihe et Nees (incl. R. Bertramii G. Braun u. R. opacus Focke.)	14			+	Datta 1932[1]) Gustafsson 1933c, 1939, 1943, Harrison (bei Maude) 1939.
206. R. nitidus Weihe et Nees	$\frac{21}{2}$			+	Gustafsson (bei A. u. D. Löve) 1942b, 1943.
207. R. affinis Weihe et Nees	14			+	Gustafsson 1933c, 1939, 1943, Fabergé (bei Maude) 1939.
208. R. senticosus Koehler	—				—
209. R. carpinifolius Weihe (incl. R. Selmeri Lindeb.)	*14			+	Fabergé (bei Maude) 1939, Gustafsson 1939.
210. R. vulgaris Weihe et Nees (incl. R. laciniatus Willd.)	*14[2])			+	Crane u. Darlington 1927, Crane 1936.
211. R. gratus Focke (incl. R. sciaphilus J. Lange)	*14			+	Fabergé (bei Maude) 1939, Gustafsson 1939, 1943, Crane 1940.
212. R. chaerophyllus Sag. et W.	—				—
213. R. danicus Focke ex Frid. et Gelert. (incl. R. mollissimus Rog.)	14			+	Harrison (bei Maude) 1939.
214. R. hypomalacus Focke	—				—
215. R. orthocladus A. Lay	—				—
216. R. Arrhenii J. Lange	*14			+	Gustafsson 1933c, 1939.
217. R. Sprengelii Weihe	*14			+	Datta 1932, Gustafsson 1933c, 1939, Harrison (bei Maude) 1939.
218. R. hemistemon Müll.	—				—
219. R. myricae Focke	—				—
220. R. chlorothyrsus Focke (incl. R. scanicus Aresch.)	14			+	Harrison (bei Maude) 1939, Gustafsson 1939, 1943.
221. R. cimbricus Focke	*14			+	Gustafsson 1939.

[1]) R. opacus wurde von Datta irrtümlich zu R. nitidus gestellt.

[2]) Untersucht wurde bisher nur R. laciniatus Willd., der von den englischen Autoren zu R. Selmeri Lindeb. gestellt wird. Bei Ascherson-Graebner (1900—1905) ist er indes, wenn auch als „zweifelhaft", mit R. vulgaris vereinigt.

	Chrom.Z.	D.	P.	D+P	Autor
222. R. Maassii Focke	—				—
223. R. rhombifolius Weihe	*14			+	Fabergé (bei Maude) 1939.
224. R. silesiacus Weihe	—				—
225. R. cordifolius Weihe et Nees	$*\frac{35}{2}$[1])			+	Gustafsson 1943.
226. R. pyramidalis Kaltenb.	*14			+	Gustafsson (bei A. u. D. Löve) 1942b, 1943.
227. R. macrophyllus Weihe et Nees	*14			+	Gustafsson 1939.
228. R. Schlechtendahlii Weihe	*14			+	Crane 1936, 1940, Fabergé (bei Maude) 1939.
229. R. silvaticus Weihe et Nees	—				—
230. R. nemorensis Lef. et Müll. (incl. R. egregius Focke)	*14			+	Gustafsson 1939.
231. R. villicaulis Koehler (incl. R. calvatus Bloxam, R. insularis Aresch. u. R. Langei Focke)	14			+	Datta 1932, Gustafsson 1933c, 1939, 1943, Crane 1936, 1940, Harrison (bei Maude) 1939.
232. R. Gelertii Frid.	*14			+	Gustafsson 1939.
233. R. Lindleyanus Lees.	*14			+	Datta 1932.
234. R. argenteus Weihe et Nees	—				—
235. R. polyanthemus Lindeb.	14			+	Gustafsson 1933c, 1939, 1943.
236. R. albiflorus Boul. et Luc.	—				—
237. R. alterniflorus Müll.	—				—
238. R. rhamnifolius Weihe et Nees	$*\frac{21}{2}$[2])			+	Gustafsson 1943.
var. Lindebergii P. J. Müll.	*14			+	Gustafsson 1933c, 1939.
239. R. ulmifolius Schott (incl. R. rusticanus Merc.)	7[3])			+	Crane u. Darlington 1927, Datta 1932, Gustafsson 1933c, d, 1939, 1943, Crane 1936, 1940, Thomas 1940a, Rozanova 1940b.

---

[1]) Gustafssons Fund spricht dafür, dass R. cordifolius, wie Focke bei Ascherson-Gräbner (p. 477) annimmt, eine hybride Art ist. Maude (1939) gibt für R. cordifolius Bloxam $2 n = 28$ an.

[2]) Daneben kommen wohl auch tetraploide Rassen vor (Gustafsson 1943 p. 85). Ob R. Lindebergii überhaupt mit R. rhamnifolius in einer Art. zu vereinigen ist, ist nach Gustafsson zum mindesten zweifelhaft geworden.

[3]) Gewisse Gartenrassen besitzen $n = 14$ (Crane u. Darlington 1927, Chomisury 1927.)

Nr.	Chrom.Z.	D.	P.	D+P	Autor
240. R. Godronii Lecoq. et Lam. (incl. R. Winteri P. J. Müll.)	*14			+	Fabergé (bei Maude) 1939.
241. R. bifrons Vest.	—				—
242. R. cuspidifer Lef. et Müll.	—				—
243. R. pubescens Weihe	*14			+	Gustafsson 1939.
244. R. geniculatus Kaltenb.	—				—
245. R. procerus Müll.	*14			+	Crane 1936, 1940.
246. R. thyrsoideus Wimm. (incl. R. thyrsanthus Focke, R. elatior Focke u. R. candicans Weihe)	21[1]/2			+	Longley 1924, Gustafsson 1939, 1943.
247. R. arduennensis Lib.	—				—
248. R. tomentosus Bork.	7	+			Gustafsson 1933c, 1939, 1943.
249. R. vestitus Weihe et Nees	*14			+	Gustafsson 1939, 1943.
250. R. macrostachys Müll. (incl. R. Caflischii Focke.)	*14			+	Gustafsson 1943.
251. R. polyphyllus Müll.	—				—
252. R. adscitus Genev. (incl. R. macrothyrsus Lange)	*14[2]			+	Harrison (bei Maude) 1939.
253. R. mucronifer Sudre (incl. R. atrichantheros E. H. L. Krause)	*14			+	Gustafsson 1939.
254. R. Mülleri Lef.	—				—
255. R. Colemanni Blox.	—				—
256. R. Schmidelianus Sudre (incl. R. Borreri Bell. Salt. u. R. uncinatus P. J. Müll.)	*14[3]			+	Fabergé u. Harrison (bei Maude) 1939, Crane 1940.
257. R. gratiosus Müll. et Lef.	—				—
258. R. hebecaulis Sudre	—				—
259. R. radula Weihe	*14			+	Gustafsson 1933c, 1939, Fabergé (bei Maude) 1939.
260. R. Genevieri Bor. (incl. R. discerptus P. J. Müll).	*14			+	Gustafsson 1933c, 1939, Harrison (bei Maude) 1939.

[1] Gustafsson (1943 p. 138) macht für gewisse Varietäten von „R. thyrsanthus" n = 14 wahrscheinlich.

[2] Die Angabe Harrisons, dass auch diploide Individuen vorkommen sollen, erscheint Gustafsson (1943) zweifelhaft.

[3] Die von Crane (1940) und Thomas (1940a) gefundenen hexaploiden Individuen sind nach Gustafsson (1943 p. 84) wohl nur Gartenrassen.

	Chrom.Z.	D.	P.	D+P	Autor
261. R. apiculatus Weihe et Nees	*14		+		Harrison (bei Maude) 1939.
262. R. micans Godr.	—				—
263. R. granulatus Müll.	—				—
264. R. Timbal-Lagravei Müll.	—				—
265. R. fuscus Weihe et Nees	—				—
266. R. foliosus Weihe et Nees	—				—
267. R. insericatus Müll.	—				—
268. R. infestus Weihe (incl. R. taeniarum Lindeb. u. R. Drejeri Jensen)	14		+		Fabergé (bei Maude) 1939[1]), Gustafsson 1939.
269. R. thyrsiflorus Weihe et Nees	*14		+		Maude 1939, Gustafsson 1939.
270. R. pallidus Weihe et Nees (incl. R. Bloxamii Lees)	*14		+		Datta 1932, Gustafsson 1933c, 1939.
271. R. obscurus Kaltenb. (incl. R. Newbouldii Bab.)	*14		+		Harrison (bei Maude) 1939.
272. R. Menkei Weihe et Nees	—				—
273. R. omalus Sudre	—				—
274. R. melanoxylon Müll. et Wirtg.	—				—
275. R. rudis Weihe et Nees	*14		+		Gustafsson 1939.
276. R. vallisparsus Sudre	*14		+		Harrison (bei Maude) 1939.
277. R. glaucellus Sudre	—				—
278. R. fuscoater Weihe et Nees	*14		+		Fabergé (bei Maude) 1939.
279. R. adornatus Müll.	—				—
280. R. obtruncatus Müll.	—				—
281. R. Lejeunii Weihe et Nees	—				—
282. R. rosaceus Weihe et Nees	*14		+		Fabergé (bei Maude) 1939.
283. R. hystrix Weihe et Nees	—				—
284. R. hebecarpus Müll.	—				—
285. R. Koehleri Weihe et Nees (incl. R. dasyphyllus Rog.)	*14		+		Gustafsson 1933c, 1939, 1943, Harrison (bei Maude) 1939.
286. R. furvus Sudre	—				—

---

[1]) Die Angabe von $2n = 42$ (Fabergé bei Maude 1939) dürfte nach Gustafsson (1943 p. 84) irrtümlich sein.

287.	R. purpuratus Sudre	—		—
288.	R. scaber Weihe et Nees	*14	+	Fabergé (bei Maude) 1939.
289.	R. tereticaulis Müll.	—		—
290.	R. Schleicheri Weihe et Nees	*14	+	Harrison (bei Maude) 1939.
291.	R. Bellardii Weihe et Nees	$\frac{35^1)}{2}$	+	Gustafsson 1933b, c, d, 1939.
292.	R. rivularis Müll. et Wirtg.	—		—
293.	R. serpens Weihe	*14	+	Allander (bei Gustafsson) 1943.
294.	R. hirtus Waldst. et Kit. (incl. R. Kaltenbachii Metsch.)	*14	+	Gustafsson 1933 c, 1939, Harrison (bei Maude) 1939.
295.	R. caesius L.	14	+	Longley 1924, Longley u. Darrow 1924, Datta 1932, Gustafsson 1933b, c, 1939, 1943, Rozanova 1934, 1938, 1940 b, Vaarama 1939.
296.	R. saxatilis L.	14	+	Vaarama 1939, Scheerer 1939, A. u. D. Löve 1944b.
297.	R. odoratus L.	7	+	Longley 1924.
298.	R. chamaemorus L.	28	+	Longley 1927, La Cour (bei Maude) 1939, A. u. D. Löve 1944b, Vaarama (bei A. u. D. Löve) 1948.

Zahlreiche Rubus-Bastarde, die sogenannten „Rubi corylifolii", für die auf die Darstellung in der Synopsis bei Ascherson u. Gräbner (Bd. VI, I. Abt. S. 627ff) aufmerksam gemacht sei, sind von Gustafsson (1939, 1943) untersucht worden. (Vgl. a. Rozanova 1938, A. u. D. Löve 1942b, S. 40 u. 1948 S. 65f). Die Mehrzahl ist auch bei ihnen tetraploid, doch sind auch triploide, pentaploide und hexaploide bekannt geworden.

63. COMARUM L.

299.	C. palustre L. (= Potentilla palustris (L.) Scop.)	14 21, 32	+ +	Wulff 1937b, Ehrenberg 1945. Sokolovskaja u. Strelkova 1941.

64. POTENTILLA L.

300.	P. fruticosa L.[2])	*14	+	Turesson 1938.
301.	P. nitida L.	*7	+	Tischler 1929b.
302.	P. Clusiana Jacq.	—		—
303.	P. caulescens L.	—		—

---

[1]) Die Angabe von 2 n = 28 (Fabergé bei Maude 1939) ist nach Gustafsson (1943) wohl irrtümlich.

[2]) In amerikanischen und japanischen Rassen auch n = 7 (Shimotomai 1930a, b, K. Sax 1931a, Turesson 1938).

304. P. fragariastrum Ehrh.[1]) · *14 · + · Wulff 1938.

305. P. alba L. · 14 · + · Tischler 1928, 1929b, Popoff 1935.

306. P. micrantha Ramond — · —

307. P. rupestris L. · *7 +· · Tischler 1929b, Shimotomai 1930a, b, J. Clausen, Keck u, Heusi (Hiesey) 1932, 1939, 1940b, Popoff 1935, Mattick (in litt.) 1949.

308. P. nivea L. · 28 · + · Erlandsson (bei A. u. D. Löve) 1942b.

· 35 · + · Shimotomai 1930a, b, Sakai 1934.

309. P. argentea L. · 7 + · A. Müntzing 1928, 1931b, A. u. G. Müntzing 1941, 1942, 1944, 1945, Håkansson 1946.

· *14 · + · A. u. G. Müntzing 1941, 1942, Håkansson 1946.

· $\frac{35}{2}$ · + · A. u. G. Müntzing 1941, 1942, Christoff u. Papasowa 1943, Håkansson 1946.

(incl. subspec. impolita Wahlenb.) · 21 · + · A. Müntzing 1931, Shimotomai 1930a, Popoff 1935, Gentscheff u. Gustafsson 1940, A. u. G. Müntzing 1941, 1942, Rutishauser 1943a, Håkansson 1946.

· *28 · + · A. Müntzing 1931b, A. u. G. Müntzing, 1941, 1942, Håkansson 1946.

310. P. canescens Bess. · *21 · + · Shimotomai 1930a, b, Rutishauser 1943a, Christoff u. Papasowa 1943.

311. P. collina Wib. (incl. P. praecox F. Schultz) · *$\frac{35}{2}$ · + · A. Müntzing 1931b, Gentscheff u. Gustafsson 1940.

· 21 · + · A. Müntzing 1928, 1931b, Shimotomai 1930a, b, A. u. G. Müntzing, 1942, 1943, Rutishauser 1943a, Håkansson 1946.

· 42 · + · A. u. G. Müntzing 1942, 1943, Håkansson 1946.

312. P. recta L. · *14 · + · Popoff 1935, Christoff u. Papasowa 1943.

· *21 · + · Shimotomai 1930a, b, Christoff u. Papasowa 1943.

313. P. supina L. · *14 · + · Shimotomai 1930a, b.
314. P. intermedia L. · *14 · + · Shimotomai 1930a, b.
315. P. norvegica L. · *35 · + · Gentscheff 1938.

---

[1]) In japanischen Rassen auch n = 7 (Shimotomai 1929).

	Chrom.Z.	D.	P.	D+P	Autor
316. P. grandiflora L.	*14	+			Tischler 1929b.
317. P. parviflora Gaud. (= P. thuringiaca Bernh.)	*21	+			Shimotomai 1930a, b.
318. P. frigida Vill.	—				—
319. P. Brauneana Hoppe	*7	+			Mattick (in litt.) 1949.
320. P. Crantzii Beck	21	+			A. Müntzing 1928, 1931b, Håkansson 1946.
	*49⁄2	+			A. Müntzing 1931b.
321. P. aurea Torner	7	+		+	Shimotomai 1935, Mattick (in litt.) 1949.
	14	+			Mattick (in litt.) 1949.
	ca. 28	+			Tischler 1928, 1929b.
322. P. heptaphylla L.[1] (= P. opaca L)	7	+			Tischler 1929a, A. u. G. Müntzing 1941, 1944, 1945, Rutishauser 1943a, 1945, Håkansson 1946, Mattick (in litt.) 1949.
323. P. patula Waldst. et Kit.	—				—
324. P. verna L. (= P. Tabernaemontani Asch.)	14	+			A. u. G. Müntzing 1945, Håkansson 1946, Mattick (in litt.) 1949.
	*21	+			A. Müntzing 1928, 1931b, A. u. G. Müntzing 1941, Rutishauser 1943a, b, Håkansson 1946, Mattick (in litt.) 1949.
	*49⁄2	+			A. u. G. Müntzing (bei A. u. D. Löve) 1942b, Håkansson 1946.
	*63⁄2	+			Rutishauser 1943c, Håkansson 1946.
	*42	+			A. Müntzing 1931 b, A. u. G. Müntzing 1941, Håkansson 1946.
325. P. puberula Kraš.	—				—
326. P. arenaria Borkh.	*35⁄2	+			Rutishauser 1943b.
	*21	+			Rutishauser 1943b, 1945.
	*28	+			Rutishauser 1943b.
327. P. tormentilla Neck (= P. erecta (L.) Räusch.)	*14	+			Popoff 1935, A. u. D. Löve 1948, Mattick (in litt.) 1949.
328. P. procumbens Sibth. (= P. anglica Laich.)	*ca. 14	+			Wulff 1939b.
	*28	+			Christoff u. Papasowa 1943.
329. P. reptans L.	*14	+			Shimotomai 1930a, b, Ehrenberg 1945.

[1] Die von mir (Tischler 1929a) angegebenen Individuen mit n = 14 fasse ich jetzt als Hybridverbindungen zwischen heptaphylla und verna auf (2 n = 7 + 21 = 28).

	Chrom.Z.	D.	P.	D+P	Autor
330. P. anserina L.	*14		+		Tischler 1929b, Popoff 1935, Turesson 1938, Erlandsson 1942, A. u. D. Löve 1942a.
	*21		+		Roscoe 1927a, Erlandsson 1942.

65. SIBBALDIA L.

331. S. procumbens L.	*7	+			Böcher 1938b, Sokolovskaja u. Strelkova 1941, A. u. D. Löve 1944b, Sörensen u. Westergaard (bei A. u. D. Löve) 1948.

66. FRAGARIA L.

332. F. vesca L.	7	+			Ichijima 1926, 1930, Longley 1926, Mangelsdorf 1927, Mangelsdorf u. East 1927, Crane 1929, Yarnell 1929, 1931a, Rudloff 1930, East 1930, 1934, Schiemann 1931, Fedorova 1934, Darrow 1937, Turesson 1938, Dogadkina 1941.
333. F. viridis Duch. (= F. collina Ehrh.)	7	+			Ichijima 1930, Rudloff 1930, Yarnell 1931a, Darrow 1937, Felföldy 1947.
334. F. moschata Duch. (= F. elatior Ehrh.)	21		+		Ichijima 1926, 1930, Crane 1929, Kihara 1930, Yarnell 1931a, Schiemann 1931, Fedorowa 1934, Lilienfeld 1936, Darrow 1937, Dogadkina 1941.
335. F. virginiana Duch.	28		+		Ichijima 1926, 1930, Crane 1929, Schiemann 1931, East 1934, Darrow 1937.

67. GEUM L.

336. G. montanum L.	14		+		Gajewski 1949.
337. G. reptans L.	21		+		Gajewski 1949.
338. G. rivale L. [1])	21		+		Winge 1925, Prywer 1932, Turesson 1938, A. u. D. Löve 1944b, Raynor 1946, Gajewski 1949, Mattick (in litt.) 1949.
339. G. urbanum L.	21		+		Winge 1925, Prywer 1932, A. u. D. Löve 1942a, Raynor 1946, Gajewski 1949.
340. G. aleppicum Jacq.	21		+		Yamazaki 1936, Raynor 1946, Gajewski 1949.

68. DRYAS L.

341. D. octopetala L.	9	+			Böcher 1938b, Maude 1939, 1940, Flovik 1940, A. u. D. Löve 1944b.

---

[1]) Frau Mattick (in litt.) 1949 zählte in zwei Individuen $2 n = 36$.

69. WALDSTEINIA WILLD.

342. W. ternata (Steph.) —   —
     Fritsch
343. W. geoides Willd.   —   —

70. AREMONIA NECK.

344. A. agrimonioides (L.) —   —
     Neck.

71. AGRIMONIA L.

345. A. eupatoria L.   *14   +   Wulff 1939b, Maude 1939, 1940.
346. A. odorata (Gouan)   *28   +   Wulff 1939c.
     Mill.
347. A. pilosa Ledeb.   —   —

72. SANGUISORBA L.

348. S. officinalis L.   *14   +   Nakajima 1936.
349. S. minor Scop.   14   +   Lindenbein 1937, Wulff 1938,
                                         Maude 1939, 1940.

350. S. muricata (Spach)   —   —
     Gremli.

73. ALCHEMILLA L.

351. A. microcarpa Boiss. *8 +   Gudjónsson 1941.
352. A. arvensis (L.) Scop. 24   +   Böös 1924, Gudjónsson 1941.
353. A. hybrida(L.) Mill. *16   +   Mattick (in litt.) 1949.
354. A. pentaphyllea L.   32   +   Strasburger 1904.
                           *60   +   Gustafsson (bei Gentscheff u.
                                         Gustafsson) 1940
355. A. alpina L.   32   +   Strasburger 1904.
356. A. conjuncta Babingt. —   —
357. A. fissa Günth. et   —   —
     Schumm
358. A. vulgaris L.[1]   32   +   Murbeck 1901, Strasburger
                                         1904, Böcher 1938b.
                           ca. 45 +   Gustafsson (bei Gentscheff u.
                           —50   Gustafsson) 1940, Turesson
                                         (bei A. u. D. Löve) 1942b,
                                         Ehrenberg 1945, A. u. D. Löve
                                         1948.

74. ROSA L.

359. R. arvensis Huds.   7   +   Blackburn u. J. W. H. Harrison
                                         1921, Täckholm 1922, Hurst
                                         1928, 1931, J. W. H. Harrison
                                         (in litt.) 1934.

---

[1] Murbeck (1901) untersuchte die Subspec. acutangula Buser, Strasburger
(1904) fallax Buser und micans Buser, Böcher (1938b) glomerulans Buser,
Turesson (1942) sowie A. u. D. Löve (1948) subcrenata Buser, Ehrenberg
(1945) pastoralis Buser, acutiloba Opiz u. micans Buser, Turesson u. Ehrenberg glabra Neyg.

	Chrom.Z.	D.	P.	D+P	Autor
360. R. gallica L.	14		+		Täckholm 1920, 1922, Hurst 1925.
	$\frac{21}{2}$		+		Täckholm 1920, 1922, Hurst 1925.
361. R. cinnamomea L. (= R. majalis Herrm.)	7		+	+	Täckholm 1920, 1922, Hurst 1928, 1931, Erlanson 1934, 1938, J. W. H. Harrison (in litt. 1934).
	*14		+		Penland 1923, Hurst 1928.
	*28		+		Fagerlind 1944.
362. R. pendulina L.	14		+		Täckholm 1920, 1922, Penland 1923, Hurst 1928, 1931, J. W. H. Harrison (in litt.) 1934.
363. R. pimpinellifolia L.[1] (= R. spinosissima L.)	14		+		Täckholm 1920, 1922, Blackburn u. J. W. H. Harrison 1921, Penland 1923, Hurst 1925, 1928, 1931, J. W. H. Harrison 1930, J. W. H. Harrison u. Blackburn 1930.
364. R. Jundzillii Bes.	$7+\frac{28}{2}$[2]		+		Täckholm 1920, 1922, Hurst 1925, 1928, J. W. H. Harrison (in litt.) 1934.
365. R. rubrifolia Vill.	*14		+		Täckholm 1922, Erlanson 1933, J. W. H. Harrison (in litt.) 1934.
var. glaucescens Desv.	$7+\frac{14}{2}$		+		Täckholm 1922, Hurst 1928, Fagerlind 1945.
366. R. pomifera J. Herrm.	$7+\frac{14}{2}$		+		Täckholm 1920, 1922, Blackburn u. J. W. H. Harrison 1921, Hurst 1925, 1928, 1931, Erlanson 1931, 1933, J. W. H. Harrison (in litt.) 1934[3]
367. R. omissa Déségl. (= R. Sherardi Davis)	$7+\frac{14}{2}$		+		Hurst 1928, J. W. H. Harrison (in litt. 1934 und bei Maude) 1939.
	$7+\frac{21}{2}$		+		Blackburn u. J. W. H. Harrison 1921, J. W. H. Harrison (in litt.)
	$7+\frac{28}{2}$		+		1934 (und bei Maude) 1939.

---

[1] Einmal fand J. W. H. Harrison auch ein Individuum mit $n = 7$. Ich halte es für eine Haploidrasse.

[2] Die Arten der „caninae"-Gruppe lassen eine Anzahl von Chromosomen in der Meiose univalent. Dies ist durch die Angabe in „halben Zahlen" zum Ausdruck gebracht.

[3] J. W. H. Harrison (in litt. 1934 und bei Maude 1939) hat neben Rassen mit $2\,n = 28$ auch solche mit $2\,n = 56$ gefunden. Ob sie in der Meiose etwa $7 + \frac{42}{2}$ zeigen, ist nicht gesagt.

	Chrom.Z.	D+P	Autor
368. R. tomentosa Sm.	$7+\frac{21}{2}$	+	Täckholm 1920, 1922, Blackburn u. J. W. H. Harrison 1921, Hurst 1928, 1931, J. W. H. Harrison 1930.
369. R. micrantha Sm.	$7+\frac{21}{2}$	+	Hurst 1928, 1931, J. W. H. Harrison (in litt.) 1934.
	$7+\frac{28}{2}$	+	J. W. H. Harrison (bei Maude) 1939.
370. R. rubiginosa L.	$7+\frac{21}{2}$	+	Täckholm 1920, 1922, Blackburn u. J. W. H. Harrison 1921, Hurst 1928, 1931, J. W. H. Harrison (in litt.) 1934, Gastafsson u. Håkansson 1942, Gustafsson 1944.
371. R. elliptica Tausch (= R. graveolens Pren.)	$7+\frac{21}{2}$	+	Täckholm 1922, Hurst 1928, 1931, J. W. H. Harrison (in litt.) 1934.
372. R. caryophyllacea Bess.	—		—
373. R. agrestis Savi	$7+\frac{21}{2}$	+	Täckholm 1922, Hurst 1925, 1928, 1931, J.W.H. Harrison (in litt.) 1934 (u. bei Maude) 1939.
var. inodora Fries	$7+\frac{28}{2}$	+	Täckholm 1922, Hurst 1925, 1928, 1931, J. W. H. Harrison (bei Maude) 1939.
374. R. stylosa Desv.	$7+\frac{21}{2}$	+	Täckholm 1920, 1922, Hurst 1931, J. W. H. Harrison (in litt.) 1934 (u. bei Maude) 1939.
	$7+\frac{28}{2}$	+	Täckholm 1920, 1922, Hurst 1925, J. W. H. Harrison (bei Maude) 1939.
375. R. obtusifolia Desv. (incl. R. tomentella (Lem.) F. Herrm.)	$7+\frac{21}{2}$	+	Täckholm 1922, J. W. H. Harrison (in litt.) 1934 (u. bei Maude) 1939).
376. R. canina L. (incl. R. dumetorum (Thuill.) Parment.)	$7+\frac{21}{2}$	+	Täckholm 1920, 1922, Blackburn u. J. W. H. Harrison 1921, Penland 1923, Hurst 1925, 1928, 1931, J.W. H. Harrison (in litt.) 1934 (u. bei Maude) 1939, Gustafsson u. Håkansson 1942, Gustafsson 1944.
var. Blondaeana Ripart.	$7+\frac{28}{2}$	+	Gustafsson u. Håkansson 1942, Gustafsson 1944.
377. R. coriifolia Fries (incl. glauca Vill.) (= R. dumalis Bechst.)	$7+\frac{14}{2}$	+	Hurst 1931.
	$7+\frac{21}{2}$	+	Täckholm 1920, 1922, Blackburn u. J. W. H. Harrison 1921,

378. R. montana Chaix $7 + \frac{21^1)}{2}$ +   Hurst 1925, 1928, 1931, J. W.
                                                 H. Harrison (in litt.) 1934.
                                                 J. W. H. Harrison (in litt.) 1934.

75. Cotoneaster Med.

379. C. tomentosa (Ait.) —   —
      Ldt.
380. C. integerrima Medik. *34   +   Moffett 1931a, b.
381. C. melanocarpa Lodd. —   —

76. Pirus L. corr. Hall.

382. P. communis L.   *17[2])+   Rybin 1927, W. J. C. Lawrence
      (incl. der südeuropäischen   1930, Moffett 1931a, b, Adati
      P. nivalis Jacq.)   1935, Shamel 1937, Crane u.
                                                 Thomas 1939, Wanscher 1939.

77. Malus Mill.

383. M. silvestris Mill.   17 +   Rybin 1926, Kobel 1927, Nebel
                                                 1929, W. J. C. Lawrence 1930.
384. M. pumila Mill.   17 +   Rybin 1926, Kobel 1927.

78. Sorbus L. em. Cr.

385. S. aucuparia L.   17 +   Moffett 1931a, b, K. Sax 1931a,
                                                 Liljefors 1934.
386. S. domestica L.   17 +   Moffett 1931a, b, Liljefors 1934.
387. S. torminalis (L.) Cr. 17 +   Moffett 1931a, b, Liljefors 1934.
388. S. aria (L.) Cr.   17[3])+   Moffett 1931a, b, K. Sax 1931a,
                                                 Liljefors 1934.
389. S. Mougeoti Soy. $\frac{51}{2}$ +   Liljefors 1934.
      Willem.
390. S. intermedia (Ehrh.) 34   +   Liljefors 1934.
      Pers. (= S. suecica
      Krok. et Almquist)
391. S. chamaemespilus 34   +   Liljefors 1934.
      (L.) Cr. (incl. Subspec.
      sudetica (Tausch) Hegi

79. Crataegus L.

392. C. oxyacantha L.   17 +   Moffett 1931a, b.
393. C. monogyna Jacq.   17 +   Moffett 1931a, b.

80. Mespilus L.

394. M. germanica L.   17 +   Moffett 1931a, b, K. Sax 1931a.

---

[1]) Der Autor gibt 2 n = 35 an.
[2]) Bei Kulturbirnen finden sich auch Triploide und Tetraploide.
[3]) Die skandinavischen Var. norvegica Hedl. und salicifolia Hedl. haben
      nach Liljefors (1934) n = 34.

81. Amelanchier Medik.

395. A. ovalis Medik. (= rotundifolia Koch)	34	+	Moffett 1931a, b.
396. A. canadensis (L.) Medik.	34	+	Moffett 1931a, b.
397. A. spicata (Lam.) Koch.	34	+	Moffett 1931a, b.

82. Prunus L.

398. P. avium L.	8^1)+		Ewert 1922, Darlington 1927a, 1928, 1933, Okabe 1927, 1928, Kobel 1927, 1928, Crane 1927, 1929, Lindenbein 1929, Crane u. Lawrence 1930, W. J. C. Lawrence 1930, K. Sax 1931a, Sachoff 1931, Mather 1937, Hrubý 1939, Raptopoulos 1940, 1941a, b, Danielsson 1947.
399. P. cerasus L. (incl. P. acida K. Koch)	16	+	Darlington 1927a, 1928, Kobel 1927, 1928, Crane 1927, 1929, W. J. C. Lawrence 1930, Sachoff 1931, Yenikejev 1938, Hrubý 1939, Raptopoulos 1940, 1941a, 1941b.
400. P. mahaleb L.	8	+	Kobel 1927, 1928, Darlington 1928, Crane 1929.
401. P. padus L.	16	+	Kobel 1927, 1928, Okabe 1927, 1928, K. Sax 1931a, Yenikejev 1938, Hrubý 1939.
402. P. fruticosa Pall.	16	+	Darlington 1927a, 1928, Raptopoulos 1941a, b.
403. P. tenella Batsch	—		—
404. P. spinosa L.	16	+	Darlington 1927a, 1928, 1930, Kobel 1927, 1928, Crane 1927, 1929, W. J. C. Lawrence 1930, Mather 1937²), Weimarck 1942²).
405. P. domestica L. ³)	24	+	Darlington 1927a, 1928, 1930, Kobel 1927, 1928, Crane 1927, 1929, W. J. C. Lawrence 1930, Crane u. Lawrence 1930, K. Sax 1931a, Sachoff 1931, Moffett 1932a, Mather 1937.

[1]) Kultiviert wurden auch Triploide beobachtet (Darlington 1928, v. Schelhorn 1947); Tetraploide bei Danielsson 1947.

[2]) Die bei Mather (1937) ausserdem angegebenen Rassen mit n = 8, 12, 20, 24 dürften sich nach Weimarck (1942) kaum auf reine P. spinosa beziehen.

[3]) Rybin (1936) hat durch Kreuzung von P. spinosa (n = 16) und P. divaricata Led. (n = 8). einen amphidiploiden Bastard synthetisch dargestellt, der den Nr 405—406 sehr nahesteht.

406. P. insititia L.   24   +   Darlington 1927a, 1928, 1930, Kobel 1927, Crane 1927, 1929, Sachoff 1931, Mather 1937, Weimarck 1942.

21. *LEGUMINOSAE.*

Chromosomengrundzahl 6, 7, 8, (9, 10, 11)

83. LUPINUS L.

407. L. polyphyllus Lindl. 24   +   Tuschnjakova 1935, Savtschenko 1935b, D. C. Cooper 1936.

84. LABURNUM MEDIK.

408. L. anagyroides Med. 24   +   Strasburger1905,Ishikawa1916.
409. L. alpinum (Mill.)   24   +   Tschechow 1931.
Med.

85. CYTISUS L.

410. C. procumbens   —   —
(Waldst. et Kit.) Spr.
411. C. nigricans L.   24   +   de Vilmorin u. Simonet 1927b, Tschechow 1931, 1936, A. C. Santos 1945.

412. C. purpureus Scop. 24   +   Strasburger 1905.
413. C. hirsutus L.   —   —
414. C. ratisbonensis *ca. 24   +   Mattick (in litt.) 1949.
Schaeff.
415. C. supinus L.   —   —
416. C. albus Hacquet   —   =
417. C. austriacus L.   —   —

86. SAROTHAMNUS WIMM.

418. S. scoparius (L.)   24[1])   +   Kawakami 1930, Tschechow 1931, Sugiura 1931, 1936b, Yamashita 1930 (bei Kihara, Yamamoto u. Hosono) 1931.
Wimm. ex Koch

87. ULEX L.

419. U. europaeus L.   *48[2])   +   Tschechow 1931, de Castro 1941, 1945.

88. GENISTA L.

420. G. radiata (L.) Scop. *24   +   A. C. Santos 1945.
421. G. germanica L.   —   —

---

[1]) Maude (1939, 1940) zählte nur 2 n = 46.
[2]) Bei der portugiesischen Subspecies latebracteatus (Mariz.) Rothm. zählte de Castro (1941, 1945) nur 2 n = 64.

422. G. anglica L.   *24[1])   +   A. C. Santos 1945.
423. G. tinctoria L.   *24   +   Tschechow 1931, A. C. Santos
                                               1945.
424. G. ovata Waldst. et   —   —
     Kit.
425. G. pilosa L.   *12   +   Tschechow 1931, 1936.
426. G. sagittalis L.   *24[2])   +   A. C. Santos 1945.
427. G. triangularis Kit.   24   +   Tschechow 1931.

89. GALEGA L.

428. G. officinalis L.   8   +   Kreuter 1929, 1930, Tschechow
                                               1930, 1935, Senn 1938b.

90. ROBINIA L.

429. R. pseudo-acacia L.   10[3])+   Kreuter 1929, 1930, Whitaker
                                               1934b, Tschechow 1935.

91. ASTRAGALUS L.

430. A. exscapus L. (incl. *8 +   Tschechow 1930, 1935.
     A. transsilvanicus Barth)
431. A. australis (L.) Lam. —   —
432. A. norvegicus Grauer *8   +   Tschechow 1935.
     (= A. oroboides Hor-
     nem.)
433. A. frigidus (L.) A.   *8   +   A. u. D. Löve 1944b.
     Gray
434. A. alpinus L.   *ca. 28   +   Tschechow 1935.
435. A. penduliflorus Lam. —   —
436. A. glyciphyllos L.   *8   +   Tschechow 1935.
437. A. sulcatus L.   *8   +   Tschechow 1935.
438. A. austriacus Jacq.   —   —
439. A. asper Wulf.   —   —
440. A. arenarius L.   —   —
441. A. danicus Retz.   *8   +   Tschechow 1935.
442. A. vesicarius L.   *8   +   Tschechow 1935.
443. A. cicer L.   *32   +   Tschechow 1935.
444. A. onobrychis L.   *32 (36) +   Tschechow 1935.
445. A. leontium Wulf.   —   —

92. OXYTROPIS DC.

446. O. montana (L.) DC.   —   —
447. O. triflora Hopp.   —   —

---

[1]) Maude (1939, 1940) zählte nur 2 n = 42.
[2]) Tschechow (1931) zählte nur 2 n = 42—45, A. C. Santos (1945) auch ± 46.
[3]) Tschechow (1930, 1935) fand auch Individuen mit 2 n = 22.

448. O. pilosa (L.) DC. — —
449. O. Halleri Bunge *8 + Tschechow 1930, 1935.
450. O. campestris (L.) *18 + Jalas (bei A. u. D. Löve) 1948.
DC.
451. O. lapponica *24 + Tschechow 1935.
(Wahlenb.) Gay

93. Colutea L.

452. C. arborescens L. *8 + Tschechow 1930, 1935.

94. Coronilla L.

453. C. emerus L. — —
454. C. coronata Nathorst — —
455. C. vaginalis Lam. — —
456. C. varia L. 12 + Romanenko 1937.

95. Ornithopus L.

457. O. perpusillus L. 7 + Scheerer 1939, Maude 1939, 1940, Griesinger u. Klinkowski 1939, Milovidov 1941.

96. Hippocrepis L.

458. H. comosa L. *14 + Maude 1939, 1940.

97. Hedysarum L.

459. H. obscurum L. — —

98. Onobrychis Mill.

460. O. viciaefolia Scop. 14 + Hrubý (in litt. Brozek) 1930 (u. bei Maude) 1939, Levitsky (in litt.) 1934, Romanenko 1937, Mattick (in litt.) 1949.
461. O. montana Lam. et — —
DC.
462. O. arenaria (Kit.) Ser. — —

99. Anthyllis L.

463. A. vulneraria L. (incl. 6 + Corti 1931a, Tschechow u. Kartashova 1932, A. u. D. Löve 1944b, Mattick (in litt.) 1949.
A. maritima Schweigg.
u. A. alpestris Kit.)
*7 + Mattick (in litt.) 1949.
464. A. Jacquini Kerner — —

100. Lotus L.

465. L. corniculatus L. 6 + subspec. tenuifolia Rchb. (= L. tenuis Waldst. et Kit.) (incl. var. japonica Regel)

+ Kawakami 1930, Yamamoto 1929 (bei Kihara, Yamamoto u. Hosono) 1931, Tschechow u. Kartashova 1932, Senn 1938b, Dawson (bei Maude) 1939, 1941, Rutland 1941, Tome u. Johnson 1945.

subspec. typica (incl. *12 var. alpestris Lamotte) +

Tschechow u. Kartashova 1932, Dawson (bei Maude) 1939, 1941, Milovidov 1941, Tome u. Johnson 1945.

*13 + Mattick (in litt.) 1949.

466. L. uliginosus Schkuhr *6 +

+ Tschechow u. Kartashova 1932, Dawson (bei Maude) 1939, 1941.

*12 + Milovidov 1941.

101. Tetragonolobus Scop.

467. T. siliquosus Roth *7 + (= T. maritimus (L.) Roth.)

Tschechow u. Kartashova 1932, Tarnavschi 1938.

102. Dorycnium Miller.

468. D. sericeum (Neilr.) *7 + Borb.

Tschechow u. Kartashova 1932.

469. D. herbaceum Vill. *7 +

Tschechow u. Kartashova 1932.

103. Ononis L.

470. O. natrix L.   *16   +   Tschechow 1933.
471. O. repens L.   —   —
472. O. spinosa L.   *16 (15) +   Tschechow 1933.
473. O. arvensis L (= O.   *16 (15) +   Tschechow 1933.
     hircina Jacqu.)   30   +   Senn 1938b.
474. O. pusilla L.   —   —
475. O. rotundifolia L.   *16   +   Tschechow 1933, 1936.

104. Trigonella L.

476. T. monspeliaca L.   *8 +   Tschechow 1933.
477. T. coerulea (L.) Ser. 8 +   Fryer 1930, Tschechow 1933, Senn 1938b, de Azevedo Coutinho u. A. C. Santos 1943.

478. T. ornithopoides (L.) 9 +   Rutland 1941. DC.

105. Melilotus Hill em. Adans.

479. M. dentatus (Waldst. *8 +   Tschechow 1933, Wipf 1939. et Kit.) Pers.

480. M. altissimus Thuill. *8 +   Scheerer 1939, Wipf 1939, A. u. D. Löve 1944b.

481. M. officinalis (L.) Lam. 8 +   Elders 1926, Fryer 1930, Milovidov (in litt. Brožek 1930), 1941, Tschechow 1933, D. C. Cooper 1933, Clarke 1934, Romanenko 1937, Wipf 1939, A. u. D. Löve 1944b.

482. M. albus Desr.   8 +   Rogers 1917, Castetter 1923, 1925, Elders 1926, H. B. Smith 1927b, Fryer 1930, Tschechow 1933, D. C. Cooper 1933, Clarke 1934, Atwood 1936, Wipf 1939, Weichsel 1940.

483. M. indicus (L.) All.   8 +   Fryer 1930, Tschechow 1933, Clarke 1934.

106. Medicago L.

484. M. hispida Gaertn.   *7 +   Tschechow 1930, 1933, Fryer 1930.
(incl. M. denticulata
Willd. u. M.   *8 +   Ghimpu 1929b, 1930, 1941.
apiculata Willd.)

485. M. lupulina L.   8[1]) +   Karpetschenko (in litt.) 1925, Ghimpu 1928, 1929b, 1930, 1941, Tschechow 1930, 1933, Fryer 1930, D. C. Cooper 1935b, 1936, Wipf 1939, Pólya 1948.

486. M. prostrata Jacqu.   —   —

487. M. carstiensis Wulf.   *8 +   Fryer 1930.

488. M. arabica (L.) All.   *8 +   Ghimpu 1928, 1929b, 1930, 1941, Fryer 1930, Tschechow 1933, Wipf 1939.
(= M. maculata Willd.)

489. M. minima (L.) Gruf- *8 +   Ghimpu 1928, 1929b, 1930, 1941, Tschechow 1933.
berg

490. M. falcata L.   *8   +   Fryer 1930, Ledingham 1940, Sinskaja 1940, 1945[2]), v. Schelhorn 1946.

               *16   +   Karpetschenko (in litt.) 1925, + Stählin 1928, Ghimpu 1929b, 1930, 1941, Fryer 1930, Tschechow 1933, D. C. Cooper 1935b, 1936, Sinskaja 1940, v. Schelhorn 1946.

---

[1])   Tschechow (1930, 1933) sah in Russland, Julén (1944) in Schweden auch tetraploide Individuen mit n = *16.

[2])   Sinskaja (1945) macht wahrscheinlich, dass es sich bei ihren Exemplaren nicht um Angehörige einer anderen Rasse, sondern einer nahe verwandten Species handelt.

491. M. sativa L.   16   +   Karpetschenko (in litt.) 1925, Elders 1926, Stählin 1928, Ghimpu 1928, 1929b, 1930, 1941, Reeves 1930, Fryer 1930, Kawakami 1930, Tschechow 1930, 1933, D. C. Cooper 1935b, 1936, 1939, D. C. Cooper, Brink u. Albrecht 1937, Romanenko 1937, Senn 1938b, Skovsted 1939, Wipf 1939, Sinskaja 1940, Ledingham 1940, Nilsson u. Andersson 1941, 1943, Julén 1944, Frandsen 1945.

107. TRIFOLIUM L.

492. T. campestre Schreb. 7 +   Bleier 1925, Karpetschenko
(= T. agrarium L. u. T.   1925, Wipf 1939.
procumbens L.)
493. T. patens Schreb.   —   —
494. T. aureum Poll.   *7 +   Wulff 1939c, Wipf 1939.
(= T. agrarium L.p.p.)
495. T. minus Sm.   *7 +   \   Karpetschenko 1925.
(= T. filiforme L., T.   14 + } + Bleier 1925, Wipf 1939.
dubium Sibth.)   *16 +   /   Wexelsen 1928.
496. T. micranthum Viv.   —   —
497. T. spadiceum L.   *7 +   Karpetschenko 1925.
498. T. badium Schreb.   7 +   Bleier 1925.
499. T. arvense L.   7 +   Bleier 1925, Karpetschenko
                                 1925, Arutiunova 1940, A. u.
                                 D. Löve 1944b.
500. T. striatum L.   *7 +   Wulff 1939b.
501. T. incarnatum L.   *7 +   Karpetschenko 1925, Wexelsen
                                 1928, Wipf 1939, Arutiunova
                                 1940.
502. T. pratense L.   7 +   Bleier 1925, Karpetschenko
                                 1925, Wexelsen 1928, Kawakami 1930, Wipf u. D. C.
                                 Cooper 1938, Wipf 1939, Skovsted 1939, Arutiunova 1940,
                                 A. u. D. Löve 1944b, Frandsen
                                 1945, Levan 1945.
503. T. noricum Wulf.   —   —
504. T. medium L.   39   +   Pieters u. Hollowell 1937.
                       *ca. 40   +   Karpetschenko 1925.
                         *42   +   Levan (bei A. u. D. Löve)
                                       1944b, 1945.
                        ca. 49   +   Bleier 1925.
                       *ca. 63   +   A. u. D. Löve 1944b.

505. T. alpestre L.	8	+			Bleier 1925, Karpetschenko 1925.
506. T. resupinatum L.	8[1])	+			Bleier 1925, Karpetschenko 1925.
507. T. rubens L.	*8	+			Karpetschenko 1925, Senn 1938b.
508. T. ochroleucum Huds.	8	+			Bleier 1925.
509. T. alpinum L.	—				—
510. T. parviflorum Ehrh.	*8	+			Karpetschenko 1925, Tarnavschi (in litt.) 1943.
511. T. fragiferum L.	8	+			Bleier 1925, Karpetschenko 1925, Tarnavschi (in litt.) 1943, Pólya 1948.
512. T. scabrum L.	*8	+			Karpetschenko 1925.
513. T. montanum L.	*8	+			Karpetschenko 1925, Arutiunova 1940.
514. T. pallescens Schreb.	—				—
515. T. Thalii Vill.	8	+			Bleier 1925.
516. T. hybridum L.	8	+			Bleier 1925, Karpetschenko 1925, Wexelsen 1928, Kawakami 1930, Skovsted 1939, Arutiunova 1940, Frandsen 1945.
517. T. repens L.	16		+		Erith 1924, Karpetschenko 1925, Wexelsen 1928, Kawakami 1930, Senn 1938b, Atwood 1938, Wipf 1939, Arutiunova 1940, Atwood u. Hill 1940, A. u. D. Löve 1944b, Levan 1945.
518. T. lupinaster L.	*24		+		Karpetschenko 1925.

108. VICIA L.

519. V. pisiformis L.	*6	+			Heitz 1931b.
520. V. orobus DC.	6	+			Sveschnikova 1927, Heitz 1931b.
521. V. cracca L.	6	+			Sakamura 1914, 1920, Sveschnikova 1927, 1928, 1929, 1937.
	7	+			Sveschnikova 1928, 1929, 1937, Senn 1938b.
	14	+			Sveschnikova 1927, 1937, A. u. D. Löve 1944b.
522. V. tenuifolia Roth	12	+			Sveschnikova 1927, 1937, Heitz 1931b.
523. V. dumetorum L.	*7	+			Heitz 1931b, Senn 1938b.
524. V. cassubica L.	*7	+			Wulff 1939b.
525. V. silvatica L.	7	+			Sveschnikova 1927.
526. V. villosa Roth	7	+			Sveschnikova 1927, Senn 1938b, Wipf u. D. C. Cooper 1940.

---

[1])   Wipf (1939) zählte nur 2 n = 14.

527. V. sepium L.   7 +   Sveschnikova 1927, Heitz 1931b.

                    *8—9 +   Mattick (in litt.) 1949.
528. V. oroboides Wulf. —   —
529. V. grandiflora Scop. 7 +   Sveschnikova 1927, Heitz 1931b.
530. V. lathyroides L.   *6 +   Heitz 1931b, A. u. D. Löve 1944b.

531. V. sativa L. (incl. V. 6 +   Sakamura (bei Ishikawa) 1916,
     angustifolia L.)   1920, Nikolajeva 1924, Sve-
                                        schnikova 1927, 1928, 1929,
                                        1930, 1935, 1936, 1938, 1941,
                                        Bleier 1928, Kawakami 1930,
                                        Levitsky u. Araratian 1931,
                                        Heitz 1931b, Helm 1934,
                                        Sveschnikova u. Belekhova
                                        1935, Savtschenko 1935a, Senn
                                        1938b, Wipf u. D. C. Cooper
                                        1938, Wipf 1939, de Azevedo
                                        Coutinho 1940, 1945.
532. V. lutea L.   7 +   Sveschnikova 1927, Heitz 1931b.
533. V. pannonica Cr.   7 +   Sveschnikova 1927.
534. V. narbonensis L.   7 +   Sveschnikova 1927, Heitz 1931b.
                                        Senjaninova-Korczagina 1932,
                                        Savtschenko 1940.
535. V. articulata Hornem. 7 +   Nikolajeva 1924, Sveschnikova
     (= V. monanthos (L.)   1927, Heitz 1931b.
     Desf.)
536. V. hirsuta (L.) S. F. 7 +   Nikolajeva 1924, Sveschnikova
     Gray   1927, Kawakami 1930, Heitz
                                        1931b, Senn 1938b.
537. V. tetrasperma (L.)   7 +   Sveschnikova 1927, Kawakami
     Schreb.   1930, Heitz 1931b.

109. LATHYRUS L.

538. L. laevigatus (Waldst. —   —
     et Kit.) Fritsch
539. L. niger (L.) Bernh.   7 +   Corti 1931b, Senn 1938a, b.
540. L. vernus (L.) Bernh. 7 +   Sakamura 1920, Melderis u.
                                        Viksne 1931, Simonet 1932c,
                                        Senn 1938 a, b.

541. L. venetus (Mill.) —   —
     Wohlf.
542. L. filiformis (Lam.)   7 +   Simonet 1932c, Senn 1938 b.
     Gay (= L. ensifolius
     Bad.)
543. L. pannonicus   *7 +   Melderis u. Viksne 1931.
     (Kram.) Garcke
544. L. montanus Bernh.   7 +   Wulff 1938, Scheerer 1940.
545. L. paluster L.   7 +   Senn 1938a, b.
                           21   + }+ Scheerer 1940, A. u. D. Löve
                                        1944b.

	Chrom.Z.	D.	P.	D+P	Autor
546. L. pisiformis L.	—				—
547. L. maritimus (L.) Bigel.	7	+			Kawakami 1930, Simonet 1932c, Senn 1938a, b.
548. L. pratensis L.	7	+			Melderis u. Viksne 1931.
549. L. aphaca L.	7	+			Corti 1930, Simonet 1932c, Senn 1938a, b.
550. L. tuberosus L.	7	+			Fisk 1931, Senn 1938a, b.
551. L. silvester L.	7	+			Melderis u. Viksne 1931, Simonet 1932c, Senn 1938a, b.
552. L. latifolius L.	7	+			Winge 1919, Fisk 1931, Simonet 1932c, Senn 1938a, b, Wipf 1939, Wipf u. D. C. Cooper 1940.
553. L. heterophyllus L.	7	+			Simonet 1932c, Senn 1938a, b.
554. L. hirsutus L.	7	+			Simonet 1932c, Senn 1938a, b.
555. L. nissolia L.	7	+			Simonet 1932c, Senn 1938 a, b.

2. UNTERREIHE SAXIFRAGINEAE.

22. *CRASSULACEAE.*

Chromosomengrundzahl (6), 7, 8, (9)[1].

110. CRASSULA L.

	Chrom.Z.	D.	P.	D+P	Autor
556. C. rubens L.	—				—
557. C. aquatica (L.) Schoenl.	21	+			Hagerup 1941a.
558. C. muscosa (L.) Schoenl.	—				—

111. SEDUM L.

	Chrom.Z.	D.	P.	D+P	Autor
559. S. cepaea L.	—				—
560. S. telephium L. (incl. S. maximum L. u. S. purpureum Schinz et Kell.)	12	+			Baldwin 1937, 1939, Turesson 1938.
	18	+			Sugiura 1937b, Baldwin 1937.
	*24	+			Baldwin 1935, 1937[2]), 1939, Turesson 1938, A. u. D. Löve 1942a.
561. S. rosea (L.) Scop.	11	+			Levan 1933a, Toyohuku 1935, Sörensen u. Westergaard (bei A. u. D. Löve) 1948.
562. S. hispanicum Juslen	*7	+		+	Baldwin 1939.
	*14, *15, *20		+	+	Baldwin 1939.
563. S. villosum L.	—				—
564. S. atratum L.	*8	+			Mattick (in litt.) 1949.
565. S. annuum L.	*8	+		+	Mattick (in litt.) 1949.
	11		+	+	Böcher 1938b, Baldwin 1940

---

[1]) Die Arten mit n = 4 u. 5 betrachte ich als abgeleitet.
[2]) Baldwin (1937) fand auch Individuen mit aneuploiden Zahlen (2 n = 22, 28, 50).

566. S. spurium Bieb.   *14   +   Baldwin 1935.
567. S. dasy- *14, *21, *28   +   Baldwin 1939.
     phyllum L.
568. S. acre L.   *8 +   ⎫ +   Toyohuku 1935.
                         24 +   ⎬   Wulff 1937b, A. u. D. Löve
                                 ⎭   1944b.
569. S. album L.   *16   +   Baldwin 1939.
                         *32   +   Baldwin 1935, 1939.
570. S. alpestre Vill.   *8 +   Mattick (in litt.) 1949.
571. S. sexangulare L.   —   —
572. S. rupestre L. *17, *34   +   Baldwin 1935.
     (incl. subspec.: S. *ca. 56   +   Toyohuku 1935.
     reflexum (L.) Hegi et
     Schmid.)

112. Sempervivum L.

573. S. arachnoideum L. 16   +   Uhl (in litt.) 1949.
                        30   +   Skovsted 1934.
                        32   +   Uhl (in litt.) 1949.
574. S. montanum L.[1)] 18   +   Uhl (in litt.) 1949.
575. S. hirtum Juslen   19   +   Uhl (in litt.) 1949.
576. S. arenarium Koch   19   +   Uhl (in litt.) 1949.
577. S. Pittonii Schott 32   +   Uhl (in litt.) 1949.
578. S. tectorum L.[2)] 36   +   Rutland 1941, Uhl (in litt.) 1949.
579. S. Wulfenii Hoppe   —   —
580. S. soboliferum Sims. —   —

23. *SAXIFRAGACEAE.*

Chromosomengrundzahl 7, 8, 9.

113. Saxifraga L.

581. S. biflora All.   —   —
582. S. oppositifolia L. 13   +   Skovsted 1934, Böcher 1941,
                                      Sörensen u. Westergaard (bei
                                      A. u. D. Löve) 1948.
                         *26   +   Flovik 1940.
583. S. retusa Gouan   —   —
584. S. caesia L.   —   —
585. S. squarrosa Sieb. et —   —
     Tausch
586. S. Burseriana L.   —   —
587. S. crustata Vest.   —   —
588. S. Hostii Tausch   14   +   Schoennagel 1931, Skovsted
                                      1934.

[1)] Die vom Verf. untersuchte Species war in ihrer Artbezeichnung nicht
    völlig gesichert.
[2)] Uhl (in litt.) 1949 sah daneben auch n = 37 u. 38.

	Chrom.Z.	D.	P.	D+P	Autor
589. S. aizoon Jacq.	14			+	Skovsted 1934, Mattick (in litt.) 1949.
590. S. cotyledon L.	14			+	Schoennagel 1931, Skovsted 1934.
591. S. mutata L.	—				—
592. S. aizoides L.	13			+	Skovsted 1934, Böcher 1938b, 1941, Mattick (in litt.) 1949.
593. S. aspera L.	13			+	Mattick (in litt.) 1949, Favarger 1949b.
594. S. tenella Wulf.	33			+	Skovsted 1934.
595. S. muscoides All.	—				—
596. S. aphylla Strnb.	—				—
597. S. sedoides L.	—				—
598. S. Seguieri Spr.	*ca. 24			+	Mattick (in litt.) 1949.
599. S. androsacea L.	—				—
600. S. moschata Wulf.	*13			+	Mattick (in litt.) 1949.
	*26			+	Mattick (in litt.) 1949.
601. S. exarata Vill.	ca. 34			+	Skovsted 1934.
602. S. decipiens Ehrh. (= S. caespitosa L.)	16			+	Schürhoff 1925a, Marsden-Jones u. Turrill 1928, Whyte 1930.
	$\frac{28-65}{2}$			+	Skovsted 1934.
	*32			+	Philp 1934a.
603. S. hypnoides L.	ca. 22, ca. 29			+	Skovsted 1934.
604. S. granulata L.	16			+	Schürhoff 1925a, Marsden-Jones u. Turrill 1928, Whyte 1930.
	23—30			+	Skovsted 1934.
	*24			+	Philp 1934.
	?6			+	Harmsen (bei A. u. D. Löve) 1948.
	28—30			+	Schönnagel 1930.
	>30			+	Juel 1907.
605. S. bulbifera L.	—				—
606. S. cernua L.	*25			+	Chiarugi (in litt.) 1934.
	*ca. 30			+	Sörensen u. Westergaard (bei A. u. D. Löve) 1948.
	ca. 33			+	Skovsted 1934.
607. S. adscendens L.	11			+	Chiarugi (in litt.) 1934, Melchers 1935, v. Drygalski 1935.
608. S. tridactylites L.	11			+	Chiarugi (in litt.) 1934, Skovsted 1934, Melchers 1935, v. Drygalski 1935.
609. S. hirculus L.	*14			+	Sokolovskaja u. Strelkova 1938.
	*16			+	Flovik 1940, Sörensen u. Westergaard (bei A. u. D. Löve) 1948.

610. S. hieraciifolia *40—41 + Sokolovskaja u. Strelkova 1938.
Waldst. et Kit.
         *56 + Flovik 1940.
         *60 + Sörensen u. Westergaard (bei
            A. u. D. Löve) 1948.
611. S. nivalis L. 14 + Skovsted 1934.
         *30 + Flovik 1940, Sörensen u. Wes-
            tergaard (bei A. u. D. Löve)
            1948.
612. S. stellaris L. 14 + Skovsted 1934, Arwidsson
            1938, Böcher 1938b, A. u. D.
            Löve 1948, Mattick (in litt.)
            1949.
613. S. foliolosa R. Br. 28 + Arwidsson 1938, Böcher 1938b,
            Flovik 1940, Sörensen u. Wes-
            tergaard (bei A. u. D. Löve)
            1948, A. u. D. Löve 1948.
         *32 + Harmsen 1939.
614. S. cuneifolia L. 14 + Schoennagel 1931, Skovsted
            1934.
615. S. umbrosa L. 14 + Skovsted 1934.
616. S. geum L. 14 + Schoennagel 1931, Skovsted
            1934.
617. S. rotundifolia L. 11 + Schoennagel 1931, Skovsted
            1934.
618. S. paradoxa Sternb. — —

114. CHRYSOSPLENIUM L.

619. C. oppositifolium L. 21 + Schoennagel 1931.
620. C. alternifolium L.[1]) +
      *15—25 Mattick (in litt.) 1949.
      24 Skovsted 1934.

115. PARNASSIA L.

621. P. palustris L. 9[2])+ Matsuura u. Sutô 1935, Roza-
           nova 1940a, Erlandsson (bei A.
           u. D. Löve) 1942b, 1944, A. u.
         + D. Löve (in litt.) 1948.
Subspec: neogaea 18 + Rozanova 1940a, Erlandsson
(Fern.) Hult, obtusiflora (bei A. u. D. Löve) 1942b,
Rupr. em. Löve. 1944, A. u. D. Löve 1944b.

116. PHILADELPHUS L.

622. P. coronarius L. 13 | Bangham 1929.

---

[1]) Die hochnordische Art oder Unterart C. tetrandrum (Fries) Lund hat
nur n = 12 (Flovik 1940).

[2]) Frl. Erlandsson (1944) fand auch je eine triploide und hexaploide Pflanze
in Schweden.

117. Ribes L.

623. R. grossularia L.	8	+	Tischler 1927, Darlington 1927b, 1929a, Dermen (bei K. Sax) 1931b, A. u. D. Löve 1948.
624. R. rubrum (L.) em. Jancz. (incl. R. vulgare Lam. em. Schneider)	8	+	Tischler 1927, Meurman 1928, Schoennagel 1931, A. u. D. Löve 1948.
625. R. spicatum Robs. em. Willmott	8	+	Meurman 1928, A. u. D. Löve 1948.
626. R. petraeum Wulf.	8	+	Tischler 1927, Nilsson 1944.
627. R. alpinum L.	8	+	Meurman 1924, 1925, Tischler 1927, A. u. D. Löve 1948.
628. R. nigrum L.	8	+	Tischler 1927, Darlington 1927b, 1929a, Meurman 1928, Vaarama 1947, 1949a, A. u. D. Löve 1948.

3. UNTERREIHE MYRTINEAE.

24. *LYTHRACEAE.*

Chromosomengrundzahl 5, 6 (?)

118. Peplis L.

629. P. portula L.	*5	+	Scheerer 1940, Hagerup 1941b, A. u. D. Löve 1944b.

119. Lythrum L.

630. L. hyssopifolium L.	10	+	Tischler 1928, 1929a, Heiser u. Whitaker 1948.
631. L. virgatum L.	15	+	La Cour (bei Darlington u. Janaki-Ammal) 1945.
632. L. salicaria L.	15[1])	+	Shinke 1929, Takahashi 1930 (bei Kihara, Yamamoto u. Hosono) 1931.
	25	+	Tischler 1928, 1929a, A. u. D. Löve 1942a.
	*30[2])	+	La Cour (bei Darlington u. Janaki-Ammal) 1945.

25. *TRAPACEAE.*

Chromosomengrundzahl 9.

120. Trapa L.

633. T. natans L.	18	+	Palmgren 1943.

---

[1]) Die 15-chromosomigen Rassen sind bisher nur in Japan gefunden worden
[2]) Fisher (1947) gibt auch das Vorkommen von „trisomen" Individuen an

26. ONAGRACEAE.

Chromosomengrundzahl 7, 9, 11.

121. LUDWIGIA L.

634. L. palustris (L.) Elliot —   —

122. EPILOBIUM L.

635. E. angustifolium L.	18	+	Michaelis 1925, 1926, Johansen 1929a, b, A. u. D. Löve 1948.
636. E. Dodonaei Vill.	18	+	Michaelis 1925.
637. E. Fleischeri Hochst.	18	+	Michaelis 1925.
638. E. hirsutum L.	18	+	Håkansson 1924, Schwemmle 1924, Michaelis 1925, 1926, Turesson 1938, Kisch 1941.
	27	+	Michaelis 1928, 1942.
639. E. parviflorum Schreb.	18	+	Schwemmle 1924, Straub 1941.
640. E. montanum L.	18	+	Håkansson 1924, Schwemmle 1924.
641. E. hypericifolium Tausch	—		—
642. E. Duriaei Gai.	—		—
643. E. collinum Gmel.	18	+	Griesinger 1937, Györffy 1940, Straub 1941.
644. E. lanceolatum Seb. et Mauri.	—		—
645. E. roseum Schreb.	18	+	Schwemmle 1924, Michaelis 1925.
646. E. alpestre (Jacq.) Krock (= E. trigonum Schr.)	18	+	Michaelis 1925.
647. E. palustre L.	18	+	Böcher 1938b, Rutland 1941, A. u. D. Löve 1948.
648. E. adnatum Griseb. (=E. tetragonum L. p.p.)	18	+	Schwemmle 1924.
649. E. Lamyi F. Schultz	—		—
650. E. obscurum Schreb.	—		—
651. E. nutans Schmidt	—		—
652. E. anagallidifolium Lam.	*9 / 18	+ / +	+ Mattick (in litt.) 1949. / Böcher 1938b.
653. E. alsinifolium Vill.	—		—

123. OENOTHERA L.

Mit Stomps (1948) unterscheide ich unter den als „Komplexhybriden" beschriebenen Kleinarten nur zwei Species und betrachte die anderen lediglich als Subspecies, zumal Cleland (1949) gefunden hat, dass die von Renner (1937) als Unterscheidungsmerkmale benutzten Zusammensetzungen der einzelnen „Komplexe" selbst innerhalb einer Gruppe von äusserlich ähnlichen Individuen sehr stark variieren können. So können die Chromosomentranslokationen innerhalb der amerikanischen „Oe. biennis" und „parviflora" grössere Differenzen aufweisen, als die zwischen den̄ verschiedenen Kleinarten beschriebenen.

654. O. biennis L. (= albi- 7 + — Gates 1909, 1928, Davis 1910, Stomps 1912, 1916, 1928, Goldschmidt 1913, Mac Avoy 1913, Renner 1914, 1937, 1938, van Overeem 1921, 1922, Kleinmann 1923, Cleland 1923, 1925, 1926, 1928, Boedijn 1924, 1925, Emerson 1924, Kihara 1927a, Valcanover 1927, Hoeppener u. Renner 1929, Tuda 1929, Cleland u. Oehlkers 1930, Darlington 1931, Leliveld 1931, Illick 1932, Wiśniewska 1932, Ford 1936.
cans × rubens Renner)

subspec. rubricaulis 7 + — Rudloff 1929, Renner 1937, Baerecke 1944.
Kleb. (= rubens × tingens Renner)

subspec. O. Bauri 7 + — Boedijn 1924, 1925, Renner 1937, Baerecke 1944.
Boed. (= laxans × undans Renner)

655. O. muricata L. sub- 7 + — Boedijn 1924, 1925, Sheffield 1927, Gates 1928, Leliveld 1931, Illick 1932, Rudloff u. Schmidt 1932, Renner 1937, Baerecke 1944.
spec. ammophila Focke (incl. O. germanica Boed.)(= rigens × percurvans Renner)

subspec. syrticola Bartl. 7 + — Stomps 1912, Renner 1914, 1937, 1938, Cleland 1922, 1925, 1926, 1928, Boedijn 1924, 1925, Schwemmle 1927, Sheffield 1927, Gates 1928, Darlington 1931, Leliveld 1931, Rudloff u. Schmidt 1932.
(= rigens × curvans Renner)

subspec. parviflora L. 7 + — Rudloff 1930, Renner 1937, 1938, Baerecke 1944.
(incl. O. pachycarpa Renner) (= augens × subcurvans Renner)

subspec. silesiaca Renner (= subpingens × subcurvans Renner) 7 + — Renner 1943, Baerecke 1944.

656. O. purpurata Kleb.[1]) 7 + — Rudloff 1929, Gates u. Goodwin 1931, Gates u. Catcheside 1931, Renner 1937.

---

[1]) Die Art ist keine Komplexhybride und hat 7 Gemini in der Diakinese, wie es z. B. bei der homozygoten O. Hookeri der Fall ist S. bes: Renner 1937.

124. CIRCAEA L.

657. C. alpina L.	*11	+	Uddling 1929, A. u. D. Löve 1944.
658. C. lutetiana L.	*11	+	Uddling 1929.
659. C. intermedia Ehrh.	*11	+	Uddling 1929.

27. HALORAGACEAE.

Chromosomengrundzahl 7, 9.

125. MYRIOPHYLLUM L.

660. M. alterniflorum DC.	7	+	Scheerer 1939.
661. M. verticillatum L.	14	+	Scheerer 1940.
662. M. spicatum L.	18	+	A. u. D. Löve 1948.

4. UNTERREIHE THYMELAEINEAE.

28. THYMELAEACEAE.

Chromosomengrundzahl 9 (?)

126. DAPHNE L.

663. D. laureola L.	9	+	Fuchs 1938.
664. D. mezereum L.	9	+	Strasburger 1909, Maude 1939, 1940.
665. D. alpina L.	9	+	Strasburger 1909.
666. D. cneorum L.	9	+	Fuchs 1938.
667. D. striata Tratt.	—		—

127. THYMELAEA MILL. EM. ENDl.

668. T. passerina (L.) Cost. et Germ.	—		—

29. ELAEAGNACEAE.

Chromosomengrundzahl?

128. HIPPOPHAE L.

669. H. rhamnoides L.	6	+	Darmer (in litt.) 1944, 1947.
	12	+	Fyfe (in litt. Blackburn) 1934, (u. bei Darlington u. Janaki-Ammal) 1945, Araratian 1940, Darmer (in litt.) 1944, Mattick (in litt.) 1949.

129. ELAEAGNUS L.

670. E. commutata Bernh. (= E. argentea Pursh.)	14	+	Fyfe (in litt. Blackburn) 1934 (u. bei Darlington u. Janaki-Ammal) 1945.

3. REIHE PARIETALES.

1. UNTERREIHE RHOEADINEAE.

30. *PAPAVERACEAE.*

Chromosomengrundzahl 6, 7, 8.

130. CHELIDONIUM L.

671. C. majus L.	6^1)+		Winge 1917, Marchal 1920, Sugiura 1936a, b, 1940c, Turesson 1938, Bowden 1940, 1945b, A. u. D. Löve 1944b, Janaki-Ammal (bei Darlington u. Janaki-Ammal) 1945, Felföldy 1947, Wulff 1948 (mdl.), Bernström 1948 (mdl.), Mattick (in litt.) 1949.

131. GLAUCIUM MILL.

672. G. flavum Cr.	6 +		Sugiura 1931, 1936b, 1940c, M. E. Smith (in litt. J. W. H. Harrison) 1934.
673. G. corniculatum (L.) Curt.	6 +		Sugiura 1936a, b, 1937a, 1940c.

132. PAPAVER L.

674. P. pyrenaicum (L.) Korn. subspec. rhaeticum Ler.	*7 +		Fabergé 1943.
675. P. Sendtneri Kern.	*7 +		Fabergé 1943.
676. P. alpinum L. p.p. (= P. Burseri Crantz)	7 +		Ljungdahl 1922, Sugiura 1936a, 1937a, c, 1940c, Fabergé 1942, 1943, 1944.
677. P. Kerneri Hay.	7 +		Fabergé 1943.
678. P. rhoeas L.	7 +		Tahara 1915c, Ljungdahl 1922, Vilcins u. Abele 1927, W. J. C. Lawrence 1930, Yamazaki 1936, Sugiura 1940c, Felföldy 1947.
679. P. strigosum (Boenn.) Schur	—		—
680. P. trilobum Wallr.	—		—
681. P. hybridum L.	7 +		Ljungdahl 1922, Sugiura 1937c, 1940c.
682. P. dubium L.	14	+	Ljungdahl 1922.
	21	+	Sugiura 1936a, 1937a, 1940c, A. u. D. Löve 1944b.

---

[1]) Nagao u. Sakai (1939) beschrieben für Japan das Vorkommen einer Rasse mit n = 5 Chromosomen, die zudem in der Meiose cyclosyndetisch verbunden waren. Da bis zu 69°/₀ Abortivpollen beobachtet wurde, handelt es sich wohl um eine Rasse, die zufällig infolge einer strukturellen Hybridität in Erscheinung trat und sich nicht auf die Dauer im Freien halte könnte.

683. P. argemone L. *6 + } +? Beale (bei Maude) 1939.
        21 + } Sugiura 1936a, 1937a, 1940c.

133. Fumaria L.

684. F. officinalis L. 14[1]) + Wulff 1934 (mdl.), 1937b,
             Negodi 1935, 1936a, 1940.
        16 + Vaarama 1943, 1949b.
685. F. rostellata Knaf. —   —
686. F. Vaillantii Loisel. —   —
687. F. parviflora Lam. 14 + Negodi 1935, 1936a, 1940.
688. F. muralis Sond. 14 + Negodi 1937b, 1940.
689. F. Schleicheri Soyer- —   —
  Willem.
690. F. capreolata L. 28 + Negodi 1935, 1936a, 1940.

134. Corydalis Vent.

691. C. ochroleuca Koch 14 + Negodi 1937b, e, 1940.
692. C. lutea (L.) DC. 14 + Negodi 1940.
        *28 + Kellett (in litt. Blackburn) 1934.
693. C. alba (Mill.) Mansf. —   —
694. C. claviculata(L.)Lam.—   —
695. C. cava (L.) Schweigg. 8 + Tischler 1928, 1929a, W. J. C.
  et Körte   Lawrence 1930, Negodi 1940,
             Geitler 1944.
696. C. pumila (Host) *ca. 8 + Němec 1910.
  Rchb.
697. C. fabacea (Retz.) Pers. 8 + Hagerup (bei A. u. D. Löve)
             1948.
        *10 + Mattick (in litt.) 1949.
698. C. solida (L.) Sw. *12 + Maude 1939, 1940.

2. UNTERREIHE CAPPARIDINEAE.

31. *CRUCIFERAE.*

Chromosomengrundzahl (6), 7, 8, (9, 10).

135. Sisymbrium L.

699. S. officinale (L.) Scop. 7 + Baez Major 1934, Wulff 1937b.
700. S. irio L.[2]) 7 + Jaretzky 1932.
701. S. austriacum Jacq. 7 + Jaretzky 1932, Manton 1932b.
702. S. Loeselii Juslen 7 + Jaretzky 1932.
703. S. altissimum L. 7 + Manton 1932b, F. H. Smith
             1938.
704. S. orientale Torner 7 + Jarctzky 1932.
705. S. strictissimum L. *14 + Manton 1932b.
706. S. supinum L. 21 + Jaretzky 1932, Baez Major1934.

---

[1]) Die diploide Rasse (n = 7) wurde bisher nur in Japan gefunden.
[2]) Baez Major (1934) zählte n = 8.

136. Descurainia Webb. et Beth.

707. D. sophia (L.) Prantl 14   +   Jaretzky 1932, Manton 1932b,
                                          Baldwin u. Campbell 1940.
                          *28   +   Manton 1932b.

137. Arabidopsis Heynh.

708. A. Thaliana (L.)   *3 +   Titova 1935.
     Heynh.
                          5 +   Laibach 1907, Winge 1925,
                                    Jaretzky 1928a, Mattick (in
                                    litt.) 1949.

138. Alliaria Scop.

709. A. officinalis   ca. 21   +   Jaretzky 1932.
     Andrz.[1])

139. Myagrum L.

710. M. perfoliatum L.   7 +   Jaretzky 1929, 1932.

140. Isatis L.

711. I. tinctoria L.   14   +   Jaretzky 1932, Manton 1932b.

141. Bunias L.

712. B. erucago L.   7 +   Jaretzky 1928a, Manton 1932b,
                                    Melinossi 1935, 1937.
713. B. orientalis L.   7 +   Jaretzky 1928a, 1932, Heitz
                                    1929, Håkansson 1929a, Meli-
                                    nossi 1935, 1937, Resende 1937.

142. Hesperis L.

714. H. tristis L.   14   +   Jaretzky 1928a, W. J. C. Law-
                                      rence 1930.
715. H. matronalis L.   *12 +   Manton 1932b.
                          14   +   Jaretzky 1928a.
716. H. silvestris Cr.   *13 +   Manton 1932b.
717. H. candida Kit.   —   —

143. Erysimum L.

718. E. repandum   *7—8 +   Manton 1932b.
     Höjer
719. E. cheiranthoides L. 8 +   Jaretzky 1928a, Manton 1932b,
                                     F. H. Smith 1938.
720. E. crepidifolium   —   —
     Rchb.
721. E. pannonicum Cr.   —   —

---

[1]) Winge (1917) zählte n = 18—20, Baez Major (1934) n = 18.

722. E. hieracifolium *ca. 16   +   Jaretzky 1928a.
     Juslen
723. E. silvestre (Cr.) ca. 24   +   Jaretzky 1928a.
     Scop.
724. E. helveticum (Jacq.) 24   +   Jaretzky 1928a.
     DC.
725. E. canescens Roth *36   +   Manton 1932b.

144. Cheiranthus L.

726. C. cheiri L.   7 +   Jaretzky 1928a, Manton 1932b,
                                           Sakai 1935.

145. Euclidium R. Br.

727. E. syriacum (L.) R. Br. 7 +   Jaretzky 1932.

146. Barbarea R. Br.

728. B. stricta Andrz.   *8 +   Manton 1932b.
729. B. vulgaris R. Br.   8 +   Manton 1932b, F. H. Smith
                                           1938, Mattick (in litt.) 1949.
730. B. intermedia Bor.   *8 +   Manton 1932b.

147. Rorippa Scop.

731. R. nasturtium-aquati- *8 +   ⎫   Mattick (in litt.) 1949.
     cum (L.) Hay. (= Nas- 16   +   ⎪   Jaretzky 1932, Manton 1932b,
     turtium officinale   1935a, Howard u. Manton
     R. Br.)   ⎬ +   1940, 1946, Howard 1947a.
                  24, 32¹)   +   ⎪   Manton 1932b, 1935a, Howard
                                    ⎪   u. Manton 1940, 1946, Howard
                                    ⎭   1947a.
732. R. austriaca (Cr.)   *8 +   Manton 1932b, Howard 1947b.
     Bess.
733. R. islandica (Oed.)   8 +   ⎫   Jaretzky 1932.
     Borb. (= Nasturtium   +   ⎬ +
     palustre DC.)   16   ⎭   Scheerer 1939, Howard 1947b.
734. R. stylosa (Pers.)   —   —
     Mansf. et Rothm.
735. R. amphibia (L.) Bess. 8 +   ⎫   Howard 1947b.
                           16   +   ⎬ +   Wulff 1939b, A. u. D. Löve
                                    ⎭   1942b.
736. R. silvestris (L.) Bess. 16   +   Manton 1932b, Pólya 1948.
                           24   +   Howard 1946, 1947b.

148. Armoracia Gaertn.

737. A. rusticana Gaertn.²) 16   +   Jaretzky 1932, Manton 1932b,
     Mey., Scherb.   F. H. Smith 1938.

---

¹) Die wildwachsende Rasse mit n = 32 ist von Howard u. Manton Nastur-
   tium uniseriatum genannt worden.
²) Yamamoto 1930 (bei Kihara, Yamamoto u. Hosono) 1931 zählte an japanischen Pflanzen nur 2 n = 18.

149. Cardamine L.

	Chrom.Z.	D	P	D+P	Autor
738. C. trifolia L.	*8	+			Manton 1932b, Mattick (in litt.) 1949.
739. C. impatiens L.	*8	+			Manton 1932b.
740. C. alpina Willd.	*8	+			Manton 1932b, Mattick (in litt.) 1949.
741. C. resedifolia L.	*8	+			Manton 1932b, Mattick (in litt.) 1949.
742. C. parviflora L.	8	+			F. H. Smith 1938.
743. C. hirsuta L.	*8	+		+	Manton 1932b.
	*16		+		Mattick (in litt.) 1949.
744. C. amara L.	*8	+		+	W. J. C. Lawrence 1932, Manton 1932b.
	*16		+		Mattick (in litt.) 1949.
745. C. pratensis L. [1])	*8	+			Guinochet 1947, Mattick (in litt.) 1949.
	*14		+		Mattick (in litt.) 1949.
	*15		+		W. J. C. Lawrence 1930, 1932, Guinochet 1946, Lövkvist 1947, Hussein 1948.
	*16		+	+	Manton 1932b, A. u. D. Löve 1944b, Guinochet 1946, Mattick (in litt.) 1949.
	*20		+		Guinochet 1946.
	*28		+		Lövkvist 1947, Howard 1948, Hussein 1948.
	*32		+		Manton 1932b, Flovik 1940, A. u. D. Löve 1944b, Lövkvist 1947.
746. C. Waldsteinii Hort. — Kew.				—	
747. C. polyphylla(L.) O. E. Schulz	24		+		Schwarzenbach 1922.
748. C. heptaphylla (Vill.) O. E. Schulz (= Dentaria pinnata Lam.)	24		+		Schwarzenbach 1922.
749. C. pentaphyllos (L.) Cr.	24		+		Schwarzenbach 1922.
750. C. enneaphyllos (L.) Cr.	*26—27		+		Mattick (in litt.) 1949.
751. C. glanduligera O. Schwarz	—			—	
752. C. bulbifera(L.)Cr.	ca. 48		+		Schwarzenbach 1922.

150. Cardaminopsis Hay.

	Chrom.Z.	D	P	D+P	Autor
753. C. hispida (Myg.) Hay.	—			—	
754. C. arenosa (L.) Hay.	*14		+		Mattick (in litt.) 1949.

---

[1]) Lövkvist (1947) fand auch Individuen mit 2 n = 29, 34, 36, 38, 42.

755. C. Halleri (L.) Hay.   8 +   Jaretzky 1928a, Mattick (in litt.) 1949.

756. C. neglecta (Schult.) —   —
Hay.

151. Turritis L.

757. T. glabra L.   *8 +   ⎫ +   Manton 1932b, Mattick (in litt.) 1949.
      16   +   ⎭   Jaretzky 1928a.

152. Arabis L.

758. A. turrita L.   8 +   Jaretzky 1928a, Mattick (in litt.) 1949.

759. A. pauciflora (Grimm)—   —
Garcke

760. A. auriculata Lam.   *8 +   Mattick (in litt.) 1949.

761. A. nova Vill.   —   —

762. A. corymbiflora Vest. *8 +   Mattick (in litt.) 1949.

763. A. vochinensis Spr.   —   —

764. A. coerulea All.   —   —

765. A. pumila Jacq.   8 +   Jaretzky 1928a.

766. A. Jacquinii Beck   8 +   Jaretzky 1928a, Mattick (in litt.) 1949.
(= A. bellidifolia Cr.)

767. A. alpina L.   8 +   ⎫ +   Jaretzky 1928a, Sakai 1935, Böcher 1938b, Rollins 1941, Mattick (in litt.) 1949.
      *16   +   ⎭   Mattick (in litt.) 1949.

768. A. hirsuta (L.) Scop.   8 +   ⎫   Mattick (in litt.) 1949.
      16   +   ⎬ +   Jaretzky 1928a, F. H. Smith 1938, Rollins 1941.
      32   +   ⎭   Rollins 1941.

153. Lunaria L.

769. L. rediviva L.   *15   +   Manton 1932b, Mattick (in litt.) 1949.

770. L. annua L.   *14—15   +   Manton 1932b.

154. Peltaria Jacq.

771. P. alliacea Jacq.   14   +   Jaretzky 1932, Manton 1932b.

155. Erophila DC.

772. E. verna (L.) Chevall. 7 +   ⎫   Winge 1925, 1926, 1933, 1940.
var. simplex Winge
var. semiduplex   12   +   ⎬ +   Griesinger 1935.
Winge
var. duplex   15—20   +   ⎪   Winge 1926, 1933, 1940, Griesinger 1935.
Winge
var. quadruplex 26—32   +   ⎭   Winge 1926, 1933, 1940.
Winge

773. E. spathulata Lang   —   —
774. E. praecox (Stev.)   —   —
     DC.

156. Draba L.

775. D. carinthiaca   ca. 8 +   Heilborn 1927.
     Hoppe (= D. nivalis
     DC.)
776. D. fladnizensis   ca. 8 +   Heilborn 1927, A. u. D. Löve
     Wulf.   1948.
777. D. tomentosa   *ca. 8 +   Mattick (in litt.) 1949.
     Clairv.
778. D. Hoppeana   *> 12   +   Mattick (in litt.) 1949.
     Rchb.
779. D. incana L.   16   +   Heilborn 1927.
780. D. norica Widder   32   +   Heilborn 1941.
781. D. aizoides L.   —   —
782. D. aizoon Wahlenb. —   —
783. D. Sauteri Hoppe   —   —
784. D. stellata Jacq.   —   —
785. D. dubia Suter   —   —
786. D. Pacheri Stur.   —   —
787. D. Kotschyi Stur.   —   —
788. D. muralis L.   —   —
789. D. nemorosa L.   —   —

157. Petrocallis R. Br.

790. P. pyrenaica(L.)R.Br. —   —

158. Alyssum L.

791. A. montanum L.   8 +   Jaretzky 1932, Manton 1932b.
792. A. saxatile L.   8 +   Laibach 1907, Jaretzky 1928a,
                                         Manton 1932b.
793. A. desertorum Stapf —   —
794. A. transsilvanicum   *8 +   Manton 1932b, Mattick (in
     Schur.   litt.) 1949.
795. A. ovirense Kern.   *8 +   Manton 1932b.
796. A. petraeum Ard.   —   —
797. A. calycinum L.   16   +   Jaretzky 1928a, Manton 1932b.
798. A. Wulfenianum   *16   +   Manton 1932b.
     Bernh.

159. Berteroa DC.

799. B. incana (L.) DC.   8 +   Jaretzky 1928a, Manton 1932b,
                                         Wulff 1939c.

160. Braya Sternb. et Hoppe.

800. B. alpina Sternb. et 16   +   Jaretzky 1932, Manton 1932b.
     Hoppe

161. Cochlearia L.

	Chrom.Z.	D	P	D+P	Autor
801. C. officinalis L.	*12[1]			+	Sörensen u. Westergaard (bei A. u. D. Löve) 1948.
	*14			+	Crane u. Gairdner 1923.
802. C. pyrenaica DC.	12			+	Böcher 1938b.
(= C. officin. sub-spec. alpina (Bah.) J. D. Hook.	*14			+	Crane u. Gairdner 1923.
803. C. danica L.	*21			+	Crane u. Gairdner 1923.
804. C. anglica L.	$\frac{*37}{2}$—25			+	Crane u. Gairdner 1923.
	*24[1]			+	Sörensen u. Westergaard (bei A. u. D. Löve) 1948.

132. Kernera Medik.

805. K. saxatilis (L.) Rchb.	8	+	Chiarugi 1933, Mattick (in litt.) 1949.
	*16	+	Mattick (in litt.) 1949.

(805: {+ }

163. Camelina Cr.

806. C. sativa (L.) Cr.	14	+	Baez Major 1934.
	*20	+	Manton 1932b.
	21	+	Jaretzky 1928a.
807. C. pilosa (DC.) Zinger	—		—
808. C. microcarpa Andrz.	*20	+	Manton 1932b, Titova 1935.
809. C. alyssum (Mill). Thell.	*20	+	Manton 1932b.

164. Neslia Desv.

810. N. paniculata (L.) Desv.	7	+	Jaretzky 1928a, Manton 1932b.

165. Hymenolobus Nutt.

811. H. procumbens (L.) Nutt.	6	+	Manton 1932b, Titova 1935.
	12	+	Manton 1932b.
812. H. pauciflorus (Koch) Schinz et Thell.	—		—

(811: {+ }

166. Capsella Medik.

813. C. bursa pastoris (L.) Medik.	16[2]	+	Rosenberg 1904b, Laibach 1907, Hill 1927, Shull 1937, Vaarama 1943, Mattick (in litt.) 1949.

167. Hutchinsia R. Br.

814. H. petraea (L.) R. Br.	6	+	Jaretzky 1932, Manton 1932b.
815. H. alpina (Torner) R. Br.	*6	+	Manton 1932b, Mattick (in litt.) 1949.
816. H. brevicaulis Hoppe	*6	+	Mattick (in litt.) 1949.

---

[1]) Die Autoren sahen daneben meist Fragmentchromosomen.
[2]) Im Mittelmeergebiet auch Rassen mit n = 8 (Marchal 1920, Hill 1927, Shull 1937).

168. Thlaspi L.

817. T. arvense L.   7 +   Jaretzky 1932, Manton 1932b, Vaarama 1943, A. u. D. Löve 1944b, Mattick (in litt.) 1949.

818. T. alliaceum L.   —   —

819. T. alpestre L.   *7 +   Manton 1932b, A. u. D. Löve 1944b, Mattick (in litt.) 1949.

820. T. rotundifolium (L.) *7 +   Manton 1932b, Mattick (in litt.) 1949.
Gaud.

821. T. montanum L.   14   +   Jaretzky 1932, Manton 1932b.

822. T. alpinum Cr.   *ca. 27   +   Mattick (in litt.) 1949.

823. T. perfoliatum L. ca. 35   +   Jaretzky 1932.

169. Teesdalia R. Br.

824. T. nudicaulis (L.)   18   +   Jaretzky 1932, Manton 1932b.
R. Br.

170. Aethionema R. Br.

825. A. saxatile (L.) R. Br. *8 +   Mattick (in litt.) 1949.
                24   +   +   Jaretzky 1932, Manton 1932b.

171. Iberis L.

826. I. amara L.[1]   7 +   Jaretzky 1928b, 1932, Manton 1932b, Resende 1937.

827. I. pinnata Jusl.   8 +   Laibach 1907, W. J. C. Lawrence 1930.

172. Biscutella L.

828. B. laevigata L.[2]   9 +   Manton 1932b, 1934, 1935b, 1937, Mattick (in litt.) 1949.
               18   +   +   Manton 1932b, 1934, 1935b, 1937, Mattick (in litt.) 1949.

173. Lepidium L.

829. L. campestre (L.)   *8 +   Wulff 1939c.
R. Br.

830. L. sativum L.   8 +   Jaretzky 1929, 1932.

831. L. perfoliatum L.   8 +   Jaretzky 1929, 1932, Manton 1932b, Titova 1935.

832. L. graminifolium L.   8 +   Jaretzky 1932, Manton 1932b

833. L. cartilagineum (J.   *8 +   Tarnavschi 1938.
May.) Thell. (= L.   *14   +   +   Titova 1935.
crassifolium W. et K.)

834. L. latifolium L.   *ca. 12   +   Manton 1932b.

---

[1]   Jaretzky (1932) sah daneben auch n = 8.
[2]   Miss Manton (1937) fand auch triploide, pentaploide und hexaploid Rassen.

835. L. virginicum L.   16   +   Jaretzky 1932, Manton 1932b,
                                              F. H. Smith 1938.
836. L. ruderale L.   16   +   Jaretzky 1932, Manton 1932b.
837. L. densiflorum   16   +   Jaretzky 1932, Manton 1932b.
     Schrad.
838. L. draba L.   *32   +   Manton 1932b.

174. Coronopus Zinn.

839. C. procumbens Gilib. 16   +   Jaretzky 1932, Manton 1932b.
     (=C. squamatus (Forsk.).
     Aschers.)
840. C. didymus (L.) Sm. 16   +   Jaretzky 1932, Manton 1932b.

175. Subularia L.

841. S. aquatica L.   —   —

176. Conringia Adans.

842. C. orientalis (L.) Dum. 7   +   Jaretzky 1928a.
843. C. austriaca (Jacq.)   —   —
     Sweet.

177. Diplotaxis DC.

844. D. tenuifolia (Jusl.) 7   + $\Bigg\}$+ Jaretzky 1932.
     DC.   *11^1)   +   Winge 1926, Manton 1932b.
845. D. muralis (L.) DC. *11^2) +   Jaretzky 1932.
                        *21   +   Maude 1939, 1940, A. u. D.
                                              Löve 1944b.
846. D. viminea (L.) DC. ca.10   +   Manton 1932b.

178. Erucastrum Presl.

847. E. nasturtiifolium   16   +   Jaretzky 1932, Manton 1932b.
     (Poir.) O. E. Schulz.
848. E. Pollichii Schimp.   15   +   Manton 1932b.
     et Spenn. (= E. galli-
     cum (Willd.) O. E.
     Schulz)

179. Hirschfeldia Moench.

849. H. incana (Jusl.)   —   —
     Lagreze-Foss

180. Brassica L.

850. B. nigra (L.) Koch   8   +   Karpetschenko 1924, Nagai u.
                                              Sasaoka 1930, U 1935, Haga
                                              1938, Frandsen 1941, 1943,
                                              1945, 1947, Turesson (bei A. u.
                                              D. Löve) 1942b, Sikka 1940b.

---

[1]) Es handelt sich wohl um triploide Individuen. Baez Major (1934) zählte
      n = 10 + 1 Fragm.
[2]) Baez Major (1934) zählte n = 9 + 1 Fragm.

851. B. oleracea L.	9 +		Karpetschenko 1924, 1928, Shimotomai 1925, Winge 1925, Gallastegui 1926, Netroufal 1927, Belling (in litt.) 1927, Sasaoka 1928, Nagai u. Sasaoka 1930, Pearson 1933, Lindenbein 1934, U 1935, U, Nagamatu u. Midusima 1937, Catcheside 1937, Richharia 1937, Haga 1938, Frandsen 1941, 1945, 1947, Simonet u. Chopinet 1942, de Menezes 1943.
852. B. elongata Ehrh.	*11 +		Manton 1932b.
853. B. juncea (L.) Czern.[1])	18	+	Karpetschenko 1924, Shimotomai 1925, U 1935, Alam 1936, Haga 1938, Sikka 1939, 1940b, Frandsen 1941, 1943, v. Sun u. Sze 1945, Olsson 1949.

181. SINAPIS L.

854. S. arvensis L.	9 +	Karpetschenko 1924, Nagai u. Sasaoka 1930, Haga (bei Matsuura) 1939, Turesson (bei A. u. D. Löve) 1942b, A. u. D. Löve 1944b, Felföldy 1947.

182. BRASSICELLA FOURR. EM. O. E. SCHULZ.

855. B. erucastrum (L.) O. E. Schulz (= Brassica monensis T. Caruel)	*6 + *12	} +	Sikka 1940b. Frandsen 1941.

183. CAKILE MILL.

856. C. maritima Scop.	9 +	Jaretzky 1929, 1932, Manton 1932b, Hagerup 1941a, A. u. D. Löve 1947.

184. CALEPINA ADANS.

857. C. irregularis (Asso) Thell.	*7 + 21 +	} +	Manton 1932b. Jaretzky 1929, 1932.

185. RAPISTRUM CR. EM. PRANTL.

858. R. perenne (L.) All.	8 +	Jaretzky 1932.
859. R. rugosum (L.) All.	8 +	Manton 1932b, Baez Major 1934.

---

[1]) Frandsen (1943), Ramanujam u. Srinivasachar (1943) sowie Olsson (1949) haben die Art als amphidiploiden Bastard aus der Kreuzung Brassica nigra (L.) Koch × campestris L. resp. B. campestris L × nigra (L.) Koch synthetisch hergestellt.

186. Crambe L.[1])

860. C. maritima L.	*15	+	Tarnavschi (in litt.) 1943.
	30	+	Jaretzky 1932, Manton 1932b, de Litardière u. Doulat 1942.
861. C. tatarica Seb.	*30	+	Manton 1932b.
	*60	+	Manton 1932b.

187. Raphanus L.

862. R. raphanistrum L.	*9 +		Karpetschenko 1924, 1928, 1930.

3. UNTERREIHE RESEDINEAE.

32. *RESEDACEAE.*

Chromosomengrundzahl 6.

188. Reseda L.

863. R. phyteuma L.	6 +		Oksijuk 1935, 1937, Eigsti 1936.
864. R. luteola L.	12	+	Oksijuk 1935, 1937, Eigsti 1936.
	13	+	Eigsti 1936.
	*14	+	A. u. D. Löve 1944b.
865. R. lutea L.	24	+	Oksijuk 1929, 1935, 1937, Eigsti 1936.

4. UNTERREIHE DROSERINEAE.

33. *DROSERACEAE.*

Chromosomengrundzahl 10.

189. Drosera.

866. D. rotundifolia L.	10 +		Rosenberg 1903, 1904a, 1909c, Levine 1916, Behre 1929, Nakajima 1933, Dahl 1937, Shimamura 1941.
867. D. intermedia Drev. et Hayne	*10 +		Behre 1929.
868. D. anglica Huds.	20	+	Rosenberg 1903, 1904a, 1909c, Behre 1929, Shimamura 1941.

190. Aldrovanda L.

869. A. vesiculosa L.	—		—

5. UNTERREIHE THEINEAE.

34. *GUTTIFERAE.*

Chromosomengrundzahl 8, 9(?)

191. Hypericum L.

870. H. humifusum L.	8 +		Winge 1925, Chattaway 1926.

---

[1]) Die Gattung ist wohl amphidiploid aus der Kreuzung 7 × 8 chromosomiger Arten hervorgegangen.

	Chrom.Z.	D.	P.	D+P	Autor
871. H. maculatum Cr. (= H. quadrangulum L. p. p.)	8	+			N. Nielsen 1924, Winge 1925, Chattaway 1926, Noack 1938, 1939.
872. H. tetrapterum Fries (= H. quadrangulum L. p. p., H. acutum Moench)	8	+			N. Nielsen 1924, Winge 1925, Stenar 1938, Noack 1938, 1939, Sugiura 1940d, 1944.
873. H. montanum L.	8	+			N. Nielsen 1924, Noack 1938, 1939.
874. H. elegans Steph.	16		+		Chattaway 1926.
875. H. perforatum L.	16		+		N. Nielsen 1924, Winge 1925, Hoar u. Haertl 1932, Noack 1938, 1939.
	24		+		Noack 1938, 1939.
876. H. hirsutum L.	9	+			N. Nielsen 1924, Noack 1938, 1939.
877. H. pulchrum L.	9	+			Chattaway 1926, Noack 1938, 1939.
878. H. helodes L.	—				—
879. H. barbatum Jacq.	—				—

6. UNTERREIHE TAMARICINEAE.

35. *ELATINACEAE.*

Chromosomengrundzahl?

192. ELATINE L.

	Chrom.Z.	D.	P.	D+P	Autor
880. E. alsinastrum L.	—				—
881. E. triandra Schkuhr	ca. 20	+			Frisendahl 1927.
882. E. hexandra (Lapierre) DC.	—				—
883. E. hydropiper L.	ca. 20	+			Frisendahl 1927.

36. *TAMARICACEAE.*

Chromosomengrundzahl?

193. MYRICARIA DESV.

	Chrom.Z.	D.	P.	D+P	Autor
884. M. germanica (L.) Desv.	12	+			Frisendahl 1912, Zabban 1935, 1936.

7. UNTERREIHE CISTINEAE.

37. *CISTACEAE.*

Chromosomengrundzahl?

194. HELIANTHEMUM MILL.

	Chrom.Z.	D.	P.	D+P	Autor
885. H. canum (L.) Baumg.	*11	+			Bowden 1940, 1945a.

886. H. nummularium(L.) *10 + ⎫ A. u. D. Löve 1944b, Felföldy
     Mill. (= H. chamaecis-   ⎪ 1947.
     tus Mill.) (incl. H. ova- ⎬ +
     tum (Viv.) Dun.)   16 + ⎪ Chiarugi 1925, Bowden 1940,
                               ⎭ 1945a, Mattick (in litt.) 1949.

887. H. appenninum (L.) *10 + ⎱ + Bowden 1945a.
     Mill.   16 + ⎰   Chiarugi 1925.

888. H. italicum(L.)Pers. *10 + ⎱ + Bowden 1940, 1945a.
     (incl. H. alpestre Jacq.)16 + ⎰   Chiarugi 1925.

195. FUMANA SPACH.

889. F. procumbens (Dun.)16   +   Chiarugi 1925.
     Gren. et Godr.

196. TUBERARIA SPACH.

890. T. guttata(L.)Fourr. *10 + ⎱ + Bowden 1940.
                       24 + ⎰   Chiarugi 1925.

8. UNTERREIHE FLACOURTINEAE.

38. *VIOLACEAE.*

Chromosomengrundzahl 6, 9, 10.

197. VIOLA L.

891. V. biflora L.   6 +   J. Clausen 1926, 1927, Gershoy
                                     1928, 1932, 1934, Miyaji 1929,
                                     Mattick (in litt.) 1949.

892. V. epipsila Ledeb.   12   +   J. Clausen 1926, 1927, 1931c,
                                     Gershoy 1934.

893. V. palustris L.   24   +   J. Clausen 1927, 1931c, Ger-
                                     shoy 1928, 1932.

894. V. pinnata L.   24   +   J. Clausen 1927, Gershoy 1928,
                                     1932, 1934.

895. V. hirta L.   10 +   J. Clausen 1926, 1927, 1931c,
                                     Heilborn 1926, Gershoy 1932,
                                     1934, Fothergill 1944.

896. V. collina Besser   *10 +   Miyaji 1929, 1930, Gershoy
                                     1934, Mattick (in litt.) 1949.

897. V. ambigua Waldst. *10 +   Gershoy 1932, 1934, Manch
     et Kit.   1937.
898. V. pyrenaica Ramond —   —
899. V. alba Besser   —   —
900. V. Beraudii Bor.   —   —

	Chrom.Z.	D	P	D+P	Autor
901. V. odorata L.	10	+			Winge (bei J. Clausen) 1921, J. Clausen 1926, 1927, 1931c, Heilborn 1926, Madge 1929, Miyaji 1929, 1930, Gorczyński 1929, Gershoy 1932, 1934, Manch 1937, Théron 1939, Fothergill 1944.
902. V. mirabilis L.	10	+			J. Clausen 1926, 1927, 1931c, Miyaji 1930, Gershoy 1934.
903. V. rupestris Schmidt (= V. arenaria DC.)	10	+			J. Clausen 1929, 1931c, Gershoy 1934, Mattick (in litt.) 1949.
904. V. silvatica Fries (= V. Reichenbachiana Jord.)	10[1])	+			J. Clausen 1927, 1931c, Gershoy 1932, 1934, Fothergill 1944, Mattick (in litt.) 1949.
905. V. Riviniana Rchb.	20		+		J. Clausen 1926, 1927, 1931c, West 1930, Gershoy 1934, Fothergill 1944.
906. V. uliginosa Besser	10	+			J. Clausen 1929, 1931c.
907. V. stagnina Kit.	10	+			J. Clausen 1926, 1927, 1931c, Heilborn 1926, Gershoy 1932, 1934.
908. V. canina L.	*ca. 10	+			Mattick (in litt.) 1949.
	20[2])		+	+	Bruun 1932a, Gershoy 1932, 1934, Fothergill 1944.
909. V. elatior Fries	20		+		J. Clausen 1927, Bamford u. Gershoy 1930, Gershoy 1932, 1934.
910. V. pumila Chaix	20		+		Gershoy 1932, 1934.
911. V. calcarata L.	20		+		J. Clausen 1926, 1927, 1931d, Griesinger 1937.
912. V. Zoysii Wulf.	20		+		J. Clausen 1927, Griesinger 1937.
913. V. tricolor L. em. Wittr.	13		+		J. Clausen 1921, 1922, 1926, 1927, 1931c, d, Gershoy 1932, 1934, Fothergill 1938, 1941, 1944, Mattick (in litt.) 1949.
914. V. saxatilis Schmidt (= V. alpestris Jord.)	13		+		J. Clausen 1926, 1927, 1930d.
915. V. arvensis Murr.	17		+		J. Clausen 1921, 1922, 1926, 1927, 1931c, d, Gershoy 1932, 1934, Fothergill 1944.
916. V. Kitaibeliana Roem. et Schult.	7, 8	+			J. Clausen 1926, 1927, 1929b, 1931b.
	12, 18, 24		+	+	J. Clausen 1926, 1927, 1929b, 1931b.
subspec. nana Corb.	*24				Fothergill 1944.

[1]) Bamford u. Gershoy (1930) sowie Gershoy (1932, 1934) fanden in Nordamerika auch n = 20.

[2]) J. Clausen (1931b, c, 1932) fand vielfach Individuen mit zusätzlichen Chromosomen.

917. V. lutea Huds.   19—20   +   Griesinger 1937.
                       24   +   J. Clausen 1926, 1927, 1931d, Gershoy 1928, 1934, Fothergill 1938[1]), 1941, 1944.

var. elegans Spach   26   +   Griesinger 1937.
subvar. multicaulis Koch

918. V. alpina Jacq.   —   —

9. UNTERREIHE CUCURBITINEAE.
39. *CUCURBITACEAE.*

Chromosomengrundzahl 7, 10, 11, 12, 13.

198. BRYONIA L.

919. B. alba L.   10 +   v. Bönicke 1911, Meurman 1925, Kozhuchow 1934, Resende 1937, Dangeard 1937.

920. B. dioica Jacq.   10 +   Strasburger 1910. Meurman 1925, Lindsay 1929, 1930, Kozhuchow 1934, Resende 1937, Dangeard 1937, A. u. D. Löve 1942a.

199. SICYOS L.

921. S. angulata L.   12 +   J. W. Mac Kay 1930, 1931, Kozhuchow 1934.

4. REIHE CENTROSPERMAE.

1. UNTERREIHE CARYOPHYLLINEAE.
40. *CARYOPHYLLACEAE.*

Chromosomengrundzahl (6), 9, 10, 12, 14, 15.

200. CUCUBALUS L.

922. C. baccifer L.   12 +   Blackburn 1928, 1933, D. Löve 1942a, Favarger 1946.

201. MELANDRYUM RHOEL.

923. M. dioicum(L.) Schinz   12 +   Strasburger 1910, Blackburn
et Thell. subspec. M.   1924, 1928, 1929, Heitz 1925,
rubrum [(Weig.) Garcke]   1926, Meurman 1925, Åkerlund
D. Löve[2])   1927, D. Löve 1940, 1942a, 1944b, Favarger 1946, Baker 1948, Mattick (in litt.) 1949.

---

[1]) Nach Fothergill (1938) kann die Zahl von 2 n zwischen 26 und 53 variieren.
[2]) Die skandinavische Var. crassifolia Fries besitzt nach D. Löve (1942b) 2 n = 48, ist also tetraploid.

subspec. M. album 12 +   Schürhoff 1919, Blackburn
[(Mill.) Garcke] D. Löve   1923, 1924, 1928, 1929, Winge
1923, Heitz 1925, 1926, Bělař
1925, Meurman 1925, Bres-
lavetz 1929, Lindsay 1929, 1930,
Geitler 1929b, Westergaard
1938b, 1940, Rohweder 1939,
Jensen 1939, Warmke u. Blakeslee 1939, 1940, T. Ono 1939,
1940, D. Löve 1940, 1942a,
1944, Warmke 1946, Favarger
1946, Mattick (in litt.) 1949.

924. M. noctiflorum (L.) 12 +   Schürhoff 1925b, Heitz 1926,
Fries   Blackburn 1928, 1929, D. Löve
(bei A. u. D. Löve) 1942b.

925. M. viscosum (L.)   12 +   Breslavetz 1929, D. Löve (bei
Čelask.   A. u. D. Löve) 1942b, Pólya
1948.

202. Lychnis L.

926. L. flos-cuculi L.   12 +   Blackburn 1924, 1928, Heitz
1926, Rohweder 1939, A. u. D.
Löve 1944b, Favarger 1946,
Mattick (in litt.) 1949.

203. Agrostemma L.

927. A. githago L.   12 +   Rohweder 1939.
24   + + Blackburn 1928, D. Löve 1942
a, Favarger 1946.

204. Viscaria Bernh.

928. V. vulgaris Bernh. 12 +   Rohweder (mdl.) 1934, 1939,
Griesinger 1937, D. Löve 1942
a, Mattick (in litt.) 1949.

929. V. alpina (L.) G. Don. 12 +   Blackburn 1928, Rohweder
1939, Favarger 1946.

205. Silene L.

930. S. inflata (Salisb.) Sm. 12 +   Blackburn 1928, 1929, Black-
(= S. cucubalus Wibel)   burn u. Boult 1930, Griesinger
1937, Rohweder 1939, A. u. D.
Löve 1944b, Favarger 1946,
Mattick (in litt.) 1949.

931. S. alpina (Lam.)   *12 +   Heitz 1926, Sakai 1935.
Thom.

932. S. conica L.   12 +   Blackburn 1928.
933. S. dichotoma Ehrh. 12 +   Blackburn 1928, Rohweder
1939, Vladesco 1941, A. u. D.
Löve 1944b, Favarger 1946.

	Chrom.Z.	D.	P.	D+P	Autor
934.	S. gallica L.	12	+		Blackburn 1928, Favarger 1946.
935.	S. saxifraga L.	12	+		Blackburn 1928.
936.	S. Hayekiana Hand. Mazz. et Janch.	—			—
937.	S. armeria L.	12	+		Blackburn 1928, Favarger 1946.
938.	S. cretica L.	12	+		Blackburn 1928.
939.	S. linicola Gmel.	12	+		Blackburn 1928.
940.	S. rupestris L.	12	+		Blackburn 1928, Griesinger 1937, Mattick (in litt.) 1949.
941.	S. longiflora Ehrh.	*12	+		Blackburn (in litt.) 1930.
942.	S. chlorantha (Willd.) Ehrh.	—			—
943.	S. tatarica (L.) Pers.	12	+		Blackburn 1928, Blackburn u. Boult 1930, Rohweder (mdl.) 1935, 1939.
944.	S. otites (L.) Wibel	12	+		Blackburn 1928, 1929, Fyfe 1936, Griesinger 1937, Rohweder 1939, Vladesco 1941, D. Löve 1942a, Favarger 1946.
945.	S. multiflora (Ehrh.) Pers.	—			—
946.	S. nutans L.	12	+		Blackburn 1928, 1929, Rohweder 1939, Vladesco 1941, Favarger 1946, Mattick (in litt.) 1949.
947.	S. italica (L.) Pers.	12	+		Blackburn 1928, 1929, D. Löve 1942a.
948.	S. nemoralis Waldst. et Kit.	12	+		Favarger 1946, Mattick (in litt.) 1949.
949.	S. acaulis (L.) Jacq.	12	+		Blackburn 1928, 1929, Flovik 1940, Vladesco 1941, D. Löve 1942a, A. u. D. Löve 1944b, Sörensen u. Westergaard (bei A. u. D. Löve) 1948, Mattick (in litt.) 1949.

206. HELIOSPERMA RCHB.

	Chrom.Z.	D.	P.	D+P	Autor
950.	H. quadridentatum Schinz et Thell.	12	+		Blackburn 1928, Rohweder 1939, Mattick (in litt.) 1949.
951.	H. alpestre (Jacq.) Rchb.	12	+		Rocén 1926, 1927, Blackburn 1928, Favarger 1946, Mattick (in litt.) 1949.
952.	H. eriophorum Juratzk.	—			—

207. SAPONARIA L.

	Chrom.Z.	D.	P.	D+P	Autor
953.	S. officinalis L.	14	+		Heitz 1926, Rocén 1926, 1927, Blackburn 1928, Blackburn u. Boult 1930, Favarger 1946.

954. S. ocymoides L.   14 +   Blackburn 1928, Blackburn u. Boult 1930, Favarger 1946, Mattick (in litt.) 1949.

955. S. pumila Janchen   *14 +   Blackburn u. Boult 1930.

208. Vaccaria Med.

956. V. pyramidata Med. 15 +   Blackburn 1928, Blackburn u. Boult 1930, D. Löve 1942a, Favarger 1946.

957. V. grandiflora (Fisch.) —   —
Jaub. et Spach.

209. Tunica Boehm. em. Mert. et Koch.

958. T. prolifera (L.)   *15 +   Blackburn (in litt.) 1930 (u. bei Maude) 1939b, Gentscheff 1937 b, A. u. D. Löve 1942b, Favarger 1946.
Scop.

              *30   +   Blackburn (in litt.) 1930 (u. bei Maude) 1939b.

959. T. saxifraga (L.) Scop. 30   +   Blackburn (in litt.) 1930, Rohweder 1934, Favarger 1946.

210. Dianthus L.

960. D. armeria L.   15 +   Blackburn (in litt.) 1930, Ishii 1930, Gairdner (bei Andersson-Kottö u. Gairdner) 1931, Rohweder 1934, 1937, Gentscheff 1937b, Favarger 1946.

961. D. barbatus L.   15 +   Blackburn 1928, Rohweder 1929, 1934, Ishii 1930, Gairdner (bei Andersson-Kottö u. Gairdner) 1931, Sugiura 1931, 1936b, Gentscheff 1937b, Favarger 1946.

962. D. carthusianorum L. 15 +   Rohweder 1929, 1934, 1937, Gairdner (bei Andersson-Kottö u. Gairdner) 1931, Gentscheff 1937b, Favarger 1946.

              30   +   Gairdner (bei Andersson-Kottö u. Gairdner) 1931, Favarger 1946.

963. D. deltoides L.   15 +   Blackburn 1928, Rohweder 1929, 1934, 1937, Gairdner (bei Andersson-Kottö u. Gairdner) 1931, Gentscheff 1937b, D. Löve 1942a, Favarger 1946.

964. D. silvester Wulf.   15 +   Rohweder (mdl.) 1930, 1934, 1937, Ishii 1930, Gairdner (bei Andersson-Kottö u. Gairdner) 1931, Gentscheff 1937b.

	Chrom.Z.	D.	P.	D+P	Autor
965. D. glacialis Haenke	15	+			Gairdner (bei Andersson-Kottö u. Gairdner) 1931, Rohweder 1934, Gentscheff 1937b, Mattick (in litt.) 1949.
966. D. alpinus L.	15	+			Rohweder (mdl.) 1930, 1934, Gairdner (bei Andersson-Kottö u. Gairdner) 1931, Gentscheff 1937b.
967. D. superbus L.	15	+		+	Rohweder 1929, 1934, 1937, Shibukawa 1930 (bei Kihara, Yamamoto u. Hosono) 1931, Sakai 1935, Gentscheff 1937b, Turesson 1938.
var. nana Rouy et Fouc.	30	+			Gairdner (bei Andersson-Kottö u. Gairdner) 1931.
968. D. arenarius L.	15	+		+	Gairdner (bei Andersson-Kottö u. Gairdner) 1931.
	30	+			Rohweder 1929, 1934, 1937, Gairdner (bei Andersson-Kottö u. Gairdner) 1931, Gentscheff 1937.
969. D. serotinus Waldst. et Kit.	30	+			Rohweder 1934, Gentscheff 1937b.
	*45	+			Blackburn (in litt.) 1930, Favarger 1946.
970. D. Lumnitzeri Wiesb.[1]	30	+			Rohweder 1934, Gentscheff 1937b.
971. D. Hoppei Portenschl.[1]	—				—
972. D. Neilreichii Hay.[1]	—				—
973. D. blandus (Rchb.) Hay.[1]	—				—
974. D. Sternbergii Sieb.	30	+			Rohweder 1934.
	ca. 45	+			Gairdner (bei Andersson-Kottö u. Gairdner) 1931.
975. D. caesius Smith	45	+			Blackburn (in litt.) 1930, Gairdner (bei Andersson-Kottö u. Gairdner) 1931, Rohweder 1934, Gentscheff 1937b.
976. D. Seguieri Vill.	45	+			Rohweder 1929, 1934, Gentscheff 1937b.
977. D. silvaticus Hoppe	—				—
978. D. collinus Waldst. et Kit.	*45	+			Gentscheff 1937b.

---

[1]) Die Nr. 970—973 werden auch als D. plumarius L. zusammengefasst. Gartenrassen dieses „plumarius" haben nach Gairdner (bei Andersson-Kottö u. Gairdner) 1931, Rohweder 1929, 1934 und Gentscheff 1937b n = 45.

211. GYPSOPHILA L.

979. G. muralis L.   *17   +   D. Löve (bei A. u. D. Löve)
                                           1942b.
980. G. repens L.   17   +   Favarger 1946.
                            18   +   Heitz 1926, Mattick (in litt.)
                                           1949.

981. G. fastigiata L.   —   —
982. G. paniculata L.   —   —

212. MALACHIUM FRIES.

983. M. aquaticum (L.)   14 +   Heitz 1926, Peterson 1936.
     Fries.

213. STELLARIA L.

984. S. neglecta Weihe[1])   *11 +   )   Peterson 1933, 1935, 1936.
                             20   + $\Big\{$ + Negodi 1935, 1936e.
     var. grandiflora Beg.   *22 +   )   Peterson 1935, 1936.
985. S. pallida Piré (= S.   10   +   Negodi 1935, 1936e.
     apetala Ucr.)   *11 +   Peterson 1935, 1936.
986. S. media (L.) Vill.   20   +   Rocén 1927, Negodi 1935,
                                              1936e, Blackburn (in litt. Peter-
                                              son) 1936, Györffy 1940.

                             *21   +   Peterson 1936.
                             *22   +   Peterson 1933, 1936.

987. S. bulbosa Wulf. $\dfrac{*33}{2}$ + Peterson 1935, 1936, Mattick
                                              (in litt.) 1949.

988. S. uliginosa Murr.   12   +   Peterson 1935, 1936, Blackburn
     (= S. alsine Grimm.)   (in litt. Peterson) 1936, Roh-
                                              weder 1939.

                             *13   Mattick (in litt.) 1949.
989. S. nemorum L.   *13 +   Peterson 1935, 1936, Blackburn
                                              (in litt. Peterson) 1936, Roh-
                                              weder 1939, Mattick (in litt.)
                                              1949.

990. S. holostea L.   *13 +   Peterson 1935, 1936.
991. S. longifolia Mühlenb. 13   +   Peterson 1935, 1936, Mattick
                                              (in litt.) 1949.

992. S. graminea L.   13   +   Peterson 1935, 1936, Blackburn
                                              (in litt. Peterson) 1936, Roh-
                                              weder 1939, Mattick (in litt.)
                                              1949.

993. S. crassifolia Ehrh.   *13 +   Peterson 1935, 1936.
994. S. palustris   *ca. 65   +   Peterson 1936.
     (Murr) Retz.

---

[1]) Die var. Cupaniana Beg. mit n = 20 (Negodi 1935, 1936e) ist bisher nur
im Mittelmeergebiet gefunden worden.

214. MOEHRINGIA L.

995. M. trinervia (L.) Clairv.[1]	12	+		Rohweder 1939, de Litardière 1948c, Mattick (in litt.) 1949.
996. M. Malyi Hay.	*12	+		Blackburn (in litt.) 1934, Mattick (in litt.) 1949.
997. M. ciliata (Scop.) Dalla Torre	*12	+		Mattick (in litt.) 1949.
998. M. muscosa L.	*12	+		Blackburn (in litt.) 1934, Mattick (in litt.) 1949.
999. M. diversifolia Doll.	*12	+		Blackburn (in litt.) 1934.

215. HOLOSTEUM L.

1000. H. umbellatum L.	10	+	Blackburn (in litt.) 1934, Rohweder 1939.

216. MINUARTIA LOEFL.

1001. M. setacea (Thuill.) Hay.	*12	+		Mattick (in litt.) 1949.
1002. M. austriaca (Jacq.) Hay.	*ca. 12	+		Mattick (in litt.) 1949.
1003. M. laricifolia (L.) Schinz et Thell.	13	+		Rohweder 1939, Mattick (in litt.) 1949, Favarger 1949b.
1004. M. stricta (Sw.) Hiern	13	+		Sörensen u. Westergaard (bei A. u. D. Löve) 1948.
1005. M. verna (L.) Hiern	ca. 12 / 39	+ / +	} +	Mattick (in litt.) 1949. Rohweder 1939.
1006. M. aretioides (Somer) Schinz et Thell.	—			—
1007. M. rupestris (Scop.) Schinz et Thell.	—			—
1008. M. sedoides (L.) Hiern	—			—
1009. M. fastigiata (Sm.) Rchb.	—			—
1010. M. tenuifolia (L.) Hiern	—			—
1011. M. viscosa (Schreb.) Schinz et Thell.	—			—
1012. M. biflora (L.) Schinz et Thell.	—			—
1013. M. recurva (All.) Schinz et Thell.	—			—
1014. M. peploides (L.) Hiern	24	+		Rohweder 1939.
	32	+		Rohweder 1939.
	*33	+		Flovik 1940.

---

[1] Die subspec. M. pentandra J. Gay mit 2 n = 48 (de Litardière 1948c) kommt nur im Mittelmeergebiet vor.

217. ARENARIA L.

1015. A. serpyllifolia L. subspec. leptoclados (Rchb.) Oborny	10	+		Griesinger 1937, F. v. Wett- stein 1940, v. Woess 1941.
subspec. euserpylli- folia Briqu.	20	+	+	Griesinger 1937, Rohweder 1939, F. v. Wettstein 1940, v. Woess 1941, Mattick (in litt.) 1949.
1016. A. Marschlinsii Koch	10	+		F. v. Wettstein 1940, v. Woess 1941.
1017. A. biflora L.	*10	+		Mattick (in litt.) 1949.
	11	+		Favarger 1949b.
1018. A. grandiflora L.	—			—
1019. A. Biebersteinii Schlecht	—			—
1020. A. ciliata L.[1]	20	+		Sörensen u. Westergaard (bei A. u. D. Löve) 1948, Horn (in litt.) 1949.

218. CERASTIUM L.

1021. C. semidecandrum L.	18	+	Rohweder 1939.
1022. C. campanulatum Viv.	—		—
1023. C. litigiosum de Lens.	—		—
1024. C. tetrandrum Curt.	18	+	Wulff 1937a, Rohweder 1939.
1025. C. subtetrandrum (Lange) Murb.	36	+	Hagerup 1941a.
1026. C. trigynum Vill. (=C. cerastoides Britt.)	18	+	Mattick (in litt.) 1949.
	19	+	Favarger u. Söllner 1949.
	20	+	Böcher 1938b, Sörensen u. Westergaard (bei A. u. D. Löve) 1948.
1027. C. latifolium L.	18	+	Mattick (in litt.) 1949, Favarger u. Söllner 1949.
1028. C. uniflorum Clairv.	18	+	Mattick (in litt.) 1949, Favarger u. Söllner 1949.
1029. C. anomalum Waldst. et Kit.	19	+	Favarger u. Söllner 1949.
1030. C. Tencreanum Ser.	—		—
1031. C. macrocarpum Scheer	—		—
1032. C. pedunculatum Gaud.	18	+	Favarger u. Söllner 1949.
1033. C. silvaticum Waldst. et Kit.	—		—

---

[1]) Hier ist bisher nur die nordische subspec. pseudofrigida Ostenf. et Dahl untersucht worden.

1034. C. carinthiacum Vest.—   —
1035. C. pumilum Curt.   36   +   Hagerup 1944a.
      (incl. C. glutinosum
      Fries)
1036. C. alpinum L.   36   +   Böcher 1938b, A. u. D. Löve
                                          1944b, Sörensen u. Wester-
                                          gaard (bei A. u. D. Löve) 1948.
1037. C. glomeratum Thuill. 36   +   Rohweder 1939.
1038. C. arvense L.   36   +   Rohweder 1939, Mattick (in
                                          litt.) 1949.
1039. C. alsinifolium   —   —
      Tausch
1040. C. julicum Schellm. —   —
1041. C. brachypeta- *ca. 26   +   Mattick (in litt.) 1949.
      lum Pers.   45   +   Hagerup 1944a.
1042. C. vulgatum L. ca. 54   +   Heitz 1926[1]).
      (= C. triviale Link, 63   +   Hagerup 1944a.
      C. holosteoides Fries)72   +   Rohweder 1939, Mattick (in
                                          litt.) 1949.
1043. C. fontanum   ca. 60   +   Mattick (in litt.) 1949.
      Baumg.   72   +   Böcher 1938b.

219. MOENCHIA EHRH.

1044. M. erecta (L.)   *18   +   Blackburn (in litt.) 1934.
      Gaertn., Mey. et Scherb.
1045. M. mantica (L.)   *19   +   Blackburn (in litt.) 1934.
      Bartl.

220. SAGINA L.

1046. S. ciliata Fries   *6 +   Blackburn (bei Wright) 1938.
1047. S. apetala Arduino *6 +   Blackburn (bei Wright) 1938.
1048. S. subulata (Sw.)   9   +   Rohweder 1939.
      Presl.   11   +   Blackburn (bei Wright) 1938.
1049. S. glabra (Willd.) 9 | Rohweder 1939.
      Fenzl.
1050. S. Linnaei Presl.   *11   +   Blackburn (bei Wright) 1938.
      (= S. saginoides Dalla
      Torre)
1051. S. procumbens L.   11   +   Wulff-Lindschau (mdl.) 1935,
                                          Wulff 1937b, Blackburn (bei
                                          Wright) 1938, Rohweder 1939.
1052. S. maritima G. *11—12   +   Wulff 1937a.
      Don.   14   +   Blackburn (in litt.) 1934.
1053. S. nodosa (L.) *10—12   +   Wulff 1937b.
      Fenzl.   *28   +   Blackburn (in litt.) 1934.

---

[1]) Heitz (1926) schreibt allerdings ca. 55.

221. Spergula L.

1054. S. arvensis L.	9	+	Heitz 1926, Rohweder 1939, A. u. D. Löve 1944b.
1055. S. vernalis Willd.	9	+	Rohweder 1939.
1056. S. pentandra L.	—		—

222. Spergularia Presl.

1057. S. marginata (DC.) Kittel	9	+	Wulff 1937a, Nordenskiöld (bei A. u. D. Löve) 1942b, de Castro u. Carvalho Fontes 1946.
1058. S. rubra (L.) Presl.	*18	+	Nordenskiöld (bei A. u. D. Löve) 1942b.
1059. S. echinosperma Čelak.	—		—
1060. S. salina Presl.	18	+	Blackburn 1933, Rohweder 1939, Nordenskiöld (bei A. u. D. Löve) 1942b, Tarnavschi (in litt.) 1943.

223. Delia Dum.

1061. D. segetalis (L.) Dum.	—		—

224. Polycarpon Nathorst.

1062. P. tetraphyllum Nath.	—		—

225. Corrigiola L.

1063. C. litoralis L.	8	+	Rocén 1927, Sugiura 1937b.
	9	+	Blackburn (in litt.) 1934.

226. Illecebrum L.

1064. I. verticillatum L.	—		—

227. Herniaria L.

1065. H. incana Lam.	—		—
1066. H. alpina Vill.	—		—
1067. H. hirsuta L.	—		—
1068. H. glabra L.	9	+	Scheerer 1939, A. u. D. Löve 1944b.

228. Scleranthus L.

1069. S. annuus L.	11	+	} +	Rohweder 1939.
	22	+	Ehrenberg 1945.
1070. S. perennis L.	22	+	Blackburn (in litt.) 1934.
1071. S. alpestris Hay.	—		—
1072. S. polycarpos Torner	—		—

2. UNTERREIHE PRIMULINEAE.
41. *PRIMULACEAE.*

Chromosomengrundzahl 9, 10, 11, 12 (?)

229. LYSIMACHIA L.

1073. L. nemorum L.	9	+		Wulff 1938.
1074. L. nummularia L.	18		+	Levitsky (in litt.) 1934, Wulff 1938.
1075. L. vulgaris L.	*14		+	Levitsky (in litt.) 1934.
1076. L. thyrsiflora L.	ca. 20		+	Dahlgren 1916.
1077. L. punctata L.	—			—

230. TRIENTALIS L.

1078. T. europaea L.	*>56	+	A. u. D. Löve 1944b.
	ca. 80	+	Wulff 1937b, Ehrenberg 1945.

231. GLAUX L.

1079. G. maritima L.	15	+	Wulff 1937a, Tarnavschi 1938.

232. ANAGALLIS L.

1080. A. tenella (L.) Murr	11	+	Maude 1939, 1940, Haffner (mdl.) 1945.
1081. A. arvensis L.	20	+	Wulff 1937b, A. u. D. Löve 1944b, Haffner (mdl.) 1945.
1082. A. femina Mill.[1])	—		—

233. CENTUNCULUS L.

1083. C. minimus L.	11	+	Hagerup 1941a.

234. SAMOLUS L.

1084. S. Valerandi L.	ca. 12	+	} Wulff 1937a.
	*18	+	} + Tarnavschi (in litt.) 1943.

235. CORTUSA L.

1085. C. Matthioli L.	12	+	Bruun 1932b, Matsuura u. Sutô 1935, Wulff (mdl.) 1939, Mattick (in litt.) 1949.

236. SOLDANELLA L.

1086. S. montana Willd.	*7	+	Mattick (in litt.)1949.
1087. S. minima Hoppe	*16—17	+	Mattick (in litt.) 1949.
1088. S. pusilla Baumg.	*18	+	Mattick (in litt.) 1949.
	20	+	Tarnavschi (in litt.) 1943.
1089. S. alpina L.	20	+	Tarnavschi (in litt.) 1949.

---

[1]) Ueber die Artberechtigung vgl. Hylander (1945 p. 256).

237. Androsace L.

Nr.		Chrom.Z.	D+P	Autor
1090.	A. septentrionalis L.	10	+	Dahlgren 1916, Mattick (in litt.) 1949.
1091.	A. helvetica(L.)Gaud.	—		—
1092.	A. Wulfeniana Sieb.	—		—
1093.	A. Hausmannii Leyb.	—		—
1094.	A. alpina (L.) Lam.[1])*12 (= A. glacialis Hoppe)	*12	+	Mattick (in litt.) 1949.
1095.	A. tirolensis F. v. Wettst.	—		—
1096.	A. chamaejasme Wulf.	—		—
1097.	A. maxima L.	*29—30	+	Titova 1935.
1098.	A. elongata L.	—		—
1099.	A. obtusifolia All.	—		—
1100.	A. carnea L.	—		—
1101.	A. lactea L.	—		—
1102.	A. villosa L.	*36	+	Sokolovskaja u. Strelkova 1940.

238. Primula L.

Nr.		Chrom.Z.	D+P	Autor
1103.	P. farinosa L.	9	+	Marchal 1920, Bruun 1930, 1932b, c, Hagerup 1941a, Mattick (in litt.) 1949.
1104.	P. Halleri J. F. Gmel. *18 (= P. longiflora All.)	*18	+	Bruun 1930, 1932b.
1105.	P. elatior (L.) Hill	9	+	Marchal 1920, Mattick (in litt.) 1949.
		11	+	Huskins 1929, Bruun 1930, 1932b, J. W. H. Harrison 1931.
1106.	P. acaulis (L.) Hill	11	+	Chittenden 1928b, Huskins 1929, Bruun 1930, 1932b, J. W. H. Harrison 1931, Buxton 1932.
1107.	P. officinalis Hill. (= P. veris L. em. Huds.)	11	+	Dahlgren 1916, Chittenden 1928b, Huskins 1929, Bruun 1930, 1932b, J. W. H. Harrison 1931b, Turesson 1938, Mattick (in litt.) 1949.
1108.	P. auricula L.	31[2])	+	Wanner 1943.
1109.	P. hirsuta All.	31[2])	+	Wanner 1943.
1110.	P. Clusiana Tausch	—		—
1111.	P. oenensis Thom.	—		—
1112.	P. villosa Jacq.	—		—
1113.	P. Wulfeniana Schott	—		—
1114.	P. integrifolia L.	ca. 31[2])	+	Wanner 1943.
		*29—31	+	Mattick (in litt.) 1949.
1115.	P. minima L.	32(?)[2])	+	Bruun 1930, 1932b.
1116.	P. glutinosa Wulf.	*36	+	Mattick (in litt.) 1949.

[1]) Frau Mattick (in litt.) 1949 zählte daneben bis zu 2 n = 32.
[2]) Vielleicht handelt es sich um amphidiploide Bastarde aus der Combination (2 × 11) + 9 (Wanner 1943).

239. Hottonia L.

1117. H. palustris L.   10 +   Wulff 1938, Ehrenberg 1945.

240. Cyclamen L.

1118. C. europaeum L.   *17   +   Glasau 1939.

3. UNTERREIHE PLUMBAGINEAE.
42. *PLUMBAGINACEAE.*
Chromosomengrundzahl (6, 8), 9.

241. Limonium Mill.

1119. L. vulgare Mill.   16   +   Choudhuri 1942.
(= Statice limonium *18   +   Wulff 1937a, de Castro u.
L.)   Carvalho Fontez 1946.

242. Armeria Willd.

1120. A. maritima (Mill.)   9 +   Griesinger 1937, Phillips 1938,
Willd. subspec. mari-   A. u. D. Löve 1944b.
tima (Mill.) Mansf.
subspec. elongata   9 +   Phillips 1938, d'Amato 1940b.
(Hoffm.) Mansf.
subspec. Halleri   9 +   Griesinger 1937, Phillips 1938.
(Wallr.) Mansf.
1121. A. alpina Willd.[1])   9 +   Griesinger 1937, Phillips 1938.
1122. A. pseudoarmeria   9 +   Phillips 1938, Sugiura 1939 a, b.
(Murr) Mansf. (= A.
plantaginea Willd.)

4. UNTERREIHE PORTULACINEAE.
43. *PORTULACACEAE.*
Chromosomengrundzahl (6), 9.

243. Portulaca L.

1123. P. oleracea L.   9 +   ⎫   Hagerup 1932.
                         27   + ⎬ + Hagerup 1932, Blackburn (in
                                ⎭   litt.) 1934, D. C. Cooper 1935a,
                                     1940, Graner 1936.

244. Claytonia L.

1124. C. perfoliata Donn. 18   +   Hagerup 1941a, Rutland 1941,
                                      Heiser u. Whitaker 1948.

245. Montia L.

1125. M. fontana L. s. l.[2])   9 +   Scheerer 1940, Hagerup 1941a.

---

[1])   Sugiura (1937c, 1939b) fand in Japan auch n = 18.
[2])   Bei M. fontana subspec. rivularis C. C. Gmel. zählte Scheerer (1940) im
Gegensatz zu Hagerup 2 n = 20.

5. UNTERREIHE CHENOPODINEAE.

44. *CHENOPODIACEAE.*

Chromosomengrundzahl (6), 9.

246. POLYCNEMUM L.

Art	Chrom.Z.	D.	P.	D+P	Autor
1126. P. arvense L.	—				—
1127. P. majus A. Br.	—				—
1128. P. verrucosum Lang	—				—

247. CHENOPODIUM L.

Art	Chrom.Z.	D.	P.	D+P	Autor
1129. C. vulvaria L.	9	+			Winge 1917.
1130. C. polyspermum L.	9	+			Kjellmark 1934.
1131. C. murale L.	9	+			Winge 1917.
1132. C. glaucum L.	*9	+			Wulff 1936.
1133. C. capitatum (L.) Aschers.	9	+			Kjellmark 1934.
1134. C. botrys L.	—				—
1135. C. urbicum L.	—				—
1136. C. strictum Roth.	—				—
1137. C. ficifolium Sm.	9	+			Kjellmark 1934.
1138. C. hybridum L.	9	+		+	Winge 1917.
	18		+		G. O. Cooper 1935.
1139. C. foliosum (Moench) Aschers. (= C. virgatum Jessen).	*9	+		+	Wulff 1936.
	27		+		Kjellmark 1934.
1140. C. album L.	9	+		+	Winge 1917, Maude 1939, 1940, A. u. D. Löve 1944b.
	*18		+		G. O. Cooper 1935, Witte 1947, Heiser u. Whitaker 1946.
subsp. pseudoborbasii Murr. (incl. var. Bernburgense Murr.)	27		+		Kjellmark 1934.
1141. C. bonus Henricus L.	18		+		Winge 1917, Wulff 1936, A. u. D. Löve 1944b.
1142. C. opulifolium Schrad.	*18		+		Wulff 1936.
1143. C. rubrum L.	18		+		Kjellmark 1934.

248. OBIONE GAERTN.

Art	Chrom.Z.	D.	P.	D+P	Autor
1144. O. pedunculata (Grufb.) Moqu.	*9	+			Wulff 1936, 1937a.
1145. O. portulacoides (L.) Moqu.	18		+		Wulff 1936, 1937a, de Castro u. Carvalho Fontes 1946.

249. ATRIPLEX L.

Art	Chrom.Z.	D.	P.	D+P	Autor
1146. A. nitens Schkuhr	*9	+			Wulff 1936.
1147. A. litoralis L.	9	+			Winge 1917, Pólya 1948.
1148. A. oblongifolia Waldst. et Kit.	—				—

1149. A. hastata L.   9 +   Winge 1917.
      (= A. latifolia Wahlb.)
1150. A. calotheca Fries   *9 +   Wulff 1936, 1937a.
1151. A. glabriuscula   9 +   Wulff 1936, 1937a.
      Edmonst. (= A. Ba-
      bingtonii Woods).
1152. A. patula L.   9 +   ) Kjellmark 1934, Witte 1947.
                            18   + } + Winge 1917, G. O. Cooper
) 1935.
1153. A. rosea L.   *9 +   Wulff 1936.
1154. A. maritima Grufb. *9 +   Wulff 1936, 1937a.
      (= A. arenaria Woods).
1155. A. tatarica L.   —   —

250. Eurotia Adans.

1156. E. ceratoides (L.) C.*18   +   Wulff 1936.
      A. Mey.

251. Camphorosma L.

1157. C. annua Pall.   *6 +   Tarnavschi 1938, Pólya 1948.

252. Bassia All.

1158. B. hirsuta (L.) Aschers 9. +   Winge 1917, Wulff 1936, Tar-
                                          navschi 1938.

253. Kochia Roth.

1159. K. arenaria (Gaertn., *9 +   Wulff 1936.
      Mey., Scherb.) Roth
1160. K. prostrata (L.)   —   —
      Schrad.
1161. K. scoparia (L.)   9 +   G. O. Cooper 1935, Wulff 1936,
      Schrad.   Lorz 1937.

254. Corispermum L.

1162. C. hyssopifolium L.   —   —
1163. C. nitidum Kit.   —   —
1164. C. Marshallii Fenzl   —   —

255. Salicornia L.

1165. S. europaea L. (= S. *9[1])+) Tarnavschi 1938, König 1939,
      herbacea L.)   (Maude 1939, 1940, de Castro u.
                                   } + Carvalho Fontes 1946.
                     *18   +   (König 1939, Maude 1939, 1940.
                     *19   +   ) Wulff 1936, 1937a.

---

[1]) Hierher die Var. stricta G. F. Meyer und prostrata Pall. Titova (1935)
    zählte 2 n = 20.

256. Suaeda Forsk.

1166. S. maritima (L.) Dum.	*18	+	Wulff 1936, 1937a, Tarnavschi 1938, Maude 1939, 1940, de Castro u. Carvalho Fontes 1946, Pólya 1948.
1167. S. salsa (L.) Pall.	—		—
1168. S. pannonica Beck	—		—

257. Salsola L.

1169. S. kali L.	*18	+	Wulff (mdl.) 1934, 1936, 1937a, G. O. Cooper 1935, Tarnavschi (in litt.) 1943, Heiser u. Whitaker 1948.

45. *AMARANTHACEAE.*

Chromosomengrundzahl? ·

258. Amaranthus L.

1170. A. retroflexus L.	16	+	Heiser u. Whitaker 1948.
	17	+	Murray 1940.
1171. A. lividus L.	—		—
1172. A. angustifolius Lam.	—		—

5. REIHE APETALAE.

Die Reihe enthält phylogenetisch Nichtzusammengehöriges, wie es im Vorwort bemerkt ist. Unsere Unterreihen sind demnach wahrscheinlich an andere Reihen als Reduktionsglieder anzuschliessen oder stellen Endglieder von bereits ausgestorbenen Reihen dar.

1. UNTERREIHE POLYGONINEAE.

46. *POLYGONACEAE.*

Chromosomengrundzahl 7, 8, 10, 11[1]).

259. Rumex L.

1173. R. conglomeratus Murr. [2])	10	+	Jaretzky 1928c, A. Löve 1942b, Takenaka 1941.
1174. R. sanguineus L.	10	+	T. Ono 1927, Jaretzky 1928c, A. Löve 1942b.
1175. R. pulcher L.	10	+	Jaretzky 1928c, Shimamura 1929.
1176. R. alpinus L.[3])	10	+	Kihara u. T. Ono 1926, Jaretzky 1928c, Takenaka 1941.

---

[1]) Wie sich der Fund für Rumex hastatulus (Baldwin B. W. u. M. Th. Smith 1947) mit n = 4 eingliedern wird, lässt sich noch nicht übersehen. Ich halte die Art für „abgeleitet."

[2]) Sugiura (1936a, b) zählte in Japan n = 9.

[3]) Frau Mattick (in litt. 1949) zählte an einem Individuum 2 n = 18.

1177. R. obtusifolius L.   20   +   Kihara u. T. Ono 1926, Kihara 1927b, Jensen 1936a, 1938, A. Löve 1942b.

1178. R. odontocarpus Sand.   —   —

1179. R. maritimus L.   20   +   Kihara u. T. Ono 1926, Jaretzky 1927a, b, 1928, Takenaka 1941, A. Löve 1942b.

1180. R. palustris Sm.   *20   +   Jaretzky 1928c, A. Löve 1942b.

1181. R. ucrainicus Fisch   —   —

1182. R. crispus L.   30   +   Kihara u. T. Ono 1926, Kihara 1927b, Jaretzky 1927a, b, Jensen 1936, a, b, 1938, Takenaka 1941, A. Löve 1942b.

1183. R. domesticus Hartm.   30   +   Kihara u. T. Ono 1926, A. Löve 1942b.

    40   +   Kihara u. T. Ono 1926, Takenaka 1941.

1184. R. patientia L.   30   +   Kihara u. T. Ono 1926, Kihara 1927b, Jensen 1936a.

1185. R. aquaticus L.   *ca. 100   +   Jaretzky 1928c, A. Löve 1942b.

1186. R. hydrolapathum Huds.   100   +   Kihara u. T. Ono 1926, Takenaka 1941, A. Löve 1942b.

1187. R. maximus Schreb.   100   +   A. Löve 1942a.

1188. R. scutatus L.   10 +   ⎫

    +   Noda 1926, Kihara u. T. Ono 1926, Jaretzky 1928c, T. Ono 1935, A. Löve 1942a, b, 1944a, Mattick (in litt.) 1939.

    20   +   ⎭ Fikry 1930.

1189. R. acetosa L.[1]) subspec. 7♀ +
pratensis (Wallr.)
Blytt u. Dahl $\frac{15\male}{2}$ Kihara u. T. Ono 1923, 1925, Sinotô 1924, 1929b, 1936, 1937a, b, T. Ono 1926, 1928, 1930a, b, 1932, 1935, T. Ono u. Shimotomai 1928, Jaretzky 1928c, Takenaka 1931, 1937a, 1940, Kihara u. Yamamoto 1932, Yamamoto 1933a, b, 1934a, b, 1935a, b, c, 1936a, b, c, 1937, 1938, Satô u. Sinotô 1935, A. Löve 1940b, 1942b, 1944a, Mattick (in litt.) 1944.

---

[1]) In Japan sind auch triploide (T. Ono 1928, 1930a, b, 1932, 1935, T. Ono u. Shimotomai 1928, Kihara u. Yamamoto 1932, Yamamoto 1933a, b, 1934a, 1936b, 1938), tetraploide (T. Ono u. Shimotomai 1928, T. Ono 1930a, b, 1932, 1935, Yamamoto 1938), pentaploide (Yamamoto 1938), hexaploide (Yamamoto 1935a, 1938) und aneuploide (T. Ono 1930a, 1935, Kihara u. Yamamoto 1932a, Yamamoto 1934a, 1936c, 1937, 1938, Takenaka 1937) Rassen gefunden worden. In Europa ist bisher nur von Frau Mattick (in litt. 1949) ein triploides Individuum gefunden worden.

subspec. arifolia All. 7♀ +   Kihara u. T. Ono 1926, Jaretz-
(incl. var. nivalis (He- $\frac{15♂}{2}$ ky 1927b, T. Ono 1930a, 1935,
getschw.) Löve   Takenaka 1930, Kihara u.
                                   Yamamoto 1932.

subspec. thyrsiflora 7♀ +   Meurman 1924, 1925, A. Löve
                                   1942b.
(Fingerh.) Löve $\frac{15♂}{2}$

1190. R. acetosella L.[1]) *7 +   A. Löve 1940a, b, 1941, 1943.
      subspec. angiocarpa
      Murb.
      subspec. tenuifolia *14 +   A. Löve 1940a, b, 1941, 1943,
      Wallr.   Mattick (in litt.) 1949.
      subspec. euaceto-   *21 + Kihara 1927a, b, T. Ono 1930b,
      sella   1935, A. Löve 1940a, b, 1941,
                                   1943.

260. OXYRIA HILL.

1191. O. digyna (L.) Hill. 7 +   Kihara u. T. Ono 1926, Kihara
                                   1927b, T. Ono 1928, Jaretzky
                                   1928c, Edman 1929, Sakai 1935,
                                   Flovik 1940, A. Löve (bei A.
                                   u. D. Löve) 1942b, Sörensen
                                   u. Westergaard (bei A. u. D.
                                   Löve) 1948, Mattick (in litt.)
                                   1949.

261. POLYGONUM L.

1192. P. aviculare L.   20   +   Jaretzky 1927b, 1928c, A. u.
      (= P. calcatum Lindm).   D. Löve 1942a, Andersson (bei
                                   A. u. D. Löve) 1942b, 1948,
                                   Pólya 1948.
                          30   +   Andersson (bei A. u. D. Löve)
                                   1942b, 1948.
1193. P. oxyspermum Mey.—   —
      et Bunge
1194. P. Kitaibelianum   10 +   Jaretzky 1928c.
      Sadl. (= P. Bellardi
      Beck)
1195. P. alpinum All.   10 +   Jaretzky 1928c.
1196. P. hydropiper L.[2]) *10 + Jaretzky 1928c, A. u. D. Löve
                                   1942a.
1197. P. mite Schrank   *20   +   Wulff 1939c.
1198. P. minus Huds.   *20   +   Wulff 1939c, Andersson (bei
      (= P. pusillum Lam.)   A. u. D. Löve) 1948.

---

[1]) Im hohen Norden findet sich noch die subspec. graminifolia Lamb. mit
     n = 28 (A. Löve 1940a, b, 1941, 1943).
[2]) Die Angabe 2 n = 22 (Sokolovskaja u. Strelkova 1938) dürfte sich auf
     eine andere Art beziehen.

1199. P. convolvulus L.   10 +   ⎫   Jaretzky 1928c.
      *20   + ⎬ + A. Löve 1942a, Andersson (bei
                    ⎭   A. u. D. Löve) 1942b.
1200. P. dumetorum L.   10 +   Jaretzky 1928c, Sugiura 1936b.
1201. P. tomentosum   11 +   Jaretzky 1928c, A. u. D. Löve
      Schrank   1942a, Andersson (bei A. u. D.
                    Löve) 1942b.
1202. P. nodosum Pers.   11 +   ⎫   Jaretzky 1927b, 1928c, Soko-
      (= P. lapathifolium L.) ⎪   lovskaja u. Strelkova 1938, An-
                    ⎪ + dersson (bei A. u. D. Löve) 1948.
      *22   + ⎬   A. u. D. Löve 1942a, Ander-
                    ⎪   sson (bei A. u. D. Löve) 1942b,
                    ⎭   1948.
1203. P. persicaria L.   22   +   Jaretzky 1927b, 1928c, Ander-
                    sson (bei A. u. D. Löve) 1942b.
1204. P. amphibium L.*ca. 33   +   Jaretzky 1928c.
1205. P. bistorta L.   22   +   Jaretzky 1928c.
      *23   +   Sokolovskaja u. Strelkova 1938,
                    Rozanova 1940a.
1206. P. viviparum L. *ca. 44   +   Sokolovskaja u. Strelkova 1938.
      ca. *50   +   Flovik 1940.
      *ca. 55   +   Jaretzky 1928c, A. u. D. Löve
                    1948.

262. Fagopyrum Mill.

1207. F. tataricum (L.)   *8 +   Jaretzky 1927b, Quisenberry
      Gaertn.   1927, Sando 1939.

2. UNTERREIHE HIPPURIDINEAE.

47. *HIPPURIDACEAE.*[1]

Chromosomengrundzahl 8.

263. Hippuris L.

1208. H. vulgaris L.   16   +   Juel 1911, Winge 1917, Sören-
                    sen u. Westergaard (bei A. u.
                    D. Löve) 1948.

3. UNTERREIHE SANTALINEAE.

48. *SANTALACEAE.*

Chromosomengrundzahl?

264. Thesium L.

1209. T. alpinum L.   *6 +   Mattick (in litt.) 1949.
1210. T. bavarum Schrank 12   +   Schulle 1933.
      (=T. montanum Ehrh.)

---

[1] Seit Juel (1911) wissen wir, dass die Familie nichts mit den Myrtifloren
     zu tun hat, zu denen viele sie traditionsgemäss auch heute noch stellen.

1211. T. intermedium ca. 12   +   Modilewski 1928.
      Schrad. (= T. lino-
      phyllon L. p. p.)
1212. T. Dollinerii Murb. —   —
1213. T. humifusum DC. —   —
1214. T. ramosum Hayne —   —
1215. T. pratense Ehrh.   —   —
1216. T. tenuifolium Saut. —   —
1217. T. ebracteatum   —   —
      Hayne
1218. T. rostratum Mert. 13   +   Rutishauser 1936/37.
      et Koch

4. UNTERREIHE LORANTHINEAE.

49. *LORANTHACEAE.*

Chromosomengrundzahl?

265. Viscum L.

1219. V. album L.   10 +   Pisek 1922, 1923, Steindl 1935.

266. Loranthus L.

1220. L. europaeus L.   9 +   Pisek 1924.

5. UNTERREIHE URTICINEAE.

50. *ULMACEAE.*

Chromosomengrundzahl 7.

267. Ulmus L.

1221. U. montana Stokes 14   +   Krause 1930, 1931, Leliveld
      (= U. scabra Mill., U.   1933, Eklundh (bei A. u. D.
      glabra Huds.[1])   Löve) 1942b.
1222. U. campestris L. em. 14   +   Krause 1931, Leliveld 1933, K.
      Huds. (= U. glabra   Sax 1933, Maude 1939, 1940,
      Mill., U. carpinifolia   d'Amato 1940a, Ekdahl 1941.
      Gled. incl. U. nitens
      Moench, U. pumila
      Willd., U. procera
      Salisb.)
1223. U. effusa Willd (= U. 14 +   K. Sax 1933, Eklundh (bei A.
      laevis Pall.)   u. D. Löve 1942b).

---

[1] Aus „asynaptischen" Individuen konnten auch „Triploide" (n = 21) und
     „Tetraploide" (n = 28) hervorgehen (Johnsson 1949b, Eklundh-Ehren-
     berg 1949).

51. *CANNABACEAE.*

Chromosomengrundzahl 10.

268. HUMULUS L.

1224. H. lupulus L.	10	+	Tournois 1914, Winge 1914, 1923, 1929a, b, R. v. Wettstein 1925, Sinotô 1929a, b, Kihara 1929, Kuhn (in litt.) 1930, T. Ono 1937, Nakajima 1937, Golubinsky 1940.

269. CANNABIS L.

1225. C. sativa L.	10	+	Strasburger 1910, Tournois 1914, Mac Phee 1924, Hirata 1924, 1929, de Litardière 1925, Breslavetz 1926, 1932, Langlet 1927b, Sinotô 1928, 1929b, Medvedeva 1933, 1935, Postma 1939, 1946, E. L. MacKay 1939, Nishina, Sinotô u. Satô 1940, Furusato 1941, Yamada 1943, Kostoff 1946, Rizet 1946, Nishiyama, Yamada u. Mezaki 1947, W. Hoffmann 1947.

52. *URTICACEAE.*

Chromosomengrundzahl 6, 7.

270. URTICA L.

1226. U. urens L.	12	+	Meurman 1924, 1925, Fothergill 1936, A. u. D. Löve 1942a, 1948.
	*13	+	A. u. D. Löve 1942a.
	*26	+	A. u. D. Löve 1942a.
1227. U. pilulifera L.	*12	+	Heitz 1926.
	*13	+	Krause 1931, Fothergill 1936.
1228. U. dioica L.	24	+	Meurman 1924, 1925, Heitz 1926, A. u. D. Löve 1942a.
	*26	+	Fothergill 1936.
1229. U. Kioviensis Rogow—		—	

271. PARIETARIA L.

1230. P. officinalis L.	7	+	Krause 1930, 1931.
1231. P. ramiflora Moench (= P. judaica L.)	13	+	Krause 1930, 1931.

6. UNTERREIHE FAGINEAE.

53. *BETULACEAE.*

Chromosomengrundzahl 7, 8.

272. CARPINUS L.

1232. C. betulus L.[1]   32   +   Woodworth 1930, 1931, Sylvén
                                                    (in litt.) 1939, Scheerer 1940,
                                                    Johnsson 1941b.

273. OSTRYA SCOP.

1233. O. carpinifolia Scop. 8 +   Wetzel 1929, Jaretzky 1930,
                                          Woodworth 1930, 1931.

274. CORYLUS L.

1234. C. avellana L.[2]   11   +   Wetzel 1929, Jaretzky 1930,
                                                    Danielsson 1946.

275. BETULA L.

1235. B. nana L.   14   +   Wetzel 1929, Jaretzky 1930,
                                                    W. v. Wettstein u. Propach
                                                    1939, Flovik 1940, A. u. D.
                                                    Löve 1944b.

1236. B. humilis Schrank 14   +   Jaretzky 1930.
1237. B. verrucosa Ehrh. 14   +   Helms   u.   Jörgensen   1925,
                                            Woodworth 1929a, 1931, W.
                                            v. Wettstein u. Propach 1939,
                                            Johnsson 1940b, 1945a, 1949b.

                                 21   +   Helms   u.   Jörgensen   1925,[3]
                                                    Johnsson 1944b, 1949a, b, A.
                                                    Löve 1944b.

1238. B. pubescens Ehrh. 28   +   Helms   u.   Jörgensen   1925,
      (incl. B. tortuosa Le-   Woodworth 1929a, 1931, W.
      deb.)   v. Wettstein u. Propach 1939,
                                            Johnsson 1940b, 1944b, 1949b,
                                            A. u. D. Löve 1944b.

276. ALNUS MILL.

1239. A. viridis (Chaix)   14   +   Wetzel 1929, Jaretzky 1930.
      Lam. et DC.

---

[1] Die südeuropäische var. carpinizza Neilr. besitzt n = 8 (Johnsson 1941b).
     Die Angaben für Carpinus betulus mit der gleichen Zahl (Wetzel 1929,
     Jaretzky 1930, Woodworth 1930, 1931) beziehen sich jedenfalls auf diese
     Varietät.
[2] Woodworth (1929b) gibt für die Gattung allgemein n = 14 an. Ich werte
     n = 11 als stabilisierte Hypertriploide.
[3] Irrtümlich als B. verrucosa × pubescens gedeutet.

	Chrom.Z.	D.	P.	D+P	Autor
1240. A. incana (L.) Moench	14			+	Wetzel 1929, Woodworth 1929 b, 1931, Jaretzky 1930, Gram, M. u. S. Larsen u. Westergaard 1941, Eklundh (bei A. u. D. Löve) 1942b, Eklundh-Ehrenberg 1946.
1241. A. glutinosa (L.) Gaertn.	14			+	Wetzel 1929, Jaretzky 1930, Gram, M. u. S. Larsen u. Westergaard 1941, Eklundh (bei A. u. D. Löve) 1942b, Eklundh-Ehrenberg 1946.
	28			+	Woodworth 1929b, 1931.

54. *FAGACEAE.*

Chromosomengrundzahl 12.

277. Fagus L.

	Chrom.Z.	D.	P.	D+P	Autor
1242. F. silvatica L.	12		+		Jaretzky 1930, Johnsson 1946.

278. Castanea Mill.

	Chrom.Z.	D.	P.	D+P	Autor
1243. C. sativa Mill.	12		+		Jaretzky 1930.

279. Quercus L.

	Chrom.Z.	D.	P.	D+P	Autor
1244. Q. robur L.	12[1])		+		Hoeegg 1929, Jaretzky 1930, Natividade 1937, Fouarge 1939, Duffield 1940, Johnsson u. Eklundh 1940, Eklundh (bei A. u. D. Löve) 1942b[2]), Johnsson 1946.
1245. Q. sessiliflora Salisb. (= Q. petraea (Matt.) Liebl.)	12		+		Hoeegg 1929, Jaretzky 1930, Vignoli 1933, Natividade 1937, Fouarge 1939.
1246. Q. pubescens Willd. (= Q. lanuginosa Lam.)	12		+		Vignoli 1933.
1247. Q. cerris L.	12		+		Ghimpu 1929a, b, 1930, Jaretzky 1930, Natividade 1937, Duffield 1940.

7. UNTERREIHE MYRICINEAE.

55. *MYRICACEAE.*

Chromosomengrundzahl 8.

280. Myrica L.

	Chrom.Z.	D.	P.	D+P	Autor
1248. M. gale L.	24			+	Hagerup (in litt.) 1938, 1941a.

---

[1]) Als grosse Ausnahmen wurden von Johnsson (1946, 1949a) Triploide bei „Zwillingen" beobachtet.

[2]) Irrtümlich als Q. sessiliflora bezeichnet. Es handelt sich um Q. robur subspec. puberula Beck (A. Löve in litt. 1948).

8. UNTERREIHE SALICINEAE.

56. *SALICACEAE.*

Chromosomengrundzahl 19.

281. Populus L.

	Chrom.Z.	D	P	D+P	Autor
1249. P. nigra L.	19	+			Blackburn u. J. W. H. Harrison 1924, Sutô 1940, van Dillewijn 1940, E. Ch. Smith 1943.
1250. P. balsamifera L. (= P. deltoides Marsh.)	19	+		+	Meurman 1925, van Dillewijn 1940.
	38		+		Blackburn u. J. W. H. Harrison 1924.
1251. P. alba L.	19	+		+	W. v. Wettstein 1933, Peto 1938, E. Ch. Smith 1943.
	$\frac{57}{2}$		+		Peto 1938, van Dillewijn 1940, E. Ch. Smith 1943.
1252. P. tremula L.	19	+		+	Blackburn u. J. W. H. Harrison 1924, W. v. Wettstein 1933, A. Müntzing 1936b, Johnsson 1940a, 1942, Bergström 1940.
	$\frac{57}{2}$[1]		+		A. Müntzing 1936b, Tometorp 1937, Melander 1938, Johnsson 1940a, 1942, 1945b, c, 1949a, Bergström 1940, Sprague 1940.

282. Salix L.

	Chrom.Z.	D	P	D+P	Autor
1253. S. triandra L.	19	+		+	Blackburn u. J. W. H. Harrison 1924, Håkansson 1944, Wilkinson 1944.
	22	+			Blackburn u. J. W. H. Harrison 1924, Wilkinson 1944.
	*44		+		Wilkinson 1944.
1254. S. alba L.	38		+		Blackburn u. J. W. H. Harrison 1924, Marklund (bei Holmberg) 1931, Wilkinson 1941.
1255. S. pentandra L.	38		+		Blackburn u. J. W. H. Harrison 1924, Wilkinson 1944.
1256. S. fragilis L.	38		+		Blackburn u. J. W. H. Harrison 1924, Wilkinson 1941.
	*57		+		Marklund (bei A. u. D. Löve) 1942b.
1257. S. purpurea L.	19	+			Blackburn u. J. W. H. Harrison 1924, Marklund (bei Holmberg) 1931, Wilkinson 1944.
1258. S. retusa L.	*57			+	Mattick (in litt.) 1949.
1259. S. serpyllifolia Scop.	—				—

[1]) Aus triploider Nachkommenschaft liessen sich auch tetraploide Individuen gewinnen.

1260. S. Waldsteiniana   —   —
      Willd.[1])
1261. S. foetida Schleich. —   —
1262. S. nigricans Smith 57[2])   +   Blackburn u. J. W. H. Harrison
      (= S. Andersoniana   1924, H. H. Harrison 1926,
      Sm.)   Sinotô 1928, Håkansson 1933b,
                                         1944, Wilkinson 1944, A. u. D.
                                         Löve 1948.

1263. S. phylicifolia Aut. 57[3])   +   Håkansson 1933b, 1944, Mark-
      (= S. bicolor Ehrh.)   lund (bei Floderus) 1939, A. u.
                                         D. Löve 1948.
1264. S. hastata L.   * 19 +   Marklund (bei Holmberg) 1931,
                                         Håkansson 1944.

1265. S. glabra Scop.   —   —
1266. S. incana Schrank —   —
1267. S. lapponum L.   *19 +   }   Marklund (bei Holmberg) 1931,
                                    +   Wilkinson 1944.
                         *38 +   }   Wilkinson 1944.
1268. S. helvetica Vill. —   —
1269. S. viminalis L.   19 +   Blackburn u. J. W. H. Harrison
                                         1924, Sinotô 1928, 1929b, Hå-
                                         kansson 1929b, 1944, Marklund
                                         (bei Holmberg) 1931, Wilkin-
                                         son 1944.

1270. S. daphnoides Vill. 19 +   )   Blackburn u. J. W. H. Harrison
                                   (1924, Marklund (bei Holmberg)
                                   } +   1931, Håkansson 1944.
                         $\frac{57}{2}$ +) Wilkinson 1944.

1271. S. acutifolia Willd. 19 +   —
1272. S. silesiaca Willd. —   —
1273. S. caprea L.[4])   19 +   )   Blackburn u. J. W. H. Harrison
                                   (1924, Håkansson 1929b, 1944,
                                   } +   Nakajima 1937, Wilkinson 1944.
                         38 +   )   Wilkinson 1944.
1274. S. cinerea L.[5]) 38 +   Blackburn u. J. W. H. Harrison
                                         1924, H. Harrison 1926, Wil-
                                         kinson 1944.

1275. S. albicans Schleich —   —
1276. S. grandifolia Ser. —   —

[1]) Die Art wird auch zur Gesamtart „S. arbuscula L'' gerechnet. Für diese
    gibt Marklund (bei Holmberg) 1931 2 n = 38 an.
[2]) Marklund (bei A. u. D. Löve 1942) zählte einmal n = 19.
[3]) Blackburn u. J. W. H. Harrison (1924) sowie Wilkinson (1944) zählten
    nur n = 44. Handelt es sich um die gleiche Species?
[4]) A. u. D. Löve (1942b) geben an, dass Marklund einmal einen triploiden
    Sämling auffand.
[5]) Heribert-Nilsson (1931) hat die Art durch Kreuzung von S. viminalis
    und caprea als amphidiploiden Bastard synthetisch hergestellt.

1277. S. aurita L.   19 +   Håkansson 1929b, 1944, Wil-
                                           kinson 1944.
                            38 +   + Blackburn u. J. W. H. Harrison
                                           1924, H. Harrison 1926, Wil-
                                           kinson 1944.

1278. S. livida Wahlenb.   *19 +   Marklund(bei Holmberg) 1931,
      (= S. depressa L.)   A. u. D. Löve 1948.
                            *22 +   Wilkinson 1944.
1279. S. myrtilloides L.   *19 +   Marklund (bei Holmberg)1931.
1280. S. repens L.   *19 +   Blackburn u. J. W. H. Harrison
                                           1924, Marklund(bei Holmberg)
                                           1931, Håkansson 1944, Wilkin-
                                           son 1944, A. u. D. Löve 1948,
                                           Mattick (in litt.) 1949.

1281. S. caesia Vill.   —   —
1282. S. breviserrata Flod.[1]) —   —
1283. S. Jacquini Host[1])   —   —
1284. S. dasyclados *38, *57   +   Marklund (bei A. u. D. Löve)
      Wimm.[2])   1942b.
1285. S. reticulata L.   19 +   Marklund (bei Holmberg) 1931.
1286. S. herbacea L.   19 +   Marklund (bei Holmberg) 1931,
                                           Wilkinson 1944.

1287. S. glauca L (= S.   76 +   Marklund(bei Holmberg) 1931,
      glaucosericea Flod.)   A. u. D. Löve 1948.
                            88 +   Wilkinson 1944.

6. REIHE MONADELPHIA.

1. UNTERREIHE MALVINEAE.

57. *TILIACEAE.*

Chromosomengrundzahl 7 (?).

283. TILIA L.

1288. T. cordata Mill.   41 +   Dermen 1932a.
1289. T. platyphyllos Scop. 41 +   Dermen 1932a.

---

[1]) Beide Arten bilden die Gesamtart S. myrsinites L. Für diese finden sich
      bei Blackburn u. J. W. H. Harrison (1924) sowie Wilkinson (1944) sowohl
      die Zahl n = 19 wie auch die hochpolyploide ca. 76 (Marklund bei Holm-
      berg) 1931 und 95 bei Wilkinson. Um welche Subspecies es sich hier handelt,
      wird nicht angegeben.
[2]) S. dasyclados Wimm. ist jedenfalls durch Hybridisierung entstanden. Ob
      es sich um eine amphidiploide constant gewordene Art handelt, ist mir
      nicht klar. S. dasycladoides Heribert-Nilsson (1935) ist nach Håkansson
      (1933b) tetraploid. Ihre Entstehung beruht auf der Combination (S. nigricans
      × phylicifolia) × (S. viminalis × caprea).

58. *MALVACEAE.*

Chromosomengrundzahl 7 (?)

284. HIBISCUS L.

1290. H. trionum L.	14	+	Nakajima 1936, Medvedeva 1936, Ford 1938, Skovsted 1941, 1944.
	28	+	Skovsted 1935, 1941, 1944.

285. ALTHAEA L.

1291. A. pallida Waldst. et Kit.	21	+	Skovsted 1935.
1292. A. officinalis L.	21[1])	+	Skovsted 1935, Ford 1938.
1293. A. hirsuta L.	—		—

286. LAVATERA L.

1294. L. thuringiaca L.	20	+	Stenar 1925.
	22	+	Skovsted 1935.

287. MALVA L.

1295. M. silvestris L.	21	+	Davie 1933, Skovsted 1935, 1941.
1296. M. neglecta Wallr.	*21	+	Davie 1933, Skovsted 1935, 1941.
1297. M. pusilla Sm. et Sow. (= M. borealis Wallm.	*21	+	Skovsted 1941.
	*38	+	Skovsted 1935.
	ca. 56[2])	+	Skovsted 1941.
1298. M. moschata L.	*21	+	Skovsted 1935.
1299. M. alcea L.	42	+	Skovsted 1935, 1941, Ford 1938.

2. UNTERREIHE GERANIINEAE.

59. *OXALIDACEAE.*

Chromosomengrundzahl 5, 6, 7.

288. OXALIS L.

1300. O. acetosella L.	*11	+	Heitz 1927a, Nakajima 1936, A. u. D. Löve 1944b.
1301. O. stricta L.	12	+	Wulff 1937b.
1302. O. corniculata L.	*12	+	Rutland 1941, Heiser u. Whitaker 1948.
	22	+	Wulff 1939b.

---

[1]) Davie (1933) zählte 2 n = 40—44.
[2]) Die Angabe ist unsicher. Die aus dem botanischen Garten Brüssel unter diesem Namen erhaltenen Pflanzen starben, bevor der Namen verificiert werden konnte.

60. *GERANIACEAE.*
Chromosomengrundzahl 7, 8, 9, 10.
289. GERANIUM L.

	Chrom.Z.	D.	P.	D+P	Autor
1303. G. columbinum L.	9	+			Gauger 1937, Warburg 1938, A. u. D. Löve 1944b.
1304. G. lucidum L.	10	+			Warburg 1938.
1305. G. dissectum Juslen[1])11		+			Gauger 1937, Warburg 1938, A. u. D. Löve 1944b.
1306. G. rotundifolium L.	13		+		Warburg 1938.
1307. G. bohemicum Torner	—				—
1308. G. pusillum Burman[2])	*13		+		Gauger 1937, A. u. D. Löve 1944b.
1309. G. molle L.	13		+		Gauger 1937, Warburg 1938.
1310. G. divaricatum Ehrh.	—				—
1311. G. phaeum L.	14		+		Warburg 1938, Mattick (in litt.) 1949.
1312. G. pratense L.	14		+		Gauger 1937, Warburg 1938.
1313. G. silvaticum L.[3])	14		+		Gauger 1937, Warburg 1938, A. u. D. Löve 1944b.
1314. G. palustre Torner	14		+		Gauger 1937, Warburg 1938.
	28		+		Gauger 1937.
1315. G. pyrenaicum Burm.	*13		+		Gauger 1937.
	*14		+		Warburg 1938.
1316. G. sibiricum L.	—				—
1317. G. macrorrhizum L.	23		+		Warburg 1938.
	$\frac{87-93}{2}$		+		Gauger 1937.
1318. G. sanguineum L.	42		+		Sakai 1935, F.W. Sansome 1936, Gauger 1937, Warburg 1938.
1319. G. Robertianum L.	16		+		Warburg 1938, Böcher 1947.
	32		+		Böcher 1947.

290. ERODIUM L'HERIT.

	Chrom.Z.	D.	P.	D+P	Autor
1320. E. cicutarium (L.) L'Hérit.	10	+			Warburg 1938, A. u. D. Löve 1944b, Andreas 1947.
	*18	+			Heitz 1926, Gauger 1937, Negodi 1937d, Rottgardt (mdl.) 1949.
	20	+		+	Gauger 1937, Warburg 1938, A. u. D. Löve 1942a, Andreas 1947, Stebbins (bei Heiser u. Whitaker) 1948, Mattick (in litt. 1949[4]), Rottgardt (mdl.) 1949.

[1]) Frau Mattick (in litt.) 1949 zählte 2 n = 26.
[2]) Warburg zählte 2 n = 34. Vielleicht handelt es sich um eine hypotriploide Rasse.
[3]) Frau Mattick (in litt.) 1949 zählte 2 n = 36.
[4]) Die Autorin zählte 2 n = 38—40.

1321. E. moschatum (L.) 10 +   Gauger 1937, Warburg 1938,
     L'Hérit.   Stebbins (bei Heiser u. Whitaker) 1948.

61. *LINACEAE.*

Chromosomengrundzahl 8, 9.

291. LINUM L.

Nr.	Art	Chrom.Z.	D	P	D+P	Autor
1322.	L. catharticum L.	8	+			de Vilmorin u. Simonet 1927b.
		ca. $\frac{57}{2}$		+	} +	Martzenitzina 1927.
1323.	L. viscosum L.	8	+			Fischbach 1933, Ray 1944.
1324.	L. hirsutum L.	8	+			de Vilmorin u. Simonet 1927b, Fischbach 1933, Ray 1944.
1325.	L. flavum L.	15		+		Nikolajeva (bei Emme u. Shepeljeva) 1927, Martzenitzina 1927, Kikuchi 1929, Warburg 1938, Ray 1944.
		*16		+		Martzenitzina 1927.
1326.	L. usitatissimum L.	15		+		Rijnders (bei Tammes) 1922, 1926, Kikuchi 1926, 1929, Nikolajeva (bei Emme u. Shepeljeva) 1927, Simonet 1929b, 1938, Inouye 1929, 1938, Kappert 1933, 1935, Dillman 1933, Simonet u. Guinochet 1939, Richharia u. Kalamkar 1939, Simonet u. Chopinet 1942, Ray 1944, Ross u. Boyes 1946.
		16		+		Emme u. Shepeljeva 1927, Martzenitzina 1927, Inouye 1929, Rybin 1938, Lutkov 1938, 1939, Kostoff 1940b, Györffy 1940.
1327.	L. tenuifolium L.	9	+			de Vilmorin u. Simonet 1927b, Martzenitzina 1927, Ray 1944.
1328.	L. perenne L.	9	+			Kikuchi 1926, 1929, Nikolajeva (bei Emme u. Shepeljeva) 1927, de Vilmorin u. Simonet 1927b, Martzenitzina 1927, Inouye 1929, 1938, Dillman 1933, Simonet u. Chopinet 1942, Ray 1944.
1329.	L. austriacum L.	9	+			Kikuchi 1926, 1929, Martzenitzina 1929, Freiburg 1933, Warburg 1938, Ray 1944.
1330.	L. alpinum (L.) Jacq.	9	+		} +	de Vilmorin u. Simonet 1927b, Ray 1944.
		18		+		Kikuchi 1926, 1929.
1331.	L. maritimum L.	10	+			de Vilmorin u. Simonet 1927b.

292. RADIOLA HILL.

1332. R. linoides Roth   *9 +   Hagerup 1941a.

62. *ZYGOPHYLLACEAE.*

Chromosomengrundzahl?

293. TRIBULUS L.

1333. T. terrester L.   12 +   Negodi 1937f, 1939, Sugiura 1940b, d, Heiser u. Whitaker 1948.

7. REIHE DISCIFLORAE.

1. UNTERREIHE RUTINEAE.

63. *RUTACEAE.*

Chromosomengrundzahl 9.

294. RUTA L.

1334. R. graveolens L.   36 +   Negodi 1937b, f, 1939.

$\dfrac{*81}{2}$ +   Revell (bei Darlington u. Janaki-Ammal) 1945.

295. DICTAMNUS L.

1335. D. albus L.   15 +   Negodi 1939.
                18 +   Bowden 1940, 1945b.

2. UNTERREIHE POLYGALINEAE.

64. *POLYGALACEAE.*

Chromosomengrundzahl?

296. POLYGALA L.

1336. P. chamaebuxus L. *19   +   Mattick (in litt.) 1949.
1337. P. major Jacq.   *16   +   Mattick (in litt.) 1949.
1338. P. comosa   *14—16   +   Mattick (in litt.) 1949.
Schkuhr
1339. P. vulgaris L. *14, *16   +   Mattick (in litt.) 1949.
              24—28   +   Wulff 1938.
           ca. *28   +   Mattick (in litt.) 1949.
           *ca. 35   +   A. u. D. Löve 1944b.
1340. P. alpestris Rchb.   —   —
1341. P. serpyllifolia Hose —   —
1342. P. calcarea F. W.   —   —
Schultz
1343. P. amara L. s. l.   —   —
1344. P. amarella Cr.   —   —

3. UNTERREIHE TRICOCCAE.

65. *EUPHORBIACEAE.*

Chromosomengrundzahl 7, 8, 9, 10.

297. MERCURIALIS L.

	Chrom.Z.	D.	P.	D+P	Autor
1345. M. annua L.	8	+			Strasburger 1910, Yampolski 1925, 1933, Nihous (bei de Litardière) 1925, Sztajgerwaldówna 1929, Ehrenberg 1945.
1346. M. perennis L.	> 32		+		Meurman 1924.
1347. M. ovata Sternb. et Hoppe	—				—

298. EUPHORBIA L.

	Chrom.Z.	D.	P.	D+P	Autor
1348. E. dulcis L.	*6 14	+ 	 +	+	B. A. Perry 1943. Carano 1926.
1349. E. angulata Jacq.	—				—
1350. E. exigua L.[1]	*12 12—13 *14		+ + +		Rutland 1941. d'Amato 1947. B. A. Perry 1943.
1351. E. peplus L.	8	+			Wulff 1937b, B. A. Perry 1943, A. u. D. Löve 1944b, d'Amato 1947.
1352. E. villosa Waldst. et Kit. (= E. procera Waldst. et Kit.)	8	+			Modilewski 1910, B. A. Perry 1943.
1353. E. austriaca Kern.	—				—
1354. E. polychroma Kern.	*8	+			B. A. Perry 1943.
1355. E. lucida Waldst. et Kit.	—				—
1356. E. virgata Waldst. et Kit.	—				—
1357. E. Seguieriana Neck (= E. Gerardiana Jack.)	*8 *9	+ +			B. A. Perry 1943. H. Harrison (in litt.) 1930.
1358. E. amygdaloides L.	9	+			H. Harrison (in litt.) 1930 d'Amato 1939, B. A. Perry 1943.
1359. E. verrucosa L. em. Jacq.	*9	+			H. Harrison (in litt.) 1930.
1360. E. salicifolia Host	—				—
1361. E. stricta L.	*14		+		B. A. Perry 1943.
1362. E. platyphyllos L.	*14		+		Carano 1926, B. A. Perry 1943.
1363. E. glareosa Pall.	—				—
1364. E. saxatilis Jacq.	—				—
1365. E. falcata L.	—				—
1366. E. acuminata Lam.	18		+		d'Amato 1939.

[1] Wulff (1939b) zählte 2 n = 16.

1367. E. helioscopia L.	21	+	H. Harrison (in litt.) 1930, Bhalla 1941, B. A. Perry 1943, A. u. D. Löve 1944b.
1368. E. cyparissias L.	*10	+	Rutland 1941, B. A. Perry 1943.
1369. E. esula L.	—		—
1370. E. palustris L.	*10	+	B. A. Perry 1943.
1371. E. humifusa Willd.	—		—
1372. E. lathyris L.	10	+	Bowden 1940, 1945a, B. A. Perry 1943.

4. UNTERREIHE CALLITRICHINEAE.

66. *CALLITRICHACEAE.*

Chromosomengrundzahl 3, 5.

299. CALLITRICHE L.

1373. C. hermaphroditica Jusl.(= C. autumnalis L.)	3	+	Jörgensen 1923, Sokolovskaja 1932.
1374. C. polymorpha Lönnr.	*6	+	A. u. D. Löve 1942a.
1375. C. stagnalis Scop.	5	+	Jörgensen 1923, Sokolovskaja 1932.
	10	+	Jörgensen 1923.
1376. C. obtusangula Le Gall.	—		—
1377. C. verna L.	10	+	Jörgensen 1923, Sokolovskaja 1932.
1378. C. hamulata Kütz.	19	+	Jörgensen 1923.

5. UNTERREIHE BUXINEAE.

67. *BUXACEAE.*

Chromosomengrundzahl 7.

300. BUXUS L.

1379. B. sempervirens L.	14	+	Simonet u. Miedzyrzecki 1932.

6. UNTERREIHE ERICINEAE.

68. *EMPETRACEAE.*

Chromosomengrundzahl 13.

301. EMPETRUM L.

1380. E. nigrum L.[1])	13	+	Hagerup 1927, Wanscher 1933b, Arwidsson 1938, 1943, Blackburn 1938.

---

[1]) Die var. hermaphroditum Hag. mit n = 26 (Hagerup 1927, Arwidsson 1938, 1943, Flovik 1940) ist bisher nur im Norden Europas gefunden.

69. *ERICACEAE.*

Chromosomengrundzahl (8), 12, 13.

302. LEDUM L.

1381. L. palustre L.   26   +   Hagerup 1941b.

303. RHODODENDRON L.

1382. R. ferrugineum L. 13^1)+   K. Sax 1930b.
1383. R. hirsutum L.   —   —
1384. R. luteum Sweet. 13^1)+   K. Sax 1930b.

304. RHODOTHAMNUS RCHB.

1385. R. chamaecistus (L.) —   —
Rchb.

305. KALMIA L.

1386. K. angustifolia L.   —   —

306. ARCTOSTAPHYLOS ADANS.

1387. A. alpina (L.) Spr.   13   +   Sörensen u. Westergaard (bei
A. u. D. Löve) 1948.

1388. A. uva-ursi (L.) Spr.   26   +   Hagerup 1928.

307. LOISELEURIA DESV.

1389. L. procumbens (L.)   12 +   Hagerup 1928, Mattick (in litt.)
Desv.   1949.

308. ANDROMEDA L.

1390. A. polifolia L.   24   +   Hagerup 1928, Callan 1941.

309. CHAMAEDAPHNE MOENCH.

1391. C. calyculata (L.)   —   —
Moench.

310. VACCINIUM L.

1392. V. myrtillus L.   12 +   Hagerup 1941b, Rutland 1941.
1393. V. uliginosum L. 24^2)   +   Hagerup 1933.
1394. V. vitis idaea L.   12 +   Hagerup 1928, Newcomer
1941.

1395. V. oxycoccos L. var.   12 +   Hagerup 1940, Camp 1944.
microcarpa Turcz.
var. quadripetala Gil.   24   +   Hagerup 1940, Darrow, Camp,
+ Fischer u. Dermen 1944, Camp
1944.

var. gigas Hager.   36   +   Hagerup 1928, 1940, Newcomer 1941, Camp 1944.

---

[1]) Erschlossen aus Bastardverbindungen.
[2]) Die hochnordische var. microphylla Lange ist diploid mit n = 12 (Hagerup
1933, Flovik 1940).

311. Erica L.

1396. E. tetralix L.   12 +   Hagerup 1928.
1397. E. cinerea L.   12 +   Hagerup 1928, Wanscher 1933b.
1398. E. carnea L.   12 +   Hagerup 1928.

312. Calluna Salisb.

1399. C. vulgaris (L.) Hull. 8 +   Hagerup 1928, Hahn(mdl.)1929

70. *PIROLACEAE.*

Chromosomengrundzahl 8 (?) [1]

313. Chimaphila Pursh.

1400. C. umbellata (L.) ca. 13   +   Hagerup 1941b.
       Nutt.

314. Moneses Gray.

1401. M. uniflora (L.) Gray *11   +   Wulff 1939c.
                          *13   +   Hagerup 1941b.
                          *16   +   Mattick (in litt.) 1949.

315. Ramischia Garcke.

1402. R. secunda (L.)   19   +   Hagerup 1941b.
       Garcke

316. Pirola L. corr. Neck.

1403. P. chlorantha Sw.   23   +   Hagerup 1941b.
1404. P. rotundifolia L.   23   +   Hagerup 1928, A. u. D. Löve
                                               1948.
1405. P. minor L.   23   +   Hagerup 1928.
1406. P. media Sw.   46   +   Hagerup 1941b.

71. *MONOTROPACEAE.*

Chromosomengrundzahl 8.

317. Monotropa L.

1407. M. hypopitys L. var. *8 +   ⎫   A. u. D. Löve 1942a, 1944b.
       glabra Roth (= M.   ⎪
       hypophegea Wallr.)   ⎬ +
       var. hirsuta Roth *24   +   ⎪   Hagerup 1944a.
       (= M. multiflora (Scop.)   ⎭
       Fritsch)

7. UNTERREIHE CELASTRINEAE.

72. *AQUIFOLIACEAE.*

Chromosomengrundzahl?

318. Ilex L.

1408. I. aquifolium L.   *20   +   Maude 1939b, 1940.
                          *ca. 23   +   Wulff 1939b.

---

[1] Ist b = 8, so würden 13 u. 14 Hypertriploide, 19 Hypopentaploide, 23
Hypohexaploide sein.

73. *CELASTRACEAE.*
Chromosomengrundzahl?
319. EUONYMUS L.

1409. E. europaea L.   32   +   Wulff 1937b.
1410. E. verrucosa Scop. —   —
1411. E. latifolia (L.) Mill. —   —

74. *STAPHYLAEACEAE.*
Chromosomengrundzahl 13.
320. STAPHYLAEA L.

1412. S. pinnata L.   13 +   Foster 1933.

8. UNTERREIHE SAPINDINEAE.
75. *ACERACEAE.*
Chromosomengrundzahl 13.
321. ACER L.

1413. A. negundo L.   13 +   Darling 1909, W. R. Taylor 1920,
                                 Sinotô 1929b, Foster 1933.
1414. A. campestre L.   13 +   Foster 1933.
1415. A. platanoides L. 13 +   W. R. Taylor 1920, Darling 1923,
                         *39   + Meurman 1933.
                         ——   +   Meurman 1933.
                          2
1416. A. pseudo-plata-   26   +   W. R. Taylor 1920, Foster 1933.
      nus L.
1417. A. monspessulanus L. —   —
1418. A. opalus Mill.   —   —

76. *HIPPOCASTANACEAE.*
Chromosomengrundzahl 20 (?)
322. AESCULUS L.

1419. A. hippocastanum L. 20 +   Hoar 1927, Skovsted 1929,
                                  Dobronz 1935, Upcott 1936.

9. UNTERREIHE RHAMNINEAE.
77. *RHAMNACEAE.*
Chromosomengrundzahl?
323. RHAMNUS L.

1420. R. cathartica L.   *12 +   Wulff 1939b.
1421. E. saxatilis Jacq. —   —
1422. R. pumila Turra   —   —
1423. R. fallax Boiss.   —   —
1424. R. frangula L.   *10 +   Rutland 1941.
                           13 +   Wulff 1937b.

78. *VITACEAE.*
Chromosomengrundzahl?
324. Vitis L.

1425. V. vitifera L.   19[1])   +   Kobel 1929a, b, K. Sax 1929, Hirayanagi 1929, Ghimpu 1929 a, 1930, 1941, Christoff 1929, Nebel 1929, 1930, Negrul 1930, Paroiskaja 1930, Baranov u. Rajkova 1930, Husfeld 1932, Branas 1932, Olmo 1937, de Lattin 1940, Araratian 1942.

10. UNTERREIHE BALSAMININEAE.
79. *BALSAMINACEAE.*
Chromosomengrundzahl?
325. Impatiens L.

1426. I. noli-tangere L.   *10   + ?   Winge 1925.
1427. I. parviflora DC.   12   +   Wulff 1934a, b, A. u. D. Löve 1942a, Ehrenberg 1945.
                              13   +   Heitz u. Resende 1936, Ehrenberg 1945.

8. REIHE UMBALLALES.
80. *ARALIACEAE.*
Chromosomengrundzahl (11, ?), 12.
326. Hedera L.

1428. H. helix L.[2])   *ca. 22   +   Oehm 1924.

81. *CORNACEAE.*
Chromosomengrundzahl 9, 11.
327. Cornus L.

1429. C. mas L.   9 +   }   Dermen 1932b, d'Amato 1946, 1948.
                        27   } +
                         2 +   }   d'Amato 1946, 1948.

1430. C. sanguinea L.   11 +   Dermen 1932b, Meurman (bei A. u. D. Löve 1942b.

1431. C. alba L.   11 +   Meurman 1930, Dermen 1932b.
      (incl. C. stolonifera Mich.)

1432. C. suecica L.   11 +   Wulff 1939c.

---

[1]) In Kultur befinden sich auch „triploide" und „tetraploide" Rassen (Nebel 1929, 1930, Branas 1932, Olmo 1937, Stout 1937, Scherz 1940, de Lattin 1940).

[2]) Die var. hibernica Kirchner hat nach Oehm (1924) n = ca. 44, var. colchica (L.) Koch nach Wanscher (1933b) = ca. 60.

82. *HYDROCOTYLACEAE.*
Chromosomengrundzahl 12.
328. Hydrocotyle L.

1433. H. vulgaris L.   *ca. 48   +   Wanscher 1932, 1933b.

83. *UMBELLIFERAE.*
Chromosomengrundzahl (7), 8, (9), 11.
329. Astrantia L.

1434. A. major L.   7 +   Wanscher 1932.
1435. A. bavarica F.   —   —
Schultz
1436. A. carniolica Wulf. —   —

330. Eryngium L.

1437. E. campestre L.   *7 +   Tamamschjan 1933.
1438. E. maritimum L.   8 +   Wulff 1937a, Bowden 1940,
1945b.
1439. E. alpinum L.   8 +   Wanscher 1932.
1440. E. planum L.   8 +   Wanscher 1932, Tamamschjan
1933.

331. Sanicula L.

1441. S. europaea L.   8 +   Wanscher 1931, A. u. D. Löve
1944b.

332. Hacquetia Neck.

1442. H. epipactis (Scop.) *8 +   Wanscher 1933a.
DC.
333. Anthriscus Pers.

1443. A. silvester (L.) Hoffm. 8 +   Petersen 1914, Winge 1917,
Melderis 1930, Wanscher 1931,
Turesson 1938.
                           *9 +   Tamamschjan 1933.
1444. A. nitida (Wahlenb.) —   —
Garcke
1445. A. cerefolium (L.)   9 +   Marchal 1930, Schulz-Gaebel
Hoffm.   1930, Wanscher 1931.
1446. A. vulgaris Pers.   9 +   Wanscher 1931.
(incl. A. neglecta Boiss.
et Reut).
334. Scandix L. em. Adans.

1447. S. pecten-veneris L. 8 +   )   Schulz-Gaebel 1930, Melderis
                              } +   1930, Wanscher 1931, Dou-
)   treligne 1933.
                           *13[1]) +   Tamamschjan 1933.

___

[1]) Die Zahl ist wohl als hypertriploid aufzufassen.

335. Torilis Adans. em. Rchb.

1448. T. japonica (Houtt.) 8 +   Ogawa 1929, Melderis 1930.
DC. (= T. anthriscus
(L.) Gmel.)
1449. T. arvensis (Huds.) —   —
Link
1450. T. nodosa (L.)   *11 +   Wulff 1939b.
Garcke

336. Caucalis L. em. Drude.

1451. C. daucoides L.   10 +   Wanscher 1932.
(= C. lappula (Weber)
Garcke)
1452. C. latifolia L.   16 ?   +   Wanscher 1932.

337. Chaerophyllum L. em. Hoffm.

1453. C. temulum L.   11 +   Wulff 1939b.
1454. C. bulbosum L.   11 +   Schulz-Gaebel 1930, Wanscher
1931.
1455. C. aromaticum L.   11 +   Wanscher 1932.
1456. C. aureum L.   11 +   Schulz-Gaebel 1930.
1457. C. hirsutum L.   11 +   Wanscher 1931.

338. Myrrhis Mill. em. Scop.

1458. M. odorata (L.) Scop. 11 +   Marchal 1920, Schulz-Gaebel
1930, Wanscher 1931.

339. Orlaya Hoffm.

1459. O. grandiflora (L.) —   —
Hoffm.

340. Bifora Hoffm.

1460. B. radians M. Bieb. *11 +   Wanscher 1933a.

341. Smyrnium L.

1461. S. perfoliatum L.   11 +   Wanscher 1932.

342. Conium L.

1462. C. maculatum L.   8 +   Nordheim 1930.
                 11 +   Wanscher 1931, 1932.

343. Pleurospermum Hoffm.

1463. P. austriacum (L.) —   —
Hoffm.

344. Bupleurum L.

1464. B. rotundifolium L. 8 +   Schulz-Gaebel 1930, Tamamschjan 1933.
                 11 +   Melderis 1930.

1465. B. longifolium L.   8 +   Schulz-Gaebel 1930, Wanscher
                                      1931.
1466. B. stellatum L.   —   —
1467. B. junceum L.   —   —
1468. B. affine Sadler   —   —
1469. B. tenuissimum L.   *8 +   Wanscher 1933a, Tarnavschi
                                      1938, Pólya 1948.
1470. B. petraeum L.   —   —
1471. B. ranunculoides L.   —   —
1472. B. falcatum L.   —   —

345. TRINIA HOFFM.

1473. T. glauca (L.) Dum. *9 +   Wanscher 1933a.
1474. T. Kitaibelii M. Bieb.—   —

346. PIMPINELLA L.

1475. P. major (L.) Huds.   9 +   Schulz-Gaebel 1930.
1476. P. saxifraga L. sub- 9 +   ⎫   Schulz-Gaebel 1930, Håkan-
      spec. nigra (Mill.) Gaud.   ⎬ + sson 1933a.
      subspec. eusaxifraga 18   +   ⎭   Håkansson 1933a.
      Thell.

347. SIUM L.

1477. S. erectum Huds.   *9 +   Scheerer 1940.
      (= Berula angustifolia
      Mert. et Koch)
1478. S. latifolium L.   *10 +   Wulff 1938, Ehrenberg 1945.

348. APIUM L.

1479. A. graveolens L.   11 +   Emsweller 1928, Hosono 1930
                                      u. Takahashi 1930 (bei Kihara,
                                      Yamamoto u. Hosono 1931),
                                      Wanscher 1931, Tamamschjan
                                      1933.
1480. A. nodiflorum (L.)   *11 +   Wulff 1939c, Rutland 1941,
      Lag.   Whitaker 1941.
1481. A. inundatum (L.)   *11 +   Scheerer 1939.
      Reichenb.

349. CICUTA L.

1482. C. virosa L.   11 +   ⎫   Ogawa 1929, Melderis 1930,
                                      ⎪   Takahashi 1930 (bei Kihara,
                                      ⎬ + Yamamoto u. Hosono 1931).
                            22   +   ⎭   Melderis 1930.

350. FALCARIA BERNH.

1483. F. vulgaris Bernh.   11 +   Tamamschjan 1933, A. u. D.
                                      Löve 1942a.

351. CARUM L.

1484. C. carvi L.	10	+	Wanscher 1931, Tamamschjan 1933.
	11	+	Schulz-Gaebel 1930, Melderis 1930.
1485. C. verticillatum (L.) Koch	—		—

352. BUNIUM L.

1486. B. bulbocastanum L.	11	+	Schulz-Gaebel 1930.

353. AEGOPODIUM L.

1487. A. podagraria L.	22	+	Melderis 1930.

354. SESELI L.

1488. S. hippomarathrum Jacq.	—		—
1489. S. austriacum (Beck) Wohlf.	—		—
1490. S. Devenyense Simonk.	—		—
1491. S. varium Trevir.	—		—
1492. S. montanum L.	—		—
1493. S. annuum L.	—		—
1494. S. libanotis (L.)Koch (= Libanotis montana Cr.)	11	+	Wanscher 1932.

355. OENANTHE L.

1495. O. fistulosa L.	*11	+	Wulff 1939b.
1496. O. silaifolia M. Bieb.	*11	+	Rutland 1941.
1497. O. peucedanifolia Poll.	—		—
1498. O. Lachenalii C. C. Gmel.	*11	+	Wulff 1937a.
1499. O. aquatica (L.)Poir.	*11	+	Wulff 1938.
1500. O. conioides (Nolte) Lange	—		—
1501. O. fluviatilis (Babingt.) Colem.	—		—

356. AETHUSA L.

1502. A. cynapium L.	10	+	Wanscher 1931, 1932.
	11	+	Schulz-Gaebel 1930.

357. ATHAMANTA L.

1503. A. cretensis L.	—		—
1504. A. Haynaldii Borb. et Uechtr.	—		—

358. Foeniculum Mill.

1505. F. vulgare Mill.   11 +   Ogawa 1929, Melderis 1930,
                                          Tamamschjan 1933.

359. Silaus Bernh.

1506. S. flavescens Bernh. *11 +   Maude 1939, 1940.

360. Meum Mill.

1507. M. athamanticum   11 +   Schulz-Gaebel 1930, Wanscher
Jacqu.   1931.

361. Cnidium Cuss.

1508. C. venosum (Hoffm.) —   —
Koch (= C. dubium
(Schkuhr) Thell.
1509. C. silaifolium (Jacq.) —   —
Simonk.

362. Selinum L. em. Gaertn.

1510. S. carvifolia L.   11 +   Schulz-Gaebel 1930.

363. Ligusticum L.

1511. L. mutellina (L.) Cr. —   —
1512. L. simplex (L.) All. —   —

364. Cenolophium Koch.

1513. C. Fischeri (Spr.)   —   —
Koch

365. Conioselinum Fisch. ex Hoffm.

1514. C. vaginatum (Spr.) —   —
Thell.

366. Angelica L.

1515. A. silvestris L.   11 +   Ogawa 1929, Melderis 1930,
                                          Vaarama (bei A. u. D. Löve)
                                          1948.
1516. A. archangelica L.   11 +   Schulz-Gaebel 1930, Wanscher
                                          1931, A. u. D. Löve 1948,
                                          Vaarama (bei A. u. D. Löve)
                                          1948.

1517. A. palustris (Bess.) —   —
Hoffm.
1518. A. pyrenaea (L.)   —   —
Spreng.

367. Peucedanum L.

1519. P. officinale L.   —   —
1520. P. carvifolia Vill.   —   —
1521. P. alsaticum L.   —   —

1522. P. austriacum   —   —
      (Jacq.) Koch
1523. P. oreoselinum (L.)   11 +   Schulz-Gaebel 1930.
      Moench
1524. P. cervaria (L.)   —   —
      Lapeyr.
1525. P. palustre (L.)   11 +   Schulz-Gaebel 1930, Melderis
      Moench   1930, Ehrenberg 1945.
1526. P. ostruthium (L.)   11 +   Wanscher 1931.
      Koch
1527. P. verticillare (L.) 11 +   Schulz-Gaebel 1930.
      Koch

368. Pastinaca L.

1528. P. sativa L.   11 +   Ogawa 1929, Melderis 1930,
                                                 Yamashita 1930 (bei Kihara,
                                                 Yamamoto u. Hosono 1931),
                                                 Doutreligne 1933, Tamamsch-
                                                 jan 1933.

369. Heracleum L.

1529. H. sphondylium L.   11 +   Wulff 1939b, Maude 1939, 1940.
                          *12 +   Mattick (in litt.) 1949.
1530. H. austriacum L.   —   —

370. Tordylium L.

1531. T. maximum L.   *11 +   Tamamschjan 1933.

371. Laser Borkh.

1532. L. trilobum (L.)   11 +   Wanscher 1932.
      Borkh.

372. Laserpitium L.

1533. L. siler L.   —   —
1534. L. latifolium L.   11 +   Wanscher 1932.
1535. L. peucedanoides   —   —
      Torner
1536. L. archangelica Wulf —   —
1537. L. Halleri Cr.   —   —
1538. L. pruthenicum L.   *11 +   Wulff 1939c.

373. Daucus L.

1539. D. carota L.   9 +   Lindenbein 1932, Tamamsch-
                                                 jan 1933, Skovsted 1939, Maude
                                                 1939, 1940, Hagerup 1941a,
                                                 Vaarama (bei A. u. D. Löve)
                                                 1948, Heiser u. Whitaker 1948.

9. REIHE RUBIALES.

84. *RUBIACEAE.*

Chromosomengrundzahl 9, 11.

374. SHERARDIA L.

1540. S. arvensis L.　　11　+　　　　Homeyer 1932, 1936, Fagerlind 1934, 1937.

375. ASPERULA L.

1541. A. arvensis L.　　11　+　　　　Homeyer 1932, 1936, Fagerlind 1934, 1937.

1542. A. rivalis Sibth. et　*11　+　　　Fagerlind 1937.
Sm. (= A. aparine M. Bieb.)

1543. A. taurina L.　　11　+　　　　Homeyer 1932, 1936, Fagerlind 1934, 1937.

1544. A. Neilreichii Beck　*11　+　　　Fagerlind 1934, 1937.

1545. A. glauca (L.) Bess.[1] 22　　+　　Fagerlind 1934, 1937.

1546. A. odorata L.　　22　　+　　　Homeyer 1932, 1936, Fagerlind 1937.

1547. A. tinctoria L.　　*22　　+　　Fagerlind 1937.

1548. A. cynanchica L.　　$11^{2)}$+　　　Homeyer 1932, 1936.
　　　　　　　　22　　+　$\Big\}$+　Homeyer 1932, 1936, Fagerlind 1934, 1937.

376. GALIUM L.

1549. G. rubrum L.　　*11　+　　　Fagerlind 1934, 1937.

1550. G. silvaticum L.　　11　+　　　Fagerlind 1937, Mattick (in litt.) 1949.

1551. G. lucidum All.　　11　+　　　Homeyer 1932, 1936, Fagerlind 1934, 1937.
(= G. corrudaefolium Vill.)[3]
　　　　　　　　22　　+　$\Big\}$+　Homeyer 1932, 1936, Fagerlind 1934, 1937.

1552. G. meliodorum (Beck)—　　　—
Fritsch

1553. G. aristatum L.　　22　　+　　Fagerlind 1934, 1937.
(= G. laeviga-　*ca. 29　　+　　Mattick (in litt.) 1949.
tum L.)　　ca. 33　　+　　Homeyer 1936.
　　　　　　ca. 44　　+　　Fagerlind 1937.

1554. G. Schultesii Vest.　33　　+　　Fagerlind 1934, 1937.

---

[1] Auf dem Balkan (Nisch, Cetinje) auch diploid gefunden (Fagerlind 1937).
[2] Vielleicht nur die var. montana Willd.
[3] Frau Mattick (in litt. 1949) hat offenbar ein triploides Individuum beobachtet (2 n = 32).

	Chrom.Z.	D.	P.	D+P	Autor
1555. G. mollugo L.[1])	11	+			Homeyer 1932, 1936, Fagerlind 1934, 1937.
	22		+		Homeyer 1932, 1936, Fagerlind 1934, 1937, Mattick (in litt.) 1949.
	$\frac{55}{2}$		+		Fagerlind 1937.
	33		+		Fagerlind 1934, 1937.
1556. G. verum L.[2])	22		+		Homeyer 1932, 1936, Fagerlind 1934, 1937.
1557. G. pumilum Murr.	22		+		Homeyer 1932, 1936, Fagerlind 1937, Mattick (in litt.) 1949.
1558. G. anisophyllum Vill.	*22		+		Fagerlind 1934, 1937, Mattick (in litt.) 1949.
1559. G. saxatile L. (= G. hercynicum Weig.)	*22		+		Fagerlind 1934, 1937.
1560. G. helveticum Weig.	33		+		Homeyer 1932, 1936, Fagerlind 1937.
1561. G. baldense Spr.	*22		+		Fagerlind 1937.
1562. G. rotundifolium L.	*22		+		Fagerlind 1937.
1563. G. trifidum L.	*12	+			Fagerlind 1934, 1937.
1564. G. uliginosum L.	*11	+			Hancock 1942.
	*22		+	+	Homeyer 1932, 1936, Fagerlind 1934, 1937.
1565. G. palustre L. subspec. eupalustre Hay.	12	+			Fagerlind 1934, 1937, Hagerup 1941a, Hancock 1942.
	24		+		Hancock 1942.
	33		+	+	Homeyer 1936.
subspec. elongatum (Presl.) Lge.	48		+		Fagerlind 1934, 1937, Hancock 1942.
var. aparinoides Neum.	ca. 50		+		Fagerlind 1937.
1566. G. boreale L.	*22		+		Fagerlind 1934, 1937.
	33		+		Homeyer 1932, 1936, Turesson 1938.
1567. G. rubioides L.	ca. 33		+		Homeyer 1936.
	ca. 66		+		Fagerlind 1934, 1937.
1568. G. cruciata (L.) Scop.	*11	+			Fagerlind 1934, 1937.
1569. G. pedemontanum (Bell.) All.	*11	+			Fagerlind 1937.
1570. G. vernum Scop.	*22		+		Fagerlind 1934, 1937.
1571. G. valantia Web. (= G. saccharatum All.)	11	+			Homeyer 1932, 1936, Fagerlind 1934, 1937.
1572. G. tricorne Stokes	22		+		Fagerlind 1937.

---

[1]) Frau Mattick (in litt.) 1949 zählte einmal 2 n = 38 und einmal 2 n = ca. 58.

[2]) In Südosteuropa findet sich auch eine Diploidrasse vor (Fagerlind 1934, 1937).

1573. G. parisiense L.   22[1])   +   Homeyer 1932, 1936, Fagerlind 1934, 1937.

                33   +   Fagerlind 1934, 1937.

1574. G. aparine L.   *ca. 22   +   Homeyer 1936.

                ca. 30   +   Fagerlind 1934, 1937.

                ca. 45   +   Fagerlind 1934, 1937.

1575. G. spurium L.[2])   *10   +   )   Fagerlind 1934.
(incl. G. Vaillantii   *22   +   } +   Homeyer 1936.
DC.)   )

85. *CAPRIFOLIACEAE.*

Chromosomengrundzahl 9.

377. Sambucus L.

1576. S. ebulus L.   18   +   Battaglia 1946b, 1948a, Battaglia u. Dolcher 1947.

1577. S. nigra L.   18   +   Lagerberg 1909, v. Bönicke 1911, Winge 1917, 1944, Kleinmann 1923.

1578. S. racemosa L.   18   +   Lagerberg 1909, K. Sax u. Kribs 1930, Winge 1944.

378. Viburnum L.

1579. V. lantana L.   9 +   K. Sax u. Kribs 1930.
1580. V. opulus L.   9 +   K. Sax u. Kribs 1930.

379. Symphoricarpus Boehm.

1581. S. albus (L.)   *ca. 27   +   K. Sax u. Kribs 1930.
Blake (= S. racemosus
Michx.)

380. Lonicera L.

1582. L. xylosteum L.   ca. 9 +   Feng 1934.
1583. L. nigra L.   —   —
1584. L. tatarica L.   9 +   K. Sax u. Kribs 1930.
1585. L. alpigena L.   —   —
1586. L. coerulea L.   9 +   ) +   K. Sax u. Kribs 1930.
                18   +   } +   K. Sax u. Kribs 1930.
1587. L. caprifolium L. ca. 9[3])+   Feng 1934.
1588. L. periclymenum L. *9   +   ) +   Rutland 1941.
              *ca. 18   +   } +   Hagerup 1941a.

---

[1]) Auf Kreta ist auch die diploide Rasse mit n = 11 gefundet (Fagerlind 1934, 1937).

[2]) Die Art wird auch als Abkömmling aus einer Hybridverbindung G. aparine L × G. tricorne Stokes gedeutet (Wünsche-Abromeit 1909 p. 524).

[3]) Det Autor schreibt „ca. 10".

381. Linnaea Gron.

1589. L. borealis L.   *16   +   A. u. D. Löve 1944b, Ehren-
                                                      berg 1945, Vaarama (bei A. u.
                                                      D. Löve) 1948.

86. *ADOXACEAE.*
Chromosomengrundzahl 9.

382. Adoxa L.

1590 A. Moschatellina L.[1]) 18   +   Lagerberg 1909, Geitler 1935,
                                                   1940, Mattick (in litt.) 1949.
                             27   +   Oikawa 1942.

87. *DIPSACACEAE.*
Chromosomengrundzahl 8, 9, 10.

383. Dipsacus L.

1591. D. silvester Huds.	9	+	Kachidze 1929, Sugiura 1942a.
1592. D. laciniatus L.	9	+	Kachidze 1929, Sugiura 1942a.
1593. D. pilosus L.	*9	+	Kachidze 1929.

384. Cephalaria Schrad.

1594. C. transsilvanica (L.) *9   +   Kachidze 1929.
      Schrad.[2])
1595. C. alpina(L.) Schrad. *18   +   Kachidze 1929.

385. Succisa Neck.

1596. S. pratensis Moench 9   +   Sugiura 1943.
                          10   +   Kachidze 1929.
1597. S. inflexa (Kluk)   10   +   v. Széll (in litt.) 1942.
      Jundz.

386. Knautia L.

1598. K. arvensis (L.)   10   +   ⎫   Wulff 1938.
      Coult.   *20   +   ⎬ + Kachidze 1929, Hagerup 1941a,
                                       ⎭   A. u. D. Löve 1944b.
1599. K. longifolia (Waldst.—   —
      et Kit.) Koch
1600. K. gracilis Szabó   —   —
1601. K. silvatica(L.) Duby 8 +   ⎫ + Risse 1926, 1928.
      var.dipsacifoliaGodet 24 +   ⎬   Chiarugi 1927b.
1602. K. drymeia Heuff.   —   —
1603. K. intermedia Pernh.
      et R. v. Wettstein   —   —

---

[1]) Matsuura u. Sutô (1935) zählten in Japan n = 28, Oikawa (1942) auch
    23—29.
[2]) Sugiura (1942a) zählte nur n = 8.

387. SCABIOSA L. EM. COULT.

1604. S. canescens Waldst. et Kit.	8	+	Sugiura 1943, Hagerup 1944a, A. u. D. Löve 1944b.
1605. S. lucida Vill.	8	+	Sugiura 1943.
1606. S. columbaria L.	8	+	Risse 1926, 1928, Kachidze 1929.
1607. S. ochroleuca L.	8	+	Risse 1928, Kachidze 1929, W. Braun 1929, Sugiura 1943.

88. *VALERIANACEAE.*
Chromosomengrundzahl 7, 8.

388. VALERIANA L.

1608. V. officinalis L.[1]   7 +
subspec. exaltata Mikan
(incl. „salina" Plej.)
subspec. collina   14 +
Wallr. u. subspec. nitida
Krey.
— Senjaninova 1927, Protassenja 1930, Runquist 1937, Walther 1949.
+ Meurman 1924, 1925, 1931, Senjaninova 1927, Protassenja 1930, Skalińska 1945, 1946, 1947, Walther 1949.

1609. V. sambucifolia   28   +   Meurman 1924, 1925, 1931, Senjaninova 1927, Runquist 1937, Walther 1949.
Mikan

subspec. procurrens 28   +   Skalińska 1945, 1946, 1947, Walther 1949.
Wallroth

1610. V. elongata Jacq.	—		—
1611. V. celtica L.	—		—
1612. V. supina Ard.	*8	+	Mattick (in litt.) 1949.
1613. V. dioica L.	8	+	Meurman 1924, 1925, Felföldy 1947, Mattick (in litt.) 1949.
1614. V. tripteris L.	*8	+	Mattick (in litt.) 1949.
	*10—15	+	Mattick (in litt.) 1949.
1615. V. saxatilis L.	*12	+	Mattick (in litt.) 1949.
1616. V. montana L.	16	+	Asplund 1920, Mattick (in litt.) 1949.
1617. V. simplicifolia (Rchb.) Kabath	—		—

389. VALERIANELLA MIKAN.

1618. V. eriocarpa Desv.	*7	+	Elvers 1932b.
1619. V. dentata (L.) Poll.	*7	+	Elvers 1932b.

---

[1] Ich folge bei der Einteilung von 1608—1609 im wesentlichen der Veröffentlichung von Frau Walther (1949). Darnach würden alle von Frau Skalińska (1945, 1946, 1947) in England, von Meurman (1924, 1925, 1931) in Finnland, von Frau Senjaninova (1927) in Russland, von Runquist (1937) in Schweden für „V. officinalis" angegebenen 28-chromosomigen Individuen zu sambucifolia resp. procurrens zu rechnen sein. V. sambucifolia kommt nach Frau Walther nur östlich der Elbe, V. procurrens westlich sowie in Grossbritannien vor. Ich habe daher die von Frau Skalińska für „V. sambucifolia" gebrachten Zahlen bei subspec. procurrens aufgeführt.

1620. V. rimosa Bast.   *7   Elvers 1932b.
          (= V. auricula DC.)   +
1621. V. olitoria (L.) Poll. *7 +   Elvers 1932b.
          (= V. locusta (L.) Betk.
1622. V. carinata Loisel.   *9 +   Elvers 1932b.

10. REIHE CONTORTAE.

1. UNTERREIHE GENTIANINEAE.

89. *GENTIANACEAE.*

Chromosomengrundzahl 5, 7, 9 (?).

390. MENYANTHES L.

1623. M. trifoliata L.   27   +   Matsuura u. Sutô 1935, Palm-
                                               gren 1943, A. u. D. Löve
                                               1944b, Rork 1946, 1949, Mattick
                                               (in litt.) 1949.

391. LIMNANTHEMUM S. G. GMEL.

1624. L. nymphaeoides(L.) 18   +   Rork 1949.
      Link (= Nymphaeoides
      peltata (S. G. Gmel.)
      O. K.
                              27   +   Scheerer 1939.

392. CICENDIA ADANS.

1625. C. filiformis(L.) Del. —   —

393. CHLORA ADANS.

1626. C. perfoliata L.   *22   +   Maude 1939, 1940.

394. ERYTHRAEA NECK.

1627. E. centaurium (L.)   21   +   Rork 1946, 1949.
      Pers. (= Centaurium
      umbellatum Gilib.,
      Centaurium minus
      Moench)
1628. E. litoralis Fries   19   +   Wulff 1937a, Warburg (bei
      (= Cent. vulga-   Maude 1939.)
      re Rafn.)   *ca. 28   +   Warburg (bei Maude) 1939.
1629. E. pulchella Fries ca. 17   +   Warburg (bei Maude) 1939.
      (= Cent. pulchel- ca. 19   +   Wulff 1937a.
      lum (Sw.) Druce.   *21   +   Tarnavschi (in litt.) 1943.

395. SWERTIA L.

1630. S. perennis L.[1]   12   +   Wóycicki 1937.

396. GENTIANA L.

1631. G. tenella Rottb.   5 +   Favarger 1949a.
1632. G. nivalis L.   7 +   Favarger 1949a.
1633. G. brachyphylla   *12   +   Mattick (in litt.) 1949.
Vill.
1634. G. pneumonanthe L. 13   +   Scheerer 1939.
1635. G. verna L.   14   +   Mattick (in litt.) 1949, Favarger
1949a.
1636. G. bavarica L.   *14   +   Mattick (in litt.) 1949.
1637. G. Clusii Perr. et   18   +   Favarger 1949a.
Song.[2]
1638. G. Kochiana Perr.[2])18   +   Favarger 1949a.
et Song.
1639. G. campestris L.   18   +   Favarger 1949a.
1640. G. lutea L.   20   +   Favarger 1949a.
21   +   Stolt 1921.
1641. G. purpurea L.   20   +   Favarger 1949a.
1642. G. punctata L. *17—20   +   Mattick (in litt.) 1949.
1643. G. asclepiadea L.   22   +   Rork 1946, 1949, Favarger
1949a.
1644. G. ciliata L.   22   +   Favarger 1949.
1645. G. cruciata L.   26   +   Rork 1946, 1949, Favarger
1949a.
1646. G. anisodonta Borb. *26   +   Mattick (in litt.) 1949.
1647. G. pannonica Scop.   —   —
1648. G. frigida Haenke   13   Sokolovskaja u. Strelkova 1938.
1649. G. Froelichii Jan.   —   —
1650. G. prostrata Haenke   —   —
1651. G. tergestina Beck   —   —
1652. G. orbicularis Schur —   —
1653. G. pumila Jacq.   —   —
1654. G. terglouensis Hacq.—   —
1655. G. utriculosa L.   —   —
1656. G. nana Wulf.   —
1657. G. aspera Hegetschw.—   —
1658. G. germanica Willd.   —   —
1659. G. austriaca A. et J. —   —
Kern.
1660. G. praecox A. et J.   —   —
Kern.
1661. G. amarella L.   —

---

[1] Sakai (1935) zählte bei der japanischen Subspecies cuspidata Maxim. nur
n = 9.
[2] Die beiden Arten unter Nr. 1640 u. 1641 wurden früher als G. acaulis L.
zusammengefasst. Für diese gibt Miss Rork (1946, 1949) bereits 2 n = 36 an.

397. Lomatogonium A. Br.

1662. L. carinthiacum   —   —
(Wulf.) Rchb.

90. *ASCLEPIADACEAE.*
Chromosomengrundzahl 11 (?)

398. Cynanchum L.

1663. C. vincetoxicum (L.) 11 +   Pardi 1933, 1934.
Pers.   12 +   Gieszczykówna 1934, Mattick
(in litt.) 1949.

91. *APOCYNACEAE.*
Chromosomengrundzahl?

399. Vinca L.

1664. V. herbacea Waldst. 23   +   Finn 1928, Bowden 1940,
et Kit.   1945a.
1665. V. minor L.   23   +   Finn 1928, Pannochia-Lay 1938,
1939, Bowden 1940, 1945a,
Rutland 1941.

2. UNTERREIHE OLEINEAE.
92. *OLEACEAE.*
Chromosomengrundzahl 11, 12, 13, 14.
400. Syringa L.

1666. S. vulgaris L.   ca. 23   +   K. Sax 1930, K. Sax u. Abbe
1932.

401. Fraxinus L.

1667. F. ornus L.   —   —
1668. F. excelsior L.   23   +   K. Sax u. Abbe 1932a, Eklundh
(bei A. u. D. Löve) 1942b.

402. Ligustrum L.

1669. L. vulgare L.   23   +   K. Sax u. Abbe 1932.

11. REIHE TUBIFLORAE.
1. UNTERREIHE CONVOLVULINEAE.
93. *CONVOLVULACEAE.*
Chromosomengrundzahl?
403. Convolvulus L.

1670. C. sepium L.   11 +   Kano 1929.
*12 +   Persy 1936, Wolcott 1937,
Felföldy 1947.
1671. C. soldanella L.   11 +   Kano 1929.
1672. C. cantabricus L.   —   —
1673. C. arvensis L.   25   +   Wolcott 1937, Hagerup 1941a.

404. Cuscuta L.

	Chrom.Z.	D.	P.	D+P	Autor
1674. C. epithymum (L.) Murr.	7	+			Fedortschuk 1931, Finn u. Safijowska 1934, Finn 1937, Ehrenberg 1945.
1675. C. trifolii Bab. et Gibs.	—				—
1676. C. europaea L.	7	+			Finn u. Safijowska 1934, Finn 1937.
1677. C. epilinum Weihe	21		+		Finn u. Safijowska 1934, Finn 1937.
1678. C. campestris Yuncker (= C. arvensis Beurich)	28		+		Finn u. Safijowska 1934, Finn 1937, Fogelberg 1938.
1679. C. australis R. Br.	—				—
1680. C. suaveolens Ser.	—				—
1681. C. Gronovii Willd.	30		+		Fogelberg 1938.
1682. C. lupuliformis Krocker	—				—
1683. C. alba Presl.	—				—

94. *POLEMONIACEAE.*
Chromosomengrundzahl 7, 9.
405. Polemonium L.

	Chrom.Z.	D.	P.	D+P	Autor
1684. P. coeruleum L.	9	+			Winge 1923, J. Clausen 1931a, Heitz 1932, Sakai 1935, Flory 1937, Griesinger 1937, Turesson 1938.

406. Collomia Nutt.

	Chrom.Z.	D.	P.	D+P	Autor
1685. C. grandiflora Dougl.	8	+			Flory 1937.

2. UNTERREIHE BORAGININEAE.
95. *HYDROPHYLLACEAE.*
Chromosomengrundzahl?
407. Phacelia Juss.

	Chrom.Z.	D.	P.	D+P	Autor
1686. P. tanacetifolia Benth.	11	+			Sugiura 1931, 1936b, Cave u. Constance 1942, Heiser u. Whitaker 1948.

96. *HELIOTROPIACEAE.*
Chromosomengrundzahl 6.
408. Heliotropium L.

	Chrom.Z.	D.	P.	D+P	Autor
1687. H. europaeum L.	12		+		Svensson 1925.

97. *BORAGINACEAE.*

Chromosomengrundzahl 6, 7, 8, 9.

409. LITHOSPERMUM L.

	Chrom.Z.	D.	P.	D+P	Autor
1688. L. purpureo-coeru- leum L.	—				—
1689. L. officinale L.	14	+			Strey 1931.
1690. L. arvense L.	*12	+			Mattick (in litt.) 1949.
	*14	+			A. u. D. Löve 1944b.

410. ONOSMA L.

1691. O. arenaria Waldst. et Kit.	—				—
1692. O. pseudoarenaria Schur.	—				—
1693. O. Visianii Clementi	—				—

410. ECHIUM L.

1694. E. plantagineum L.	8	+			Strey 1931, Sugiura 1931, 1936 b, de Litardière 1943.
1695. E. italicum L.	*8	+			de Litardière 1943.
1696. E. vulgare L.	*8	+		+	de Litardière 1943.
	16	+			Strey 1931, de Litardière 1943.
1697. E. rubrum Jacq. (= E. rossicum Gmel.)	*12	+			de Litardière 1943.

412. CERINTHE L.

1698. C. glabra Mill.	*9	+			Strey 1931.
1699. C. minor L.	9	+			Strey 1931.

413. MYOSOTIS L.

1700. M. sparsiflora Mikan f.	9	+			Geitler 1936.
1701. M. silvatica (Ehrh.) Hoffm.	*7	+			Sokolovskaja y. Strelkova 1941.
	9	+		+	Geitler 1936, Griesinger 1937, Mattick (in litt.) 1944.
	*12	+			Mattick (in litt.) 1949.
	16	+			Geitler 1936, Griesinger 1937.
1702. M. alpestris Schmidt	*7	+			Mattick (in litt.) 1949.
	12	+			Geitler 1936, Griesinger 1937.
var. lithospermifolia Hornem.	24	+		+	Geitler 1936.
var. suaveolens Waldst. et Kit.	36	+			Geitler 1936.
1703. M. variabilis Angelis var. Kerneri (dalla Torre) Gams	*8	+			Mattick (in litt.) 1949.

1704. M. caespiticia (DC.) 11   +   Geitler 1936, Griesinger 1937.
Kern.[1])
1705. M. palustris (L.)   32   +   Strey 1931, Geitler 1936, Grie-
Nath.[1])   +   singer 1937, A. u. D. Löve
1942a.
1706. M. caespitosa   ca. 40   +   Strey 1931.
K. F. Schultz[1])
1707. M. laxa Lehmann[1]) —   —
1708. M. micrantha   18—20   +   Winge 1917.
Pall. (= M. stricta Link)
1709. M. hispida Schlech- 24   +   Geitler 1936.
tend. (= M collina
Hoffm.)
1710. M. arvensis (L.)   *12   +   Mattick (in litt.) 1949.
Hill. (= M. inter- ca. 24   +   Strey 1931.
media Link)   ca. 27   +   Geitler 1936.
1711. M. versicolor   ca. 30   +   Winge 1917.
(Pers.) Sm.

414. ASPERGUGO L.

1712. A. procumbens L.   —   —

415. ERITRICHIUM SCHRAD.

1713. E. nanum (All.)   —   —
Schrad.

416. LAPPULA MOENCH.

1714. L. myosotis   *ca. 24   +   Strey 1931.
Moench
1715. L. deflexa (Wahlenb.) —   —
Garcke (= Hackelia de
flexa (Wb.) Opiz

417. OMPHALODES.

1716. O. scorpioides   —   —
(Haenke) Schrad.
1717. O. verna Moench   —   —

419. CYNOGLOSSUM L.

1718. C. germanicum   —   —
Jacq.
1719. C. officinale L.   ca. 12   +(?)   Strey 1931.
1720. C. hungaricum Simk. —   —

419. PULMONARIA L.

1721. P. angustifolia L.   7 +   } + Tarnavschi 1935.
14 +   }   Tarnavschi 1935.

---

[1]) Frau Mattick (in litt.) 1949 gibt für die Grossart M. scorpioides L. em.
Hill (= Nr. 1704—1707) die Zahlen 2 n = 18 und 42 an. Es ist nicht
ersichtlich, welche Teilarten sie untersucht hat.

1722. P. officinalis L.	7	+	Strey 1931, Tarnavschi 1935, A. u. D. Löve 1944b, Ehrenberg 1945.
1723. P. obscura Dum.	*7	+	Tarnavschi 1935.
1724. P. tuberosa Schrank	11	+	Tarnavschi 1935.
1725. P. Kerneri R. v. Wettstein	—		—
1726. P. montana Lej.	14	+	Tarnavschi 1935.
1727. P. mollissima Kern.	14	+	Strey 1931, Tarnavschi 1935.
1728. P. stiriaca Kern.	*9	+	Mattick (in litt.) 1949.
	9, 10	+	Tarnavschi 1935.

420. NONEA MEDIK.

1729. N. pulla (L.) DC.	—		—
1730. N. lutea (Desr.) Rchb.	*7	+	Strey 1931, Guşuleac u. Tarnavschi 1935.

421. BORAGO L.

1731. B. officinalis L.	8	+	Strey 1931, Tarnavschi (in litt.) 1943.

422. ANCHUSA L.

1732. A. officinalis L.	8	+	Strey 1931, S. G. Smith 1931, 1932, Levitsky (in litt.) 1934, Sugiura 1939, 1940b, A. u. D. Löve 1944b.
1733. A. Barrelieri (All.) Vitm.	8	+	Strey 1931, S. G. Smith 1931, 1932, Levitsky 1940 b.
1734. A. italica Retz.	*16	+	Strey 1931, S. G. Smith 1931, 1932, Sugiura 1931, 1936b, Levitsky (in litt.) 1934, 1940b.

423. LYCOPSIS L.

1735. L. arvensis L.	ca. 27	+	Svensson 1925.

424. SYMPHYTUM L.

1736. S. tuberosum L.	*9	+	Tarnavschi (in litt.) 1943.
	*ca. 36	+	Strey 1931.
1737. S. officinale L.	ca. 18	+	Strey 1931.
	*24	+	Tarnavschi (in litt.) 1943.
1738. S. asperum Lepechin	*ca. 18	+	Strey 1931.
1739. S. bulbosum K. Schimp.	*36	+	Strey 1931.
	41		Tarnavschi (in litt.) 1943.

3. UNTERREIHE VERBENINEAE.
98. *VERBENACEAE.*
Chromosomengrundzahl?

425. VERBENA L.

1740. V. officinalis L.	7	+	Junell 1934, Noack (in litt.) 1934, 1937, Dermen 1936.

99. *LABIATAE.*

Chromosomengrundzahl 5, 6, 7, 8, 9, 10, 11.

426. MENTHA L.

Die bei Mansfeld als aus wahrscheinlichen Hybridisierungen hervorgegangenen „Arten" führe ich noch nicht auf, da sie m. W. noch nicht genetisch auf ihre Constanz geprüft sind.

	Chrom.Z.	D.	P.	D+P	Autor
1741. M. arvensis L.	*6		+		Junell (bei A. u. D. Löve) 1942b.
	*ca. 30—31		+		Junell (bei A. u. D. Löve) 1942b.
	*32		+		Nagao 1941.
	36		+	+	Schürhoff 1929, Lietz 1930, Ruttle 1931, Junell (bei A. u. D. Löve) 1942b.
	*ca. 45, 46		+		Nagao 1941.
var. piperascens Malinvand	48		+		Ruttle 1931.
1742. M. aquatica L.	18		+		Schürhoff 1929, Lietz 1930.
	ca. 48		+		Ruttle 1931, Junell (bei A. u. D. Löve) 1942b.
1743. M. spicata L. em. Huds.	18		+		Schürhoff 1927, 1929, Nagao 1941, Junell (bei A. u. D. Löve) 1942b.
	24		+		Ruttle 1931, Nagao 1941, Junell (bei A. u. D. Löve) 1942b.
	*42		+		Nagao 1941.
1744. M. longifolia (L.) Nath. (— M. silvestris L.)	9[1]		+		Schürhoff 1927, 1929, Lietz 1930, Heimans 1938.
	12		+		Ruttle 1931, Junell (bei A. u. D. Löve) 1942b.
	*24		+		Nagao 1941.
1745. M. rotundifolia (L.) Huds.	*9[1]		+		Heimans 1938.
	12		+		Ruttle 1931, Nagao 1941, Junell (bei A. u. D. Löve) 1942b.
	27[2]		+		Schürhoff 1929.
1746. M. pulegium L.	10		+	?[3]	Ruttle 1931, Tarnavschi (in litt. 1943).
	20		+	+	Ruttle 1931.
	*23		+		Nagao 1941.

427. LYCOPUS L.

	Chrom.Z.	D.	P.	D+P	Autor
1747. L. europaeus L.	11	+			Ruttle 1932, Ehrenberg 1945.
1748. L. exaltatus L. f.	*11	+			Ruttle 1932.

[1]) Die Individuen mit n = 9 werte ich als Triploide.
[2]) Nur aus Bastardverbindungen erschlossen.
[3]) Ob n = 10 als diploid zu werten ist, hängt davon ab, ob evtl. nicht noch Rassen mit n = 5 vorhanden sind.

428. Thymus L.

1749. T. Marschallianus   *14   +   Jalas 1948.
    Willd.
1750. T. pannonicus All.   —   —
1751. T. oenipontanus H.   —   —
    Braun
1752. T. glabrescens Willd. —   —
1753. T. austriacus Bernh. —   —
1754. T. humifusus Bernh. —   —
    ap. Rchb.
1755. T. praecox Opiz   —   —
1756. T. serpyllum L. em. *12   +   A. u. D. Löve 1942b, Jalas
    Fries   1948.
1757. T. pulegioides L.   *14   +   Jalas 1948, Vaarama (bei Jalas)
                                           1948.
1758. T. Froelichianus   —   —
    Opiz
1759. T. valderius Ronnig —   —
1760. T. alpestris Tausch *14   +   Jalas 1948.
1761. T. alpigenus Kern.   —   —
1762. T. vallicola (H.   —   —
    Braun) Ronnig.
1763. T. polytrichum Kern.—   —
    ap. Boyb.
1764. T. carpaticus Čelak. —   —

429. Origanum L.

1765. O. vulgare L.   *15   +   Rutland 1941.
                          *16   +   Scheerer 1940.

430. Hyssopus L.

1766. H. officinalis L.   —   —

431. Satureja L.

1767. S. hortensis L.   —   —

432. Calamintha Moench.

1768. C. grandiflora (L.) —   —
    Moench
1769. C. nepetoides Jord. —   —
1770. C. subisodonta Borb. —   —
1771. C. officinalis Moench —   —
1772. C. clinopodium   *10 +   Scheerer 1939, A. u. D. Löve
    Moris   1944b.
1773. C. acinos (L.) Clairv. *9 +   Scheerer 1940, A. u. D. Löve
                                          1944b.
1774. C. alpina (L.) Lam. —   —

433. Melissa L.

1775. M. officinalis L.   16   +   de Litardière 1946.

434. Horminum L.

1776. H. pyrenaicum L.   —   —

435. Salvia L.

1777. S. officinalis L.	7 +	Yakovleva 1933, Hrubý 1934a, 1935.
	8 +	Scheel 1931.
1778. S. nemorosa L.	7 +	Hrubý 1934a, 1935, 1941, Benoist 1933.
1779. S. glutinosa L.	8 +	Scheel 1931, Hrubý 1934a, 1935.
1780. S. verticillata L.	8 +	Scheel 1931, Yakovleva 1933, Hrubý 1934a.
1781. S. austriaca Jacq.	9 +	Yakovleva 1933, Hrubý 1934a, Benoist 1937.
1782. S. pratensis L.	9^1)+	Scheel 1931, Yakovleva 1933, Hrubý 1934a, 1941, Benoist 1937, Mattick (in litt.) 1949.
	16 +	Scheel 1931.
1783. S. sclarea L.	11 +	Scheel 1931, Yakovleva 1933, Hrubý 1934a.
1784. S. aethiopis L.	*11 +	Yakovleva 1933.
	12 +	Hrubý 1934a, Felföldy 1947.

436. Stachys L.

1785. S. arvensis L.	5 +	Wulff 1939c, Lang 1940.
1786. S. germanica L.	15 +	Lang 1940.
1787. S. alpina L.	15 +	Lang 1940.
1788. S. recta L.	17 +	Lang 1940.
1789. S. annua L.	17 +	Lang 1940.
1790. S. silvatica L.	*24 +	A. u. D. Löve 1942a.
	33 +	Scheerer 1939, Lang 1940.
1791. S. palustris L.	ca. 32 +	Wulff 1938.
	51 +	Lang 1940.

437. Betonica L.

1792. B. officinalis L.	8 +	Levitsky (in litt.) 1934, 1940b, Turesson 1938, Lang 1940.
1793. B. hirsuta L.	*8 +	Lang 1940.
1794. B. alopecuros L.	8 +	Lang 1940.

438. Galeopsis L.

1795. G. angustifolia Ehrh.	8 +	A. Müntzing 1927, 1930a.
1796. G. ladanum L.	8 +	A. Müntzing 1927, 1930a.
1797. G. ochroleuca Lam.	8 +	A. Müntzing 1927, 1930a.
1798. G. pubescens Bess.	8 +	A. Müntzing 1927, 1930a, b, 1931a, 1941.

[1]) Die var. Tenorii Spreng. zählt nach Sugiura (1936b) n = 10.

1799. G. speciosa Mill.   8 +   A. Müntzing 1927, 1930a, b,
                                            1931a, 1938a, 1941.
1800. G. tetrahit L.[1])   16   +   A. Müntzing 1927, 1930a, b,
                                            1931a, 1932a, b, 1938a, 1941.
1801. G. bifida Boenningh. 16   +   A. Müntzing 1927, 1930a, b,
                                            1931a, 1941.

439. Lamium L.

1802. L. galebdolon (L.) *9 +   ⎞   Turesson 1938.
      Nathorst   18 +   ⎨ + Jörgensen 1927, Turesson 1938.
                                      ⎠
1803. L. orvala L.   9 +   Jörgensen 1927.
1804. L. album L.   9 +   Heitz 1926, Jörgensen 1927,
                                      Turesson 1938.
1805. L. maculatum L.   9 +   Jörgensen 1927, Mattick (in
                                      litt.) 1949.
1806. L. purpureum L.   9 +   Heitz 1926, Jörgensen 1927,
                                      Griesinger 1937, Bernström
                                      1941, 1944.
1807. L. amplexicaule L.   9 +   Jörgensen 1923, 1927, Bern-
                                      ström 1941, 1944.
1808. L. hybridum Vill.   18   + Jörgensen 1923, 1927, Bern-
      em. Gams (incl. L.   ström 1941, 1944.
      intermedium Fries = L.
      molucellifolium Fries) [2])

440. Leonurus L.

1809. L. marrubiastrum L. —   —
1810. L. cardiaca L.   9 +   Wulff 1939b, Rutland 1941,
                                      Tarnavschi (in litt.) 1943.

441. Ballota L.

1811. B. nigra L.   11 +   Wulff 1939b, Rutland 1941.

442. Phlomis L.

1812. P. tuberosa L.   —   —

443. Melittis L.

1813. M. melissophyllum L. —   —

444. Prunella L.

1814. P. vulgaris L.   *14   +   Levitsky 1940b.
                           16   +   Hrubý 1932, Böcher 1940,
                                      Mattick (in litt.) 1949.

---

[1]) A. Müntzing (1930b) hat G. tetrahit als amphidiploiden Bastard aus der
     Kreuzung G. pubescens × speciosa synthetisch dargestellt.
[2]) L. „intermedium" wurde als Amphidiploide aus der Kreuzung L. purpu-
     reum L. × amplexicaule nachgewiesen, L. „hybridum" ist vielleicht aus der
     Kreuzung L. purpureum L. × bifidum Cyr. entstanden. (Bernström 1949).

1815. P. grandiflora (L.)   *14   +   Levitsky 1940b.
      Jacq.   *16   +   Hrubý 1932.
1816. P. laciniata (L.)   *16   +   Hrubý 1932.
      Nath.

445. DRACOCEPHALUM L.

1817. D. Ruyschiana L.   *7 +   A. u. D. Löve 1944b.
1818. D. austriacum L.   —   —
1819. D. moldavicum L.   10 +   Panutina-Muchina 1933.

446. GLECHOMA L.

1820. G. hederacea L. 9^1)   +   Sugiura 1939a, 1940a, Scheerer
                                           1940.
                          *12   +   A. u. D. Löve 1942a.
                          *18   +   Rutland 1941, Felföldy 1947,
                                        Sh. H. Taylor 1949.

447. NEPETA L.

1821. N. cataria L.   16   +   Bushnell 1936.
                           18   +   Sugiura 1937c, 1940a.
1822. N. pannonica L.   —   —
1823. N. grandiflora M.   18   +   Sugiura 1937c, 1940a.
      Bieb.

448. SIDERITIS L.

1824. S. montana L.   ca. 18   +   Scheel 1931.
1825. S. hyssopifolia L.   —   —

449. MARRUBIUM L.

1826. M. vulgare L.   *17   +   Rutland 1941, Tarnavschi (in
                                        litt. 1943), Epling (bei Heiser
                                        u. Whitaker) 1948.
                          *18   +   Wulff 1939c.
1827. M. peregrinum L.   —   —

450. LAVANDULA L.

1828. L. officinalis Chaix   18   +   Laws 1930.
      et Kitt.   *27   +   Garcia 1942.

451. SCUTELLARIA L.

1829. S. galericulata L.   ca. 16   +   Scheel 1931.
1830. S. hastaefolia L.   ca. 16   +   Scheel 1931.
1831. S. minor Huds.   —   —
1832. S. altissima L.   —   —

---

[1]) Ich werte die Zahl 9 als triploid, da nach frdl. Mitteilung von Scheerer der
      Pollen dieser Individuen weitgehend taub war.

452. Teucrium L.

1833. T. botrys L.	*5	+	Junell 1934.
1834. T. montanum L.	—		—
1835. T. chamaedrys L.	—		=
1836. T. scordium L.	—		—
1837. T. scorodonia L.	*16	+	Scheerer 1940.
	*17	+	Rutland 1941.

453. Ajuga L.

1838. A. chamaepitys (L.) Schreb.	*14	+	Rutland 1941.
1839. A. reptans L.	*16	+	Maude 1939, 1940, Scheerer 1940.
1840. A. genevensis L.	*16	+	Scheerer 1940, Mattick (in litt.) 1949.
1841. A. pyramidalis L.	*16	+	A. u. D. Löve 1944b.

4. UNTERREIHE SOLANINEAE.

100. *SOLANACEAE.*

Chromosomengrundzahl (7—11), 12, 17.

454. Lycium L.

1842. L. halimifolium Mill.	12	+	Kostoff u. Kendall 1929.

455. Atropa L.

1843. A. belladonna L.	25	+	Homedes 1943.
	36	+	Marchal 1920, de Vilmorin u. Simonet 1927a, 1928.

456. Scopolia Jacq.

1844. S. carniolica Jacq.	—		—

457. Hyoscyamus L.

1845. H. niger L.	17	+	de Vilmorin u. Simonet 1928, Griesinger 1937, Györffy 1940, A. u. D. Löve 1948.

458. Physalis L.

1846. P. alkekengi L.	12	+	de Vilmorin u. Simonet 1927a, 1928, Yamamoto u. Sakai 1932, Nakajima 1933, Tokunaga 1934.

459. Solanum L.

1847. S. dulcamara L.	12	+	de Vilmorin u. Simonet 1928, Jörgensen 1928a, Datta 1933, Turesson 1938.

| 1848. S. luteum Mill. (= S. villosum Lam.) [1]) | 24 | | + | de Vilmorin u. Simonet 1927a, 1928, Jörgensen u. Crane 1927, Jörgensen 1928a. |
| 1849. S. nigrum L.[2]) | 36 | | + | Winkler 1910, 1916, 1921, 1934, Winge 1925, Stomps 1925, Jörgensen u. Crane 1927, Jörgensen 1928a, de Vilmorin u. Simonet 1927a, 1928, Bhaduri 1933, Tokunaga 1934, Persidsky 1936, Ellison 1936, Nakamura 1937, Nishimura 1939. |

460. DATURA L.

| 1850. D. stramonium L. | 12 | + | | v. Bönicke 1911, O'Neal 1920, Blakeslee, Belling u. Farnham 1920, Blakeslee 1922, 1931, 1932, 1934 etc.[3]) Belling u. Blakeslee 1923, 1924[3]), Blakeslee u. Belling 1924a, b, etc.[3]), Glišic 1928, Levitsky 1930, 1931a, Yamamoto u. Sakai 1932, Tokunaga 1934. |
| | 24 | + | + | Blakeslee, Belling u. Farnham 1920, 1923, Blakeslee 1922, 1928, 1931, 1932, 1934 etc.[3]), Belling u. Blakeslee 1923, 1924[3]), Blakeslee u. Belling 1924a, b etc.[3]), Davenport 1924, Belling 1925. |

101. *SCROPHULARIACEAE.*
Chromosomengrundzahl 6, 7, 8, 9, 10, 11, 12.

461. VERBASCUM L.

1851. V. nigrum L.	15		+	Håkansson 1926.
1852. V. Hinkei Friv.	—			—
1853. V. blattaria L.	15		+	Håkansson 1926.
	16		+	Perino (bei Tischler) 1915.
1854. V. austriacum Schott	16[4])		+	Håkansson 1926.
1855. V. lychnitis L.	16		+	Håkansson 1926.

---

[1]) Das zur Gesamtart von S. villosum gehörende S. sarachoides Sandt ist nach Stebbins (mitgeteilt von Heiser u. Whitaker 1948) diploid mit 2 n = 24.

[2]) Nakamura (1937) fand in Japan bei dem zur Gesamtart S. nigrum gehörenden S. photeinocarpum Nakam. n = 12. Ebenso werden S. Douglasii Dunch. und S. nodiflorum Jacq. (n = 12) nach Paddock (1943) und Stebbins (mitgeteilt von Heiser u. Whitaker) 1948 zur Gesamtart von S. nigrum gerechnet.

[3]) Die zahlreichen Arbeiten der Cold Spring Harbor-Schule über D. stramonium sind nicht sämtlich aufgeführt, vor allem auch nicht die Daten über aneuploide Rassen.

[4]) Erschlossen aus Bastardverbindungen.

	Chrom.Z.	D.	P.	D+P	Autor
1856. V. pulverulentum Vill.	16			+	Perino (bei Tischler) 1915.
1857. V. speciosum Schrad.	—				—
1858. V. phlomoides L.	16			+	Perino (bei Tischler) 1915, Nikolajeva 1925, Håkansson 1926.
1859. V. crassifolium Lam. et DC. (= V. montanum Schrad.)	16			+	Schmid 1906.
1860. V. thapsiforme Schrad.	*16			+	Håkansson 1926.
1861. V. thapsus L.	18			+	Håkansson 1926.
1862. V. phoeniceum L.	16			+	Perino (bei Tischler) 1915, Håkansson 1926, J. W. C. Lawrence 1930, Matsuura u. Sutô 1935.
	*18			+	J. W. C. Lawrence 1932.

462. Scrophularia L.

	Chrom.Z.	D.	P.	D+P	Autor
1863. S. nodosa L.	18			+	Scheerer 1939, A. u. D. Löve 1944b.
1864. S. alata Gilib. (= S. aquatica L. p. p., = S. umbrosa Dum.)	*ca. 26 *40			+ +	Scheerer 1940. Maude 1939, 1940.
1865. S. auriculata L. (= S. aquatica L. p. p.)	—				—
1866. S. vernalis L.	20			+	Håkansson 1926.
1867. S. Scopolii Hoppe	—				—
1868. S. canina L.	—				—
1869. S. Hoppei Koch	—				—

463. Antirrhinum L.

	Chrom.Z.	D.	P.	D+P	Autor
1870. A. majus L.[1])	8			+	Tischler 1920, 1921/22, Belling (in litt.) 1922, Winge 1925, Heitz 1926, 1927a, b, Stein 1926, 1927, 1932, 1933 etc., de Vilmorin u. Simonet 1927b, Chittenden 1928a, Baur 1932, Schick 1934, Stubbe 1934, 1938, Noethling u. Stubbe 1934, Propach 1934, Kutscher 1935, Ernst 1938, 1939, 1941, Straub 1939, Kaplan 1939, Marquardt u. Ernst 1940, Resende 1940, Györffy 1940, Emsweller u. Ruttle 1941.

---

[1]) Ueber in Kulturen aufgetretene aneuploide Rassen vgl. namentlich Noethling u. Stubbe (1934), Stubbe (1934), Propach (1935), Ernst (1941) sowie Emsweller u. Ruttle (1941).

1871. A. orontium L.   *8 +   Heitz 1926, 1927a, b, Battaglia 1941.

464. LINARIA MILL.

1872. L. alpina (L.) Mill. 6 +   Heitz 1926, 1927a, Mattick (in litt.) 1949, Favarger 1949b.
1873. L. repens (L.) Mill. 6 +   Tjebbes 1928.
em. Huds.
1874. L. arvensis (L.) Desf. *6 +   Heitz 1927a.
1875. L. odora Chav.   *6 +   Scheerer (mdl.) 1940.
1876. L. vulgaris (L.) Mill. 6 +   Heitz 1926, 1927a, Tjebbes 1928, J. W. C. Lawrence 1930, East 1933, Ehrenberg 1945, Vaarama (bei A. u. D. Löve) 1948.
1877. L. genistaefolia (L.) 6 +   Heitz 1927a, Tjebbes 1928, Titova 1935.
Mill.[1])
1878. L. cymbalaria (L.)   7 +   Heitz 1926, 1927a, b, East 1933.
Mill.

465. KICKXIA DUM.

1879. K. elatine (L.) Dum. 9 + } + Bruun 1932b.
*18   + }   Wulff 1939b.
1880. K. spuria (L.)   *7—8 +   Heitz 1927a.
Dum.

466. CHAENORRHINUM RCHB.

1881. Ch. minus (L.) Lange —   —

467. ANARRHINUM DESF.

1882. A. bellidifolium (L.) *9 +   Heitz 1927a.
Desf.

468. MIMULUS L.

1883. M. guttatus DC.   *24   +   Maude 1939, 1940.
1884. M. moschatus Dougl.—   —

469. GRATIOLA L.

1885. G. officinalis L.   16   +   Scheerer 1939.

470. LIMOSELLA L.

1886. L. aquatica L.   20[2])   +   Blackburn (bei Vachell u. Blackburn) 1939, A. u. D. Löve 1944b.

471. LINDERNIA ALL.

1887. L. pyxidaria All.   —   —

---

[1]) Sugiura (1943) zählte in Japan auch n = 9.
[2]) Demgegenüber ist die Zahl n = 18 (Svensson 1928) wohl irrig.

472. DIGITALIS L.

1888. D. purpurea L.	28	+	Buxton u. Newton 1928, Huskins 1928, Michaelis 1931, Buxton u. Dark 1934, Regnart 1935, Sakai 1935, Yakar 1945, Berkeley 1946, Linnert (in litt.) 1949.
1889. D. grandiflora Mill. (= D. ambigua Murr.)	28	+	Buxton u. Newton 1928, Huskins 1928, Michaelis 1931, Haase-Bessell 1932, Buxton u. Dark 1934, Linnert (in litt.) 1949.
1890. D. lutea L.	56	+	Buxton u. Dark 1934, Linnert (in litt.) 1949.

473. ERINUS L.

1891. E. alpinus L.	—		—

474. WULFENIA JACQ.

1892. W. carinthiaca Jacq.	—		—

475. VERONICA L.

1893. V. serpyllifolia L.	7	+	Simonet 1934b, Hofelich 1935, Mattick (in litt.) 1949.
	*14	+	Mattick (in litt.) 1949.
1894. V. acinifolia L.	7	+	Hofelich 1935.
1895. V. triphyllos L.	7	+	Hofelich 1935.
1896. V. praecox All.	9	+	Hofelich 1935.
1897. V. polita Fries	7	+	Huber 1927, Beatus 1936b.
1898. V. filiformis Sm.	7	+	Simonet 1934b, Beatus 1936b, Lehmann 1944.
1899. V. agrestis L.	7	+	Yamashita 1937.
	14	+	Beatus 1936b, c, Wulff 1937b.
1900. V. opaca Fries	14	+	Beatus 1936b.
1901. V. persica Poir.	14	+	Huber 1927, Beatus 1934, 1936 b, c, Simonet 1934b, Yamashita 1937.
1902. V. hederaefolia L.	28	+	Hofelich 1935.
1903. V. arvensis L.	7	+	Yamashita 1937.
	8	+	Heitz 1926, Hofelich 1935.
1904. V. verna L.	8	+	Hofelich 1935.
1905. V. Dillenii Cr.	8	+	Hofelich 1935.
1906. V. peregrina L.	26	+	Hofelich 1935.
1907. V. fruticulosa Jacq.	8	+	Simonet 1934b, Beatus 1936a.
1908. V. fruticans Jacq.	8	+	Huber 1927, Simonet 1934b, Harmsen (bei A. u. D. Löve) 1948, Mattick (in litt.) 1949.
1909. V. bellidioides L.	*9	+	Mattick (in litt.) 1949.

Chrom.Z.	D.	P.	D+P	Autor
1910. V. alpina L. — 9	+			Böcher 1938b, Maude 1939, 1940, A. u. D. Löve 1944b, Mattick (in litt.) 1949, Favarger 1949b.
1911. V. prostrata L. — 8	+		+	Scheerer 1937, Mattick (in litt.) 1949.
— 16		+		Huber 1927, Simonet 1934b, Scheerer 1937.
1912. V. austriaca L.[1] — 24		+		Scheerer 1937.
1913. V. teucrium L. subspec. pseudochamaedrys (Jacq.) Nym. — 32		+		Scheerer 1937.
subspec. typica — 34		+		Simonet 1934b.
1914. V. chamaedrys L. — *8	+		+	Mattick (in litt.) 1949.
— 16		+		Simonet 1934b, A. u. D. Löve 1944b.
1915. V. latifolia L. — *8	+			Mattick (in litt.) 1949.
1916. V. montana Juslen — 9	+			Simonet 1934b, Maude 1939, 1940.
1917. V. scutellata L. — 9	+			Scheerer 1939, Hagerup (bei A. u. D. Löve) 1942b, 1944a.
1918. V. officinalis L.[2] — 9	+		+	Böcher 1944.
— 18		+		Böcher 1944.
1919. V. aphylla L. — —				—
1920. V. anagalloides Giese — 9	+			Schlenker 1937.
1921. V. beccabunga L. — 9	+			Huber 1927, Simonet 1934b, Schlenker 1937, Ehrenberg 1945, Mattick (in litt.) 1949.
1922. V. anagallis-aquatica L. — 18		+		Schlenker 1937, Ehrenberg 1945.
1923. V. comosa Richt. (= V. aquatica Bernh.) — 18		+		Schlenker 1937.
1924. V. scardica Griseb. — —				—
1925. V. lutea (Scop.) R. v. Wettst. — —				—
1926. V. bonarota L. — —				—
1927. V. spuria L. — 17		+		Graze 1933, Simonet 1934b.
1928. V. longifolia L.[3] — 34		+		Huber 1927, Simonet 1934b, Graze 1933, 1935.

[1] Die subspec. orbiculata Maly aus Kroatien hat $n = 16$ (Scheerer 1937). Scheerer (1949) glaubt, dass die im Gebiet vorkommende subspec. dentata ($n = 24$) durch Kreuzung von V. teucrium × prostrata ($32 \times 16 = 48$) entstanden sei.

[2] Huber (1927) hat auch bis zu $2n = 37$, Simonet (1934b) $2n = 34$ aufgefunden.

[3] Die auch als eigene Species betrachtete subspec. maritima L. (aus Ungarn und Schweden), besitzt $n = 17$ (Graze 1933, 1935), subspec. ticinensis Poll. aus Italien die gleiche Zahl. (Graze 1933). Die subspec. japonica Makino ($n = 17$ Graze 1935) gehört nach frdl. Mitt. von Collegen Suessenguth zu V. virginica L.-Für V. longifolia zählten Huber (1927) u. Simonet (1934b) auch $n = 32$, Graze (1935) $n = 36$.

1929. V. spicata L.[1])   34   +   Graze 1933, Simonet 1934b.

476. Bartschia L.

1930. B. alpina L.   *6 +   ⎫   Mattick (in litt.) 1949.
                          12   + ⎬ + v. Witsch 1932, Mattick (in litt.) 1949.
                          18   + ⎭   Doulat 1946, 1947.

477. Odontites Zinn.

1931. O. lutea (L.) Stev.   10 +   v. Witsch 1932.
1932. O. litoralis Fries   10 +   Rottgardt (mdl.) 1949.
1933. O. serotina Vollm.   10 +   v. Witsch 1932, Rottgardt (mdl.) 1949.
1934. O. verna Bell.   20   +   v. Witsch 1932.

478. Euphrasia L.

1935. E. tatarica Fisch   —   —
1936. E. stricta Host.   —   —
1937. E. brevipila Burn.   11 +   v. Witsch 1932.
      et Gremli (= E. mon-
      tana Fries)
1938. E. curta (Fries) R.   —   —
      v. Wettst.
1939. E. coerulea Tausch   —   —
1940. E. nemorosa Pers.   —   —
      (= E. nitidula Reut.)
1941. E. gracilis Fries   —   —
      (=E. micrantha Reichb.)
1942. E. minima Jacq.   22   +   v. Witsch 1932.
1943. E. tatrae R. v. Wettst.—   —
1944. E. drosocalyx Freyn   —   —
1945. E. pulchella Kern.   —   —
1946. E. hirtella Jord.   —   —
1947. E. Rostkoviana   11 +   v. Witsch 1932.
      Hayne.
1948. E. Kerneri R. v.   —   —
      Wettst.
1949. E. picta Wimm.   —   —
1950. E. versicolor Kern.   —   —
1951. E. salisburgensis   22   +   v. Witsch 1932.
      Hoppe
1952. E. cuspidata Host.   —   —

479. Rhinanthus L.

1953. R. alectorolophus   7 +   Wilke 1930, v. Witsch 1932,
      (Scop.) Poll. (= Alec-   Mattick (in litt.) 1949.
      torolophus hirsutus
      (Lam.) All.

---

[1]) Graze (1933) deckte aus dem Wallis auch eine Rasse mit n = 17 auf, Huber
(1927) und Simonet (1934b) fanden daneben Individuen mit n = 32.

1954. R. rumelicus Velen. —   —
1955. R. glaber Lam.   7 +   Fagerlind 1936, Wulff 1937b,
      (= Rh. major Ehrh.   1939b, Mattick (in litt.) 1949.
      incl. Rh. serotinus
      Schönh.[1])
1956. R. pulcher Schum.   —   —
1957. R. alpinus Baumg.   —   —
1958. R. angustifolius   7 +   v. Witsch 1932, Mattick (in
      Gmel.   litt.) 1949.
1959. R. minor L.   7 +   v. Witsch 1932, Mattick (in
                                        litt.) 1949.

480. Pedicularis L.

1960. P. tuberosa L.   8 +   v. Witsch 1932, Mattick (in
                                        litt.) 1949.
1961. P. elongata Kern.   —   —
1962. P. rostrato-spicata   *8 +   Mattick (in litt.) 1949.
      Cr.
1963. P. rostrato-capitata *8 +   Mattick (in litt.) 1949.
      Cr.
1964. P. Kerneri Dalla   —   —
      Torre
1965. P. aspleniifolia   *8 +   Mattick (in litt.) 1949.
      Floerk.
1966. P. Portenschlagii   —   —
      Saut.
1967. P. verticillata L.   —   —
1968. P. palustris L.   8 +   v. Witsch 1932, Mattick (in
                                        litt.) 1949.
1969. P. silvatica L.   8 +   A. u. D. Löve 1944b.
1970. P. sudetica Willd.   —   —
1971. P. exaltata Bess.   —   —
1972. P. Hacquetii Graf.   —   —
1973. P. foliosa L.   8 +   v. Witsch 1932, Mattick (in
                                        litt.) 1949.
1974. P. recutita L.   *8 +   Mattick (in litt.) 1949.
1975. P. sceptrum-Caroli-   —   —
      num L.
1976. P. rosea Wulf.   —   —
1977. P. Oederi Vahl   *8 +   Knaben (bei A. u. D. Löve)
                                        1948, Mattick (in litt.) 1949.

481. Melampyrum L.

1978. M. arvense L.   9 +   v. Witsch 1932.
1979. M. barbatum   —   —
      Waldst. et Kit.
1980. M. cristatum L.   —   —

---

[1] Fagerlind (1936) und Wulff (1939b) sahen daneben noch 4 „Mikrochromo-
somen", die jedenfalls Fragmentcharakter besitzen.

1981. M. nemorosum L.	—			—
1982. M. subalpinum (Juratzka) Kern.	—			—
1983. M. bohemicum Kern.	—			—
1984. M. polonicum (Beauv.) v. Sóo	—			—
1985. M. silvaticum L.	9	+		v. Witsch 1932, Mattick (in litt.) 1949.
1986. M. pratense L.	9	+		v. Witsch 1932.

482. Tozzia L.

1987. T. alpina L.	10	+		v. Witsch 1932, Mattick (in litt.) 1949.

483. Lathraea L.

1988. L. squamaria L.	18	+		v. Witsch 1932.
	21	+		Gates u. Latter 1927.

102. OROBANCHACEAE.

Chromosomengrundzahl 19 (?)

484. Orobanche L.

1989. O. ramosa L.	—			—
1990. O. caesia Rchb.	—			—
1991. O. purpurea Jacqu.	—			—
1992. O. arenaria Borkh.	—			—
1993. O. coerulescens Steph.	—			—
1994. O. vulgaris Poir.	—			—
1995. O. Teucrii Holandre	—			—
1996. O. lutea Baumg.	—			—
1997. O. major L.	—			—
1998. O. laserpitii-sileris Reut.	—			—
1999. O. alsatica Kirschl.	—			—
2000. O. flava Mart.	—			—
2001. O. salviae F. W. Schultz	—			—
2002. O. lucorum A. Br.	19	+		Palmgren 1943.
2003. O. rapum-genistae Thuill.	—			—
2004. O. gracilis Sm.	—			—
2005. O. alba Steph.	—			—
2006. O. reticulata Wallr.	—			—
2007. O. amethystea Thuill.	—			—
2008. O. loricata Rchb.	—			—
2009. O. picridis F. W. Schultz	—			—

2010. O. minor Sm.   19 +   Carter 1928.
2011. O. hederae Duby   —   —

103. *LENTIBULARIACEAE* [1]).

Chromosomengrundzahl?

485. Pinguicula L.

2012. P. alpina L.   *16   +   A. u. D. Löve 1944b, Doulat 1947.

2013. P. norica Beck.   —   —
2014. P. vulgaris L.   *32   +   A. u. D. Löve 1944b, Doulat 1947.

2015. P. leptoceras Rchb. —   —

486. Utricularia L.

2016. U. vulgaris L.   —   —
2017. U. neglecta Lehm.   —   —
2018. U. Bremii Heer   —   —
2019. U. minor L.   —   —
2020. U. intermedia Hayne —   —
2021. U. ochroleuca   —   —
Hartm.

104. *GLOBULARIACEAE.*

Chromosomengrundzahl?

487. Globularia L.

2022. G. Willkommii   *8 +   A. u. D. Löve 1944b.
Nyman
(= vulgaris L. em.
Nyman)
2023. G. cordifolia L.   10 +   Sugiura 1936a, 1937a, Mattick (in litt.) 1949.

2024. G. meridionalis   —   —
(Podp.) Schwarz
2025. G. nudicaulis L.   —

5. UNTERREIHE PLANTAGINEAE.
105. *PLANTAGINACEAE.*

Chromosomengrundzahl 6.

488. Plantago L.

2026. P. coronopus L.   *5 +   Mac Cullagh 1934, A. u. D. Löve 1944b.

---

[1]) Die Familie zeigt Centrospermie. Auch serologisch glaubt die Schule von Mez sie von der Verwandtschaft der Tubifloren fortnehmen zu können und den Centrospermen anschliessen zu sollen. Ich habe mich mangels serologischer Nachprüfung mit verbesserter Methodik noch nicht zu der Umstellung entschliessen können.

	Chrom.Z.	D	P	D+P	Autor
2027. P. major L.[1]	6		+		Ekstrand 1918, Heitz 1927a, Levitsky 1928, Mac Cullagh 1934, Resende 1937, Turesson 1938, Negodi 1941, Doulat 1943, Vaarama (bei A. u. D. Löve) 1948, Heiser u. Whitaker 1948, Pólya 1948, Gripenberg (in litt.) A. Löve 1948.
2028. P. media L.	12			+	Mac Cullagh 1934, Sugiura 1937c, 1940a, Turesson 1938.
2029. P. lanceolata L.[2]	6		+		Němec 1910, 1930, Tjebbes 1928, Nakajima 1930, Mac Cullagh 1934, G. O. Cooper 1942, Doulat 1943, Böcher 1943a, Pólya (bei v. Sóo) 1947, 1948, Heiser u. Whitaker 1948, Mattick (in litt.) 1949.
2030. P. altissima L.	*ca. 48			+	Mac Cullagh 1934.
2031. P. atrata Hoppe (= P. montana Lam.)	*6		+		Heitz 1927a, Mac Cullagh 1934.
2032. P. tenuiflora Waldst. et Kit.	*12			+	Titova 1935, Tarnavschi 1938.
2033. P. maritima L.	6			+	Ekstrand 1918, Mac Cullagh 1934, Wulff 1937a, Griesinger 1937, Tarnavschi 1938, Gregor 1939, Scheerer 1940, Hagerup 1941a, Earnshaw 1942, Pólya 1948, A. Löve (in litt.) 1949.
	12			+	Gregor 1939, Earnshaw 1942.
2034. P. serpentina All.	6		+		Earnshaw 1942.
2035. P. sempervirens Cr. (= P. cynops L.)	*6		+		Ekstrand 1918, Mac Cullagh 1934.
2036. P. arenaria Waldst. et Kit. (= P. indica L.)	*6		+		Heitz 1927a, Mac Cullagh 1934.
2037. P. alpina L.	*6		+		Doulat 1947.
	12		+	+	Heitz 1927a, Mac Cullagh 1934, Griesinger 1937, Earnshaw 1942.

489. LITORELLA L.

	Chrom.Z.	D	P	D+P	Autor
2038. L. uniflora (L.) Asch.	*12			+	Wulff 1939b, A. u. D. Löve 1942a.

---

[1] In Japan sind auch Rassen mit n = 12 gefunden worden (Miyaji bei Ishikawa 1916), Sinotô 1925, Takahashi 1930 (bei Kihara, Yamamoto u. Hosono 1931). In Europa zählte bisher nur Frau Mattick (in litt. 1949) bei einem Individuum 2 n = 28—30.

[2] Die var. d'Urvilleana Mac Cullaghs (1934) mit n = 12 gehört nach Böcher (1943a) wahrscheinlich zu P. media L.

12. REIHE SYNANDRAE.

106. *CAMPANULACEAE.*

Chromosomengrundzahl (6), 8, 10 (?)

Die Zahl 17 ist wohl amphidiploid entstanden, trotzdem der Nachweis
bis jetzt nicht erbracht wurde.

490. CAMPANULA L.

	Chrom.Z.	D+P	Autor
2039. C. persicifolia L.[1])	8	+	Marchal 1920, Gairdner 1926, de Souza Violante 1929, Gairdner u. Darlington 1930, 1932, Straub 1936, 1937, Darlington u. Gairdner 1937, Sugiura 1939 a, Wiebalck 1940.
2040. C. patula L.	10	+	Rutland 1941, Vaarama (bei A. u. D. Löve) 1948.
	*ca. 25	+	Mattick (in litt.) 1949.
2041. C. rapunculus L.[2])	10	+	Armand 1912, Marchal 1920.
2042. C. cenisia L.	—		—
2043. C. Zoysii Wulf.	—		—
2044. C. alpina Jacq.	—		—
2045. C. spicata L.	—		—
2046. C. cervicaria L.	13	+	Sugiura 1942b.
2047. C. glomerata L.	15	+	Griesinger 1937, Mattick (in litt.) 1949.
	17	+	Marchal 1920.
	34	+	Sugiura 1939a, 1942b.
2048. C. barbata L.	17	+	Marchal 1920, A. u. D. Löve 1944b, Mattick (in litt.) 1949.
2049. C. thyrsoidea L.[3])	17	+	Rosén 1931.
2050. C. bononiensis L.	17	+	Rosén 1931, Sugiura 1939a, 1942b.
2051. C. trachelium L.	17	+	Marchal 1920, Sugiura 1939a, 1942b, A. u. D. Löve 1944b.
2052. C. latifolia L.	17	+	Marchal 1920, de Vilmorin u. Simonet 1927b, Sugiura 1939a, 1942b, A. u. D. Löve 1944b.
2053. C. ceaspitosa Scop.	17	+	Marchal 1920.
	34	+	Sugiura 1941, 1942b.
2054. C. pusilla Haenke (= C. cochleariaefolia Lam.)	17	+	Marchal 1920, Mattick (in litt.) 1949.
	34	+	Sugiura 1940d, 1942b.

---

[1]) In Gartenkulturen finden sich auch tetraploide Rassen (Gairdner 1926, Gairdner u. Darlington 1932); ferner sahen Darlington u. Gairdner (bei Darlington u. Janaki-Ammal) 1945 auch Individuen mit 2 n = 17 u. 18.

[2]) Sugiura (1937b) zählte an japanischem Material n = 51. Es dürfte eine Verwechselung mit C. rapunculoides L. vorliegen.

[3]) Sugiura (1939a) zählte in Japan n = 24.

2055. C. rhomboidalis L.   17   +   Sugiura 1939a, 1942b, Favarger 1949b.

2056. C. rotundifolia L.[1])   34   +   Marchal 1920, Böcher 1936, 1938b, Sugiura 1939a, 1942b, Guinochet 1942, Vaarama (bei A. u. D. Löve) 1948.

2057. C. pulla L.   34   +   Sugiura 1939a, 1942b.

2058. C. Scheuchzeri Vill. 34   +   Böcher 1936, Sugiura 1940d, 1942b.

2059. C. Kladniana (Schur) 34   +   Sugiura 1942b.
Witasek

2060. C. linifolia Scop.   —   —

2061. C. Beckiana Hay.   34   +   Marchal 1920, Sugiura 1941, 1942b.
(= C. Hostii Witos)

2062. C. Baumgarteni   —   —
Becker

2063. C. sibirica L.   51   +   Sugiura 1942b.

2064. C. rapunculoides L.   51   +   Marchal 1920, de Vilmorin u. Simonet 1927b, Belling (in litt.) 1927, Sugiura 1939a, 1942 b, A. u. D. Löve 1944b.

491. ADENOPHORA FISCH.

2065. A. liliifolia (L.) Bess. 17   +   Modilewski 1934.
                                51   +   Sugiura 1941, 1942b.

492. SPECULARIA A. DC.

2066. S. speculum (L.)   10 +   Marchal 1920, Sugiura 1940d, DC.[2])   1942b.

2067. S. hybrida (L.) DC.   10 +   Sugiura 1940d, 1942b, Rutland 1941.

493. PHYTEUMA L.

2068. P. hemisphaericum   *8   +   } + Mattick (in litt.) 1949.
L.   *12 +   }   Mattick (in litt.) 1949.

2069. P. orbiculare L.   *12 +   Mattick (in litt.) 1949.
                             13   +   Sugiura 1942a.

2070. P. ovatum Honck.   13   +   Sugiura 1941, 1942b.
(= P. Halleri All.)

2071. P. nigrum F. W.   13   +   Sugiura 1941, 1942b.
Schmidt

2072. P. globulariae-   *12 +   Mattick (in litt.) 1949.
folium Sternb. et Hoppe

2073. P. spicatum L.   18   +   Armand 1912.

2074. P. Scheuchzeri All.   18   +   Rosén 1931.

---

[1])   Böcher (1936) und Flovik (1940) fanden im hohen Norden auch Rassen mit n = 17, desgleichen Guinochet (1942) in den Seealpen.
[2])   Koller (bei Darlington u. Janaki-Ammal) 1945 zählte 2 n = 14.

2075. P. betonicaefolium —   —
     Vill.
2076. P. Zahlbruckneri —   —
     Vest.
2077. P. Sieberi Spr.   —   —
2078. P. nanum Schur   —   —
2079. P. pedemontanum —   —
     R. Schulz
2080. P. comosum L.   —   —

494. WAHLENBERGIA SCHRAD.

2081. W. hederacea (L.)   —   —
     Rchb.

495. JASIONE L.

2082. J. montana L.   6 +   Rosén 1931, Poddubnaja-Ar-
                                 noldi 1933b, Wulff 1937a, Su-
                                 giura 1940d, 1942b.
             7 +   Wulff 1937a.

496. LOBELIA L.

2083. L. Dortmanna L. 8^1)+   Armand 1912.

107. *COMPOSITAE.*

Chromosomengrundzahl 4, 5, 7, 8, 9, 10, 12, 17.

497. EUPATORIUM L.

2084. E. cannabinum L.   10 +   Holmgren 1919, A. u. D. Löve
                                 1942a, Felföldy 1947.

498. ADENOSTYLES CASS.

2085. A. glabra (Mill.) DC. 19   +   Langlet 1936.
2086. A. alliariae (Gouan) 19   +   Langlet 1925, 1936.
     Kern. (= A. albifrons
     (L. f.) Rchb.)

499. SOLIDAGO L.

2087. S. virgaurea L.   9 +   Turesson 1938, Scheerer 1939,
                                 A. u. D. Löve 1948, Mattick
                                 (in litt.) 1949.
2088. S. canadensis L.   9 +   Carano 1921.
2089. S. gigantea Ait.   —   —
2090. S. graminifolia (L.) —   —
     Elliot

---

[1]) Da sämtliche Verwandte n = 7 zählen, wäre n = 8 wohl nachzuprüfen.

500. Bellis L.

2091. B. perennis L.   9 +   Ishikawa 1911, Winge 1917, Heitz 1926, Bolton (in litt. Blackburn) 1934, Negodi 1935, 1936c, Felföldy 1947.

501. Aster L.

2092. A. novae-Angliae L. 5 +   Carano 1921, Morinaga u. Fukushima 1931, Delisle 1937, Negodi 1938b, Wetmore u. Delisle 1939, Annen 1945.

2093. A. tripolium L.   9 +   Tahara u. Shimotomai 1926, Negodi 1938b, Tarnavschi 1938, A. u. D. Löve 1944b, de Castro u. Carvalho Fontes 1946, Pólya 1948.

2094. A. bellidiastrum (L.) — Scop.   —

2095. A. alpinus L.   9 +   Sakai 1935.
                             *18 + } + Sokolovskaja u. Strelkova 1938.

2096. A. amellus L.   9 +   Negodi 1938a, b, Annen 1945.

2097. A. canus Waldst. et — Kit.   —

2098. A. linosyris (L.)   *9 +   Annen 1945.
Bernh.   18 + } + Negodi 1938a, b.

2099. A. novi-Belgii L.   27 +   Negodi 1938a, b.

2100. A. salignus Willd.   —   —

2101. A. lanceolatus Willd. —   —

2102. A. Tradescantii L.   —   —

502. Erigeron L.

2103. E. acer L.   *9 +   Rutland 1941, A. u. D. Löve 1942a, 1944b.

2104. E. alpinus L.   9 +   Chiarugi 1926b, 1927a, Mattick (in litt.) 1949.

2105. E. neglectus Kern.   —   —

2106. E. atticus Vill.   —   —

2107. E. Gaudini Brügg.   —   —

2108. E. polymorphus — Scop.   —

2109. E. candidus Widder — —

2110. E. uniflorus L. (= E. 9 +   Holmgren 1919.
eriocephalus J. Vahl.)

2111. E. canadensis L.   9 +   Okabe 1934, D. C. Cooper u. Mahony 1935.

2112. E. ramosus (Walt.)   13 +   Holmgren 1919.
B. S. P. $\frac{*27}{2}$ +   Bergman 1944.

2113. E. annuus (L.) Pers. 13   +   Tahara 1915b, 1921, Suzuki u.
                                           Taguti (bei Ikeno) 1934.
                          27   +   Okabe 1934, Suzuki u. Taguti
                          ⁻2⁻   (bei Ikeno) 1934.

503. Micropus L.

2114. M. erectus L.   —   —

504. Filago L.

2115. F. germanica L.   *14   +   Wulff 1937b.
2116. F. spathulata Presl. 14   +   Hagerup 1941a.
2117. F. arvensis L.   *14   +   Wulff 1937b.
2118. F. minima (Sm.) Pers.—   —
2119. F. gallica L.   —   —

505. Antennaria Gaertn.

2120. A. dioica (L.)   14   +   Juel 1900, Bergman 1935a,
      Gaertn.[1])   1944a.
2121. A. carpathica   *20—21   +   Bergman 1935a.
      (Wahlenb.) Bluff et
      Fingerh.

506. Leontopodium Cass.

2122. L. alpinum Cass.   *13   +   Sakai 1935.

507. Gnaphalium L.

2123. G. luteo-album L.   *7 +   Wulff 1938.
2124. G. uliginosum L.   *7 +   Wulff 1938.
2125. G. supinum L.   *14   +   Rutland 1941, A. u. D. Löve
                                          1948.
2126. G. Hoppeanum Koch—   —
2127. G. norvegicum   *28   +   A. u. D. Löve 1944b.
      Gunn.
2128. G. silvaticum   *29—30   +   Sokolovskaja u. Strelkova 1938.
      L.

508. Helichrysum Mill. corr. Pers.

2129. H. arenarium (L.)   14   +   Scheerer 1939.
      Moench[2])

509. Inula L.

2130. I. hirta L.   *8 +   Tongiorgi 1935, 1942.
2131. I. ensifolia L.   —   —
2132. I. britannica L.   *8 +   ⎫   Okabe 1937.
                          *12   + ⎬+ Okabe 1937.
                          *16   + ⎭   Pólya (bei v. Sóo) 1947, 1948.

---

[1]) Juel (1900) zählte n = 12—14, Bergman (1944a) einmal auch n = 17.
[2]) Tongiorgi (1935, 1942) fand in Italien auch eine Rasse oder Subspecies
      mit n = 7.

2133. I. oculus-Christi L.   —   —
2134. I. helvetica Web.   —   —
2135. I. germanica L.   —   —
2136. I. salicina L.   —   —
2137. I. conyza DC.   *16   +   Tongiorgi 1935, 1942, Felföldy
                                                 1947.
2138. I. helenium L.   10   +   Tongiorgi 1935, 1942, Rutland
                                                 1941.

510. PULICARIA GAERTN.

2139. P. vulgaris Gaertn.   9   +   Wulff 1937b.
2140. P. dysenterica (L.)   10   +   Rodolico 1933.
      Bernh.

511. CARPESIUM L.

2141. C. cernuum L.   —   —

512. BUPHTHALMUM L.

2142. B. salicifolium L.   10   +   Rodolico 1930a, b, Tongiorgi
                                                 1935, 1942.

513. TELEKIA BAUMG.

2143. T. speciosa (Schreb.) —   —
      Baumg.

514. SILPHIUM L.

2144. S. perfoliatum L.   *7   +   W. R. Taylor 1926.

515. XANTHIUM L.

2145. X. strumarium L.   18   +   Ishikawa 1916, Negodi 1937b.
2146. X. italicum Moritti   18   +   Symons 1926.
      (= X. riparium Itzigs.
      et Bertsch em. Lasch.)
2147. X. spinosum L.   18   +   Negodi 1937b, Heiser u. Whit-
                                                 aker 1948.

516. RUDBECKIA L.

2148. R. hirta L.   19   +   Battaglia 1947a.
2149. R. laciniata L.[1]) 32—37   +   Fagerlind 1946.
                              38   +   Battaglia 1946a, 1947a, b.

517. BIDENS L.

2150. B. cernua L.   *12   +   Levitsky (in litt.) 1934, 1940b.
2151. B. bipinnata L.   *12   +   Sugiura 1931.
2152. B. tripartita L.   *24   +   Levitsky (in litt.) 1934, 1940b,
                                                 Tarnavschi (in litt.) 1943.

---

[1]) Eine Gartenform mit gefüllten Blüten auch mit n = 19 (Battaglia 1947a, b)

2153. B. radiata Thuill.   24   +   Hagerup 1944a.
2154. B. melanocarpa   *24   +   Scheerer 1940.
Wieg. (= B. frondosa L.)
2155. B. connata Mühlenb.—   —

518. GALINSOGA R. ET P.

2156. G. parviflora Cavan. 18   +   M. Nawaschin (in litt.) 1926.
2157. G. quadriradiata R.   —   —
et P.

519. ANTHEMIS L.

2158. A. tinctoria L.   9 +   Lundegårdh 1909, Holmgren
1915.

2159. A. austriaca Jacq.   —   —
2160. A. montana L.   —   —
2161. A. carpathica   —   —
Waldst. et Kit.
2162. A. arvensis L.   9 +   Wulff 1937b, Martinoli 1942,
Harling (bei A. u. D. Löve)
1948.

2163. A. ruthenica M. Bieb.—   —
2164. A. cotula L.   9 +   Wulff 1937b.

520. ACHILLEA L.

2165. A. oxyloba (DC.)   —   —
F. Sch.
2166. A. atrata L.   —   —
2167. A. moschata Wulf.   —   —
2168. A. nana L.   —   —
2169. A. Clavennae L.   9 +   Chiarugi 1927a.
2170. A. macrophylla L.   —   —
2171. A. ptarmica L.   *9 +   Levitsky (in litt.) 1934, 1940b,
A. u. D. Löve 1944b, Harling
(bei A. u. D. Löve) 1948.

2172. A. cartilaginea Ledeb.*9 +   Levitsky (in litt.) 1934, 1940b.
2173. A. nobilis L.   —   —
2174. A. asplenifolia Vent.   —   —
2175. A. millefolium L.[1]) *27   +   Turesson 1938, J. Clausen,
Keck u. Hiesey 1940b, A. u.
D. Löve 1944b, Vaarama (bei
A. u. D. Löve) 1948.

2176. A. setacea Waldst.   —   —
et Kit.
2177. A. distans Waldst.   —   —
et Kit.

---

[1]) Die ungarische Var. collina (Becker) Weiss hat nach Felföldy (1947)
2 n = 18, nach Pólya (bei v. Sóo) 1947 u. 1948 2 n = 36. In Nordamerika
existieren nach J. Clausen, Keck u. Hiesey (1938, 1939, 1940a, b, 1941,
1946) sowie nach Turesson (1938) und W. E. Lawrence (1947) sehr nahe
verwandte Arten resp. Subspecies mit n = 18 (A. lanulosa Nutt.), daneben
auch solche mit n = 27 (A. borealis Bong.)

521. Matricaria L.

2178. M. chamomilla L.   9 +   Lundegårdh 1909, Beer 1912, Maude 1939, 1940, Pólya (bei v. Sóo) 1947, 1948, A. u. D. Löve 1948.

2179. M. discoidea DC.   9 +   Hartwich 1936, Wulff 1937b, Rutland 1941, A. u. D. Löve 1948, Vaarama (bei A. u. D. Löve) 1948, Heiser u. Whitaker 1948.
(= M. matricarioides (Bong.) Port).

2180. M. maritima L.   9 +   Hüser 1930, Hagerup 1941a, Rottgardt (mdl.) 1949.
              18   + +   Vaarama (bei A. u. D. Löve) 1948, Rottgardt (mdl.).

522. Chrysanthemum L.

2181. C. segetum L.   9 +   Tahara (bei Ishikawa) 1916, 1921, Negodi 1937b, Harling (bei A. u. D. Löve) 1948.

2182. C. atratum L.   9 +   Shimotomai 1937, 1938.

2183. C. parthenium (L.) Bernh.   9 +   Tahara u. Shimotomai (bei Shimotomai) 1938.

2184. C. vulgare (L.) Bernh.   9 +   Rosenberg 1905, Shimotomai 1937, 1938, Turesson 1938, Rutland 1941, Vaarama (bei A. u. D. Löve) 1948.
(= Tanacetum vulgare L.)

2185. C. macrophyllum Waldst. et Kit.   —   —

2186. C. alpinum L.   18   +   Chiarugi 1926b, 1927a, Shimotomai 1937.

2187. C. leucanthemum L.   18   +   Tahara 1915a, 1921, Ohrt (mdl.) 1926, D. C. Cooper u. Mahony 1935, Shimotomai 1937, Negodi 1937b.

2188. C. corymbosum L.   18   +   Shimotomai 1937.

523. Cotula L.

2189. C. coronopifolia L.   *10 +   Wulff 1937c, de Castro u. Carvalho Fontes 1946.

534. Artemisia L.

2190. A. vulgaris L.[1]   8 +   J. Clausen, Keck u. Hiesey 1939, 1940b, Keck 1946, Wulff (mdl.) 1948.

2191. A. laciniata Willd.   —   —
2192. A. austriaca Jacq.   —   —

---

[1] Die Angabe von Weinedel-Liebau (1928) mit n = 9 ist jetzt unglaubwürdig geworden, trotzdem J. Clausen, Keck u. Hiesey (1939) und Keck (1946) für amerikanische Subspecies Rassen mit n = 9, 18 und 27 auffanden.

2193. A. pontica L. — 9 + — Weinedel-Liebau 1928, Tarnavschi (in litt.) 1943, Pólya 1948.

2194. A. Genipi Web. — — — —

2195. A. nitida Bertol. — $\frac{*27}{2}$ — + — Chiarugi 1926a, b.

2196. A. laxa (Lam.) Fritsch — —

2197. A. absinthium L. — 9 + — Weinedel-Liebau 1928.

2198. A. rupestris L. — — — —

2199. A. maritima L. — 9 + — Weinedel-Liebau 1928, Pólya (bei v. Sóo) 1947, 1948.

     *18 + + Tarnavschi (in litt.) 1943.

var. incana Keller *18 + Titova 1935.

2200. A. campestris L. — 9 + + Weinedel-Liebau 1928.

     18 + Erlandsson 1939.

2201. A. scoparia Waldst. et Kit. — — — —

2202. A. annua L. — 9 + — Weinedel-Liebau 1928.

2203. A. Pančicii (Janka) Ronniger — — — —

2204. A. alba Turra — — — —

525. TUSSILAGO L.

2205. T. farfara L. — 30 + — Langlet 1936, Hagerup 1941a.

526. PETASITES MILL.

2206. P. officinalis Moench[1]) — 30 + — Langlet 1936.

2207. P. niveus Baumg. — 30 + — Langlet 1936.

2208. P. Kablikianus Tausch — — — —

2209. P. spurius (Retz.) Rchb. — 30 + — Langlet 1936.

2210. P. albus (L.) Gaertn. 30 + — Scheerer 1939.

527. HOMOGYNE CASS.

2211. H. silvestris (Scop.) Cass. — — — —

2212. H. alpina (L.) Cass. — *ca. 60 + — Mattick (in litt.) 1949.

     *ca. 65—70 + Langlet 1936.

2213. H. discolor (Jacq.) Cass. — — — —

528. ARNICA L.

2214. A. montana L. — ca. 18 + — Afzelius 1924.

529. DORONICUM L.

2215. D. austriacum Jacq. — — — —

2216. D. columnae Ten. — — — —

---

[1]) Miss Maude (1939, 1940) zählte nur 2 n = 52.

	Chrom.Z.	D.	P.	D+P	Autor
2217. D. cataractarum Widder	—			—	
2218. D. pardalianches L. em. Scop.	—			—	
2219. D. grandiflorum Lam.	30			+	Favarger 1949b.
2220. D. glaciale (Wulf.) Nym.	—			—	
2221. D. Clusii (All.) Tausch	—			—	

530. SENECIO L.

	Chrom.Z.	D.	P.	D+P	Autor
2222. S. vernalis Waldst. et Kit.	10			+	Afzelius 1924.
2223. S. rupester Waldst. et Kit. (= S. nebrodensis DC.)	10			+	Afzelius 1924.
2224. S. helenitis (L.) Schinz et Thell. em. Cufod.	—				—
2225. S. aurantiacus (Hoppe) DC.	—				—
2226. S. alpinus (L.) Scop.	—				—
2227. S. subalpinus Koch	20			+	Afzelius 1924.
2228. S. doronicum L.	—				—
2229. S. paludosus L.	20			+	Afzelius 1924.
2230. S. doria L.	20			+	Afzelius 1924.
2231. S. umbrosus Waldst. et Kit.	20			+	Afzelius 1924.
2232. S. fluviatilis Wallr. (= S. sarracenicus Koch)	20			+	Afzelius 1924.
2233. S. nemorensis L. (incl. S. Fuchsii Gmel.)	20			+	Afzelius 1924, Matsuura u. Sutô 1935.
2234. S. cacaliaster Lam.	—				—
2235. S. incanus L.	*20			+	Mattick (in litt.) 1949, Favarger 1949b.
2236. S. abrotanifolius L.	20			+	Afzelius 1924.
var. tiroliensis Kern.	*30			+	Mattick (in litt.) 1949.
2237. S. erucifolius L.	20			+	Afzelius 1924
2238. S. Jacobaea. L.	20			+	Afzelius 1924.
2239. S. aquaticus Huds.	—				—
2240. S. erraticus Bert.	—				—
2241. S. paluster (L.) Hook.	24			+	Afzelius 1924.
2242. S. rivularis (Waldst. et Kit.) DC.	—				—
2243. S. integrifolius (L.) Clairv. em. Cufod.	24			+	Okabe 1931, Rutland 1947.
2244. S. ovirensis (Koch) DC. (= S. alpestris Aut.)	23—25			+	Afzelius 1924.

2245. S. vulgaris L.   20   +   Afzelius 1924, Vaarama (bei
                                              A. u. D. Löve) 1942b, 1943.
2246. S. viscosus L.   20   +   Afzelius 1924.
2247. S. silvaticus L.   20   +   Afzelius 1924.

531. LIGULARIA CASS.

2248. L. sibirica (L.)   ca. 30   +   Afzelius 1924, Sakai 1935.
      Cass.

532. CALENDULA L.

2249. C. arvensis L.   18   +   Negodi 1935, 1936b, 1937a.

533. XERANTHEMUM L.

2250. X. annuum L.   6 +   Poddubnaja-Arnoldi 1931.

534. ARCTIUM L.

2251. A. lappa L.   *16   +   Sugiura 1931, 1936a.
                             18   +   Nakajima 1936, Tarnavschi (in
                                              litt.) 1943.
2252. A. nemorosum Lej. 18   +   Tarnavschi (in litt.) 1943, A. u.
      et Const. (= A. vulgare   D. Löve 1944b.
      Hill) Evans
2253. A. minus (Hill.)   *16   +   Wulff 1937b.
      Bernh.   *18   +   Tarnavschi (in litt.) 1943.
2254. A. tomentosum Mill. 18   +   Poddubnaja-Arnoldi 1931, Tar-
                                              navschi (in litt.) 1943.

535. ECHINOPS L.

2255. E. sphaerocephalus 16   +   Poddubnaja 1927.
      L.
2256. E. ruthenicus M.   —   —
      Bieb.

536. CARDUUS L.

2257. C. nutans L.   8 +   Poddubnaja-Arnoldi (in litt.
                                              S. Nawaschin) 1926, 1931, A.
                                              u. D. Löve 1944b.
2258. C. crispus L.   8 +   Poddubnaja-Arnoldi 1927, 1931,
                                              A. u. D. Löve 1944b.
2259. C. defloratus L.   —   —
2260. C. hamulosus Ehrh. —   —
2261. C. personata (L.) Jacq.—   —
2262. C. acanthoides L.   11 +   Poddubnaja-Arnoldi 1931, A.
                                              u. D. Löve 1944b.

537. CIRSIUM MILL. EM. SCOP.

2263. C. acaule (L.) Scop. 17 +   Wulff 1937b.
2264. C. palustre (L.) Scop. 17 +   Poddubnaja-Arnoldi (in litt.
                                              S. Nawaschin) 1926, 1931.

2265. C. brachycephalum —   —
Jur.

2266. C. pannonicum (L. f.)—   —
Link

2267. C. canum (L.) All.   —   —
em. M. Bieb.

2268. C. heterophyllum   *17 +   Wulff 1937b.
(L.) Hill

2269. C. dissectum (L.)   —   —
Hill.

2270. C. tuberosum (L.)   —   —
All.

2271. C. rivulare(Jacq.) All.—   —
2272. C. Waldsteinii Rouy —   —
2273. C. carniolicum Scop. —   —
2274. C. erisithales (Jacq.) —   —
Scop.

2275. C. oleraceum (L.)   17 +   Wulff 1937b, A. u. D. Löve
Scop.   1944b, Mattick (in litt.) 1949.

2276. C. spinosissimum   —   —
(L.) Scop.

2277. C. arvense (L.) Scop. 17 +   Poddubnaja-Arnoldi 1931,
                            Ehrenberg 1945.

2278. C. eriophorum (L.)   —   —
Scop.

2279. C. lanceolatum (L.) 34   +   Poddubnaja-Arnoldi 1931, A.
Scop.[1]) (= C. vulgare   u. D. Löve 1944b.
(Savi) Airy-Shaw)

538. ONOPORDUM L.

2280. O. acanthium L.   *17 +   Poddubnaja-Arnoldi 1931.

539. SILYBUM ADANS.

2281. S. Marianum (L.)   17 +   Heiser u. Whitaker 1948.
Gaertn.

540. SAUSSUREA DC.

2282. S. pygmaea (Jacq.)   —   —
Spr.

2283. S. discolor (Willd.)   —   —
DC.

2284. S. alpina (L.) DC.   *27   +   A. u. D. Löve 1944b.

541. JURINEA CASS.

2285. J. cyanoides (L.)   15 +   Poddubnaja-Arnoldi 1931.
Rchb.

2286. J. mollis (Torn.)   —   —
Rchb.

---

[1]) Frau Mattick (in litt.) 1949 zählte bei einem Individuum nur 2 n = 56—60.

542. Carlina L.

2287. C. acaulis L.	*10 +		Poddubnaja-Arnoldi 1931, Levitsky (in litt.) 1934, 1940b, Arata 1944.
2288. C. vulgaris L.	*10 +		Levitsky (in litt.) 1934, 1940b, Arata 1944.

543. Serratula L.

2289. S. tinctoria L.	*11 +		Wulff 1939b, Maude 1939, 1940.
2290. S. lycopifolia (Vill.) Kern.	—		—
2291. S. macrocephala Bert.	—		—

544. Centaurea L.

2292. C. solstitialis L.	8 +		Rick (bei Heiser u. Whitaker) 1948.
2293. C. calcitrapa L.	10 +		Vignoli 1945, Heiser u. Whitaker 1948.
2294. C. scabiosa L.[1]	10 +		Poddubnaja-Arnoldi 1931, Roy 1937, Fröst 1948.
2295. C. phrygia L.	11 +		Poddubnaja-Arnoldi 1931.
2296. C. maculosa Lam.	—		—
2297. C. rhenana Boreau	—		—
2298. C. Triumfetti All.	—		—
2299. C. rhapontica L.	—		—
2300. C. jacea L.	*22	+	Wulff 1937b, Roy 1937, A. u. D. Löve 1944b.
2301. C. nigra L.	*22	+	Roy 1937.
2302. C. nigrescens Willd.	12 +		Fritsch 1935.
2303. C. nervosa Willd.	—		—
2304. C. cyanus L.	12 +		Poddubnaja-Arnoldi 1927, 1931, Morinaga, Fukushima, Kano, Maruyama u. Yamazaki 1929, Fritsch 1935.
2305. C. montana L.	12 +		Fritsch 1935.

545. Cichorium L.

2306. C. intybus L.	*9 +		Makowetsky 1929, Heiser u. Whitaker 1948.

546. Lapsana L.

2307. L. communis L.	6 +		Marchal 1920.
	*7 +		Vaarama (in litt. A. Löve) 1948.

---

[1] Fröst (1948) deckte auch Individuen mit einer Anzahl Fragmentchromosomen auf. Möglicherweise erklärt sich so auch die Zahl $n = 12$ (Fritsch 1935). — Dark (bei Darlington u. Janaki-Ammal) 1945 zählte nur $2n = 14$.

547. Arnoseris Gaertn.

2308. A. minima (L.)   9 +   Wulff 1939c, Maude 1939, 1940.
Schweigg. et Koerte.

548. Aposeris Heck.

2309. A. foetida (L.) Less. 8 +   Negodi 1938b.

549. Hypochoeris L.

2310. H. radicata L.   *4 +   M. Nawaschin (in litt.) 1926,
                                                 A. u. D. Löve 1944b, Heiser
                                                 u. Whitaker 1948.
2311. H. uniflora Vill.   —   —
2312. H. maculata L.   5 +   M. Nawaschin (in litt.) 1926,
                                                 Levan (bei A. u. D. Löve)
                                                 1942b, A. u. D. Löve 1944b,
                                                 Böcher 1946.
2313. H. glabra L.   *5 +   Wulff 1939b, A. u. D. Löve
                                                 1944b, Heiser u. Whitaker 1948.
                              6 +   Negodi 1935, 1936d.

550. Leontodon L.

2314. L. incanus (L.)   *4 +   Bergman 1935b.
Schrank
2315. L. nudicaulis (L.)   *5 +   Wulff 1937b.
Banks em. Port. (=
Thrincia hirta Roth)
2316. L. autumnalis L.   6 +   M. Nawaschin 1916, Marchal
                                                 1920, Meyer 1925, Bergman
                                                 1935b, Negodi 1935, 1936d,
                                                 Hagerup 1941a, Pólya 1948.
                              *12   +   Vaarama (bei A. u. D. Löve)
                                                 1948.
2317. L. montanus Lam.   —   —
2318. L. helveticus Merat —   —
em. Widder
2319. L. croceus Haenke   —   —
2320. L. hispidus L.   7 +   M. Nawaschin (in litt.) 1926,
                                                 Bergman 1932, 1935b.

551. Picris L.

2321. P. echioides (L.)   4 +   Marchal 1920.
Gaertn.
2322. P. hieracioides L.   5 +   Ishikawa 1911, 1916, Bergman
                                                 1935b.

552. Tragopogon L.

2323. T. heterospermus   *6 +   Poddubnaja-Arnoldi, Steschina
Schweigg. (= T. bre-   u. Sosnovetz 1935.
virostris DC.)

2324. T. dubius Scop.   *6 +   Poddubnaja-Arnoldi, Steschina
(incl. T. major Jacq.)   u. Sosnovetz 1935.
2325. T. pratensis L.   6 +   Winge 1926, 1938.

553. Scorzonera L.

2326. S. purpurea L.   —   —
2327. S. rosea Waldst. et —   —
Kit.
2328. S. aristata Ram.   —   —
2329. S. humilis L.   7 +   Wulff 1938, A. u. D. Löve
1944b.
2330. S. parviflora Jacq. *7 +   Tarnavschi 1938.
2331. S. hispanica L.   *7 +   Poddubnaja-Arnoldi, Steschina
u. Sosnovetz 1935, Schaede
1936.
2332. S. austriaca Willd. *7 +   Tarnavschi 1938.

554. Podospermum DC.

2333. P. canum C. A. Mey *7 +   Tarnavschi (in litt.) 1943, Pólya
(bei v. Sóo) 1947, 1948.
2334. P. laciniatum DC.   7 +   Tarnavschi (in litt.) 1943.

555. Chondrilla L.

2335. C. juncea L. $\frac{15}{2}$ +   Poddubnaja-Arnoldi 1933a,
Bergman 1944, Battaglia 1949.
2336. C. prenanthoides   —   —
(Scop.) Vill.

556. Willemetia Neck.

2337. W. stipitata (Jacq.) —   —
Cass.

557. Taraxacum Zinn. em. Web.

2338. T. serotinum   *8 +   Gustafsson 1932a, Poddubnaja-
(Waldst. et Kit.) Poir.   Arnoldi u. Dianova 1934.
2339. T. bessarabicum   *8 +   Gustafsson 1932a, 1935b, Pod-
(Hornem.) Handel-   dubnaja-Arnoldi u. Dianova
Mazz.   1934, Tarnavschi 1938.
2340. T. Pacheri Schultz- —   —
Bip.[1]
2341. T. officinale Web.   12 +   Gustafsson 1932a, b, 1935a,
(= T. vulgare   Gelin u. Gustafsson 1932, Oka-
Schrank)[2]   be 1934, Poddubnaja-Arnoldi
u. Dianova 1934, Battaglia
1948b.
2342. T. nigricans (Kit.) —   —
Rchb.

---

[1] Ein vermutlicher Bastard T. alpinum × Pacheri hatte n = 12 (Gustafsson
1935a, b).
[2] Bei Sörensen u. Gudjónsson (1946) finden sich Angaben über zahlreiche
aneuploide Rassen mit 2 n = 19, 20, 21, 22, 23.

2343. T. aquilonare Hand.- —   —
      Mazz.
2344. T. laevigatum   *12   +   Poddubnaja-Arnoldi u. Dia-
      (Willd.) DC.   nova 1934.
2345. T. obliquum (Fries) *12   +   Gustafsson 1932a.
      Dahlst.
2346. T. Handelii J. Murr —   —
2347. T. Reichenbachii   —   —
      Huter
2348. T. Kalbfussi Hand.- *12   +   Gustafsson 1935b.
      Mazz.
2349. T. alpinum (Hoppe) *12   +   Mattick (in litt.) 1949.
      Hegetschw. et Heer *16   +   Gustafsson 1935b.
2350. T. fontanum Hand.-*16   +   Gustafsson 1935b.
      Mazz.
2351. T. palustre (Lyons) *12   +   Gustafsson 1935b.
      Lam. et DC.   *16   +   Gustafsson 1932a.
2352. T. ceratophorum   *16   +   Gustafsson 1935a, b.
      Ledeb.

558. Sonchus L.

2353. S. oleraceus L.   8 +   Marchal 1920, Erlandsson (bei
                                           A. u. D. Löve) 1942b.
                           16 +   +   Ishikawa 1911, 1916, D. C.
                                           Cooper u. Mahony 1935, Bar-
                                           ber 1941a, Rutland 1941, Heiser
                                           u. Whitaker 1948.
2354. S. arvensis L.   32 +   Wulff 1937b, Erlandsson (bei
                                           A. u. D. Löve) 1942b.
2355. S. paluster L.   *9 +   Wulff 1937b.
2356. S. asper (L.) Hill   9 +   Wulff 1939c, Barber 1941a,
                                           Rutland 1941, Vaarama (bei
                                           A. u. D. Löve) 1948, Heiser u.
                                           Whitaker 1948.

559. Cicerbita Wallr.

2357. C. Plumieri (L.)   *8 +   Babcock, Stebbins u. Jenkins
      Kirschl.   1937.
2358. C. alpina (L.) Wallr. *9 +   A. u. D. Löve 1944b.
2359. C. macrophylla   —   —
      (Willd.) Wallr.

560. Lactuca L.

2360. L. tatarica (L.) C. A. 9 +   Babcock, Stebbins u. Jenkins
      Mey.   1937, Tarnavschi 1938, Whit-
                                           aker u. Jagger 1939, Thomp-
                                           son, Whitaker u. Kosar 1941.
2361. L. muralis (L.) Fresen. 9 +   Gates u. Rees 1921, Babcock,
                                           Stebbins u. Jenkins 1937,
                                           Thompson, Whitaker u. Kosar
                                           1941, A. u. D. Löve 1942a.

	Chrom.Z.	D.	P.	D+P	Autor
2362.	L. perennis L.		9	+	Babcock, Stebbins u. Jenkins 1937, Whitaker u. Jagger 1939, Thompson, Whitaker u. Kosar 1941.
2363.	L. scariola L. (= L. serriola Torner)		9	+	Gates u. Rees 1921, D. C. Cooper u. Mahony 1935, Babcock, Stebbins u. Jenkins 1937, Whitaker u. Jagger 1939, Thompson, Whitaker u. Kosar 1941, Heiser u. Whitaker 1948.
2364.	L. virosa L.		*9	+	Babcock, Stebbins u. Jenkins 1937, Thompson, Whitaker u. Kosar 1941.
2365.	L. saligna L.		*9	+	Babcock, Stebbins u. Jenkins 1937, Tarnavschi 1938, Thompson, Whitaker u. Kosar 1941, Heiser u. Whitaker 1948.
2366.	L. quercina L.		—		—
2367.	L. viminea (L.) Presl.		*9	+	Babcock, Stebbins u. Jenkins 1937.

561. Crepis L.

Ich führe die Arten in der phylogenetisch begründeten Reihenfolge von Babcock u. Jenkins 1943 und Babcock 1947b an.

	Chrom.Z.	D.	P.	D+P	Autor
2368.	C. sibirica L.		5	+	M. Mann (Lesley) 1922, 1925, Babcock u. M. Mann-Lesley 1926, Hollingshead u. Babcock 1930, Heitz 1931a, Babcock u. Cameron 1934, Swezy 1935[1]), Babcock u. Jenkins 1943, Babcock 1947a, b.
2369.	C. paludosa (L.) Moench		6	+	Babcock u. M. Mann-Lesley 1926, Hollingshead u. Babcock 1930, Babcock u. Cameron 1934, Babcock u. Jenkins 1943, Babcock 1947b.
2370.	C. terglouensis (Hacq.) Kern.		6	+	Babcock u. Jenkins 1943, Babcock 1944, 1947a, b.
2371.	C. Jacquinii Tausch		*6	+	Babcock u. Jenkins 1943, Babcock 1947b, Bruhin u. Wanner 1947.
2372.	C. aurea (L.) Cass.		5	+	M. Mann (Lesley) 1922, 1925, Babcock u. M. Mann-Lesley 1926, Hollingshead u. Babcock 1930, Avery 1930, Babcock u. Cameron 1934, Koller 1935, Babcock u. Jenkins 1943, Babcock 1947b.

---

[1]) Swezy (1935) sah auch Individuen mit überzähligen Chromosomen.

2373. C. rhaetica   *4 +   Bruhin u. Wanner 1947.
       Hegetschw.

2374. C. Kerneri Rech. fil. —   —

2375. C. mollis (Jacq.)   6 +   Babcock u. M. Mann-Lesley
       Aschers.   1926, Hollingshead u. Babcock 1930, Babcock u. Cameron 1934, Babcock u. Jenkins 1943, Babcock 1944, 1947b.

2376. C. pontana (L.) Dalla 5 +   Hollingshead u. Babcock 1930, Babcock u. Cameron 1934, Babcock u. Jenkins 1943, Babcock 1944, 1947a, b.
       Torre

2377. C. conyzaefolia   4 +   M. Nawaschin 1925, 1928, M. Mann Lesley 1925, Babcock u. M. Mann-Lesley 1926, Hollingshead u. Babcock 1930, Babcock u. Cameron 1934, Babcock u. Jenkins 1943, Babcock 1944, 1947a, b.
       (Gouan) Dalla Torre.

2378. C. blattarioides (L.) 4 +   Rosenberg 1920, Marchal 1920, M. Mann-Lesley 1925, Babcock u. M. Mann-Lesley 1926, Geitler 1929a, Hollingshead u. Babcock 1930, Helm 1934, Babcock u. Cameron 1934, Babcock u. Jenkins 1943, Babcock 1947b.
       Vill.

2379. C. alpestris (Jacq.)   *4 +   Babcock u. Cameron 1934, Babcock u. Jenkins 1943, Babcock 1947b.
       Tausch

2380. C. pannonica (Jacq.) *4 +   M. Nawaschin (in litt. 1926), Babcock u. M. Mann Lesley 1926, Hollingshead u. Babcock 1930, Babcock u. Cameron 1934, Babcock u. Jenkins 1943, Babcock 1947b.
       K. Koch
       (= C. Blavii Asch.)

2381. C. biennis L.   20   +   Rosenberg 1918, M. Mann (Lesley) 1922, 1925, Babcock u. M. Mann-Lesley 1926, M. Nawaschin 1928[1]), Collins, Hollingshead u. Avery 1929[1]), Hollingshead u. Babcock 1930[1]), Babcock u. Cameron 1934[1]), Babcock u. Swezy 1935, Babcock u. Jenkins 1943[1]) [2]), Babcock 1947b.

---

[1]) Die Autoren sahen auch Individuen mit überzähligen Chromosomen, ferner Rosenberg (1920) n = 21.
[2]) Desgl. 2 n = 38—39.

2382. C. praemorsa (L.)   *4 +   M. Nawaschin (in litt. 1926),
Tausch   Hollingshead u. Babcock 1930,
                                      Babcock u. Cameron 1934,
                                      Babcock u. Jenkins 1943, Bab-
                                      cock 1947b.

2383. C. incarnata (Wulf.)   4 +   M. Mann-Lesley 1925, Hollings-
Tausch.   head u. Babcock 1930, Bab-
                                      cock u. Cameron 1934, Bab-
                                      cock u. Jenkins 1943, Babcock
                                      1947b.

2384. C. tectorum L.[1])   4 +   Juel 1905, Rosenberg 1920, M.
                                      Mann (Lesley) 1922, 1925, M.
                                      Nawaschin 1925, 1926b, 1927,
                                      1928, 1931a, b, 1932, 1933,
                                      1934, S. Nawaschin 1926, Bab-
                                      cock u. M. Mann-Lesley 1926,
                                      Hollingshead u. Babcock 1930,
                                      Delaunay 1930, Avery 1930,
                                      Babcock u. Cameron 1934,
                                      Schkwarnikov 1934b, 1936,
                                      Schkwarnikov u. M. Nawa-
                                      schin 1934, Richardson 1935a,
                                      Gerassimova 1935, 1939, Kir-
                                      nossowa 1936, Babcock u. Steb-
                                      bins 1938, Babcock u. Jenkins
                                      1943, Babcock 1944, 1947a, b,
                                      Vaarama (bei A. u. D. Löve)
                                      1948.

2385. C. pulchra L.   4 +   Rosenberg 1918, 1920, M. Mann
                                      (Lesley) 1922, 1925, M. Nawa-
                                      schin 1925, 1928, Babcock u.
                                      M. Mann-Lesley 1926, Hol-
                                      lingshead u. Babcock 1930,
                                      Babcock u. Cameron 1934,
                                      Heitz 1931a, Schaffstein (bei
                                      Fitting) 1936, Babcock u.
                                      Jenkins 1943, Babcock 1947b.

2386. C. foetida L.   5 +   M. Mann (Lesley) 1922, 1925,
                                      Babcock u. M. Mann-Lesley
                                      1926, M. Nawaschin 1928,
                                      Hollingshead u. Babcock 1930,
                                      Babcock u. Cameron 1934,
                                      Babcock u. Cave 1938, Bab-
                                      cock u. Jenkins 1943, Sherman
                                      1946, Babcock 1947a, b.

---

[1]) Individuen mit aberranten Zahlen sahen Levitsky, Araratian, Mardjanishvil u. Shepeljeva (1931), M. Nawaschin (1931a, b, 1933), Schkwarnikov
(1934a, b) sowie Gerassimova (1940).

2387. C. nicaeensis Balb.   4 +   Rosenberg 1918, 1920, Hollingshead u. Babcock 1930, Babcock u. Cameron 1934, Babcock u. Emsweller 1936, Babcock u. Stebbins 1938, Babcock u. Jenkins 1943, Babcock 1947b.

2388. C. capillaris (L)[1]   3 +   Rosenberg 1909a, 1918, 1920, Beer 1912, Digby 1914, de Smet 1914, M. Nawaschin 1915, 1925, 1926b, 1928, 1934, 1936, 1938, Marchal 1920, Dahlgren 1920, M. Mann (Lesley) 1922, de Litardière 1923, W. R. Taylor 1925, 1926, Babcock u. M. Mann-Lesley 1926, S. Nawaschin 1926, Geitler 1929a, c, 1932, Hollingshead 1928, 1930, Hollingshead u. Babcock 1930, Delaunay 1930, 1931, Trankovsky 1930a, Avery 1930, Levitsky 1931a, 1935, 1936, 1940a, Levitsky u. Araratian 1931, Levitsky, Araratian, Mardjanishvil u. Shepeljeva 1931, Heitz 1931a, Levitsky, Shepeljeva u. Titova 1934, Babcock u. Cameron 1934, Levitsky u. Sizova 1934, 1935, Richardson 1935a, b, Petrov 1935, M. Nawaschin u. Gerassimova 1936, Sizova 1936, Schkwarnikov 1936, Matsuura 1937, Kostoff 1938a, b, 1946, Babcock u. Stebbins 1938, Arenkova 1939, Tschuksanova 1939, Kachidze 1939, Korinkajev 1940, Babcock u. Jenkins 1943, Babcock 1944, 1947a, b, Wanner 1944, 1945.

Wallr.

(= C. virens L)

---

[1] Tetraploide Individuen sahen ausnahmsweise Rosenberg (1920, irrtümlich für C. Reuteriana Boiss. et Heldr. gehalten) und M. Nawaschin (1926a), triploide und aneuploide M. Nawaschin (1926a, b, 1929), S. Nawaschin (1926), Levitsky u. Araratian (1931), Levitsky, Araratian, Mardjanishvil u. Shepeljeva (1931), Levitsky, Shepeljeva u. Titova (1934), Petrov (1935) sowie Tschuksanova (1939). Von einer pentaploiden Pflanze berichtet M. Nawaschin (1925).

2389. C. vesicaria L.[1])   4 +   Digby 1914, Marchal 1920, M.
(incl. C. myriocephala Mann-Lesley 1922, 1925, Bab-
Coss. et D. R.; = C. cock u. M. Mann-Lesley 1926,
Hackeli Lange u. C. Hollingshead u. Babcock 1930,
taraxacifolia Thuill.) Babcock u. Cameron 1934,
Babcock u. Stebbins 1938, Jen-
kins 1939, Babcock u. Jenkins
1943, Babcock 1947b.

8   +   Hollingshead u. Babcock 1930,
Babcock u. Cameron 1934,
Babcock u. Jenkins 1943, Bab-
cock 1947b.

2390. C. setosa Hall. f.   4 +   Marchal 1920, M. Mann (Les-
ley) 1922, 1925, W. R. Taylor
1925, Babcock u. M. Mann-
Lesley 1926, Hollingshead u.
Babcock 1930, Babcock u.
Cameron 1934, Babcock u.
Stebbins 1938, Babcock u.
Jenkins 1943, Babcock 1947b.

562. Prenanthes L.

2391. P. purpurea L.   9 +   Babcock, Stebbins u. Jenkins 1937.

563. Hieracium L.

2392. H. auricula L. et DC. 9 +   Rosenberg 1907a, b, 1917, Gentscheff 1937a, M. Christoff 1942a.

$\dfrac{27}{2}$ +   Rosenberg 1917.

2393. H. Hoppeanum $\dfrac{45}{2}$ +   M. u. M. A. Christoff 1948.
Schult.   2

45 +   M. u. M. A. Christoff 1948.

2394. H. Peleterianum —   —
Merat

2395. H. pilosella L.   18 +   Rosenberg 1917.

$\dfrac{39}{2}$ +   M. Christoff u. Popoff 1933.

$\dfrac{45}{2}$ +   M. Christoff u. Popoff 1933, Gentscheff 1937a.

2396. H. glaciale Reyn   —   —
2397. H. alpicola Schleich   —

---

[1]) Bei der Subspec. stellata (Bau.) Babc. zählten Babcock u. Jenkins (1943) daneben auch 2 n = 9—12.

	Chrom.Z.	D.	P.	D+P	Autor
2398. H. aurantiacum L.	18			+	Rosenberg 1917, Sakai 1935, M. Christoff 1942a.
2399. H. pratense Tausch[1]) (= H. caespitosum Dum.) (incl. H. flagellare Willd.)	18 $\frac{45}{2}$			+ +	Gustafsson 1933a Gentscheff 1937a.
2400. H. cymosum L.	—				—
2401. H. echioides Lumn.	18			+	Gentscheff 1937a.
2402. H. florentinum All. = H. piloselloides Vill. (incl. H. praealtum Vill.[2])	$\frac{45}{2}$			+	Gentscheff 1937a.
2403. H. Bauhini Schult. (incl. H. stoloniferum Desf.)	18			+	Gentscheff 1937a.
2404. H. porrifolium L.	—				—
2405. H. bupleuroides Gmel.	$\frac{27}{2}$ 2			+	M. Christoff u. Popoff 1933.
2406. H. glaucum All. (incl. H. excellens Murr.)[2])	18			+	Rosenberg 1917.
2407. H. villosum L.	*18			+	M. Christoff u. Popoff 1933.
2408. H. Morisianum Rchb. (incl. scorzonerifolium Vill., H. flexuosum Waldst. et Kit.)	*18			+	M. Christoff u. Popoff 1933.
2409. H. piliferum Hoppe em. Hay.	—				—
2410. H. Mougeotii Froel. (incl. H. vogesiacum Maug.)	18			+	Gentscheff 1937a.
2411. H. pallidum Bivona (incl. H. saxifragum Fr.)	$\frac{27}{2}$ 2			+	Gentscheff 1937a.
2412. H. silvaticum (L.) Grufb. (= H. murorum L. em. Huds.)	$\frac{27}{2}$			+	Gustafsson 1933a, M. Christoff u. Popoff 1933, Gentscheff 1937a.
2413. H. Lachenalii Gmel. (= H. vulgatum Fries)	$\frac{27}{2}$			+	Gentscheff 1937a.

---

[1]) Auch mit überzähligen Chromosomen bis zu n = 21 (Rosenberg 1906, 1907a, Gustafsson 1933a).
[2]) Mit einigen überzähligen Chromosomen.

	Chrom.Z.	D.	P.	D+P	Autor
2414. H. bifidum Kit.	$*9$	$+$			Rosenberg 1926c.
var. subcaesium Fr.	$\frac{*27}{2}$	$+$		$+$	M. Christoff u. Popoff 1933.
var. scandinaviorum Zahn	$\frac{*27}{2}$	$+$			Bergman 1941.
2415. H. caesium Fries (incl. H. levicaule Jord. u. H. ramosum Waldst. et Kit.)	$\frac{*27}{2}$	$+$			M. Christoff u. Popoff 1933, Gentscheff 1937a, Battaglia 1947c.
2416. H. rotundatum Kit. (= H. transsilvanicum Heuff.)	$*9$	$+$			Rosenberg 1926c.
2417. H. humile Jacq. (incl. H. lacerum Reut.)	$\frac{*27}{2}$	$+$			Rosenberg 1926c.
2418. H. alpinum L.	$\frac{*27}{2}$	$+$			Rosenberg 1926b, c.
2419. H. amplexicaule L. (= H. pulmonarioides Vill.)	18	$+$			Rosenberg 1926c, Gentscheff 1937a.
2420. H. intybaceum All.	$\frac{*27}{2}$	$+$			Rosenberg 1926c.
2421. H. prenanthoides	$\frac{*27}{2}$	$+$			Rosenberg 1926a.
Vill. (incl. H. asperulum Freyn)	$*18$	$+$			M. Christoff u. Popoff 1933.
2422. H. laevigatum Willd., (incl. H. gothicum Fries, H. tridentatum Fries u. H. rigidum (Hartm.) Joh.)	$\frac{*27}{2}$	$+$			Rosenberg 1917, 1926a, c, 1927, M. Christoff u. Popoff 1933, M. Christoff 1940, Bergman 1941.
2423. H. umbellatum L.	9	$+$		$+$	Juel 1905, Rosenberg 1927, M. Christoff u. Popoff 1933, Bergman 1935a, Turesson 1938, Gentscheff 1941.
	$\frac{27}{2}$	$+$			Rosenberg 1917, 1927, Bergman 1935a, 1941.
2424. H. sabaudum L. (= H. silvestre Tausch u. H. boreale (Fries) Zahn	$\frac{27}{2}$	$+$			Rosenberg 1917, 1926c, M. Christoff u. Popoff 1933.
	$*18$	$+$			Rosenberg 1926c.

2425. H. racemosum $\dfrac{*27}{2}$ +   M. Christoff u. Popoff 1933.
Waldst. et Kit.
2426. H. sparsum Friv.   *9 +   M. Christoff 1942a.
2427. H. staticifolium All. 9 +   Favarger 1949b.

2. Klasse Monocotyledoneae.
1. REIHE HELOBIAE.
1. UNTERREIHE ALISMATINEAE.
108. ALISMATACEAE.
Chromosomengrundzahl 6, 7 (?)
564. ALISMA L.

2428. A. plantago-aquatica *6 +   Liehr 1916, A. u. D. Löve
L.   1942a, Palmgren 1943.
                        7 +   Heppell (bei Maude) 1939,
                                        Oleson 1941[1]), Hagerup 1944a,
                                        Blomstrand (bei A. u. D. Löve)
                                    +   1944b, Erlandsson 1946, A. u.
                                        D. Löve 1948, Wulff (mdl.)
                                        1949.
                        8 +   Wulff (mdl.) 1949.
                       12   +   Tarnavschi (in litt.) 1943.
                       14   +   Wulff (mdl.) 1949.
2429. A. gramineum Gmel. *7 +   Erlandsson 1946.
2430. A. lanceolatum   14   +   Hagerup 1944a, Erlandsson
With.   1946, A. u. D. Löve 1948.

565. CALDESIA PARL.

2431. C. parnassifolia   —   —
(Bass.) Parl.

566. ELISMA BUCHENAU.

2432. E. natans (L.)   —   —
Buchenau

567. ECHINODORUS RICH.

2433. E. ranunculoides (L.) *7 +   Palmgren 1943.
Engelm.   *8 +   A. u. D. Löve 1944b, A. Fer-
                                     nandes, Garcia u. R. Fernandes
                                     1948.
                          9 +   Hagerup 1944a.

568. SAGITTARIA L.

2434. S. sagittaefolia L. *11   +   Vaarama 1941, A. u. D. Löve
                                        1942a.

---

[1]) W. V. Brown (1946b) glaubt, dass Oleson die nahe verwandte Art A. triviale
Pursh. untersucht hat.

2. UNTERREIHE BUTOMINEAE.

109. *BUTOMACEAE.*

Chromosomengrundzahl 13 (?)

569. Butomus L.

2435. B. umbellatus L.   *13 +   Whitaker 1934a, Lohammar (bei A. u. D. Löve) 1948.

$\dfrac{*39}{2}$ +   Lohammar (bei A. u. D. Löve) 1948.

110. *HYDROCHARITACEAE.*

Chromosomengrundzahl 6, 7.

570. Stratiotes L.

2436. S. aloides L.   12   +   Schürhoff 1926.

571. Hydrocharis L.

2437. H. morsus ranae L. *14   +   Tuschnjakova 1929b, Hoare (bei Maude) 1939, Ehrenberg 1945.

572. Hydrilla Rich.

2438. H. verticillata (L. f.) 8 +   Sinotô u. Kiyohara 1928, Sino-
Casp.   tô 1929b, Ernst-Schwarzenbach 1945.

12   +   Sinotô u. Kiyohara 1928, Sino-
tô 1929b.

573. Helodea (Rich.) Rchb.

2439. H. canadensis Rich. 12   +   Wylie 1904[1]), Heppell (bei Darlington u. Janaki-Ammal) 1945.

24   +   J. K. Santos 1924.

3. UNTERREIHE POTAMOGETONINEAE.

111. *POTAMOGETONACEAE.*

Chromosomengrundzahl 13 (?)

574. Potamogeton L.

2440. P. oblongus Viv.   13 +   Palmgren 1939.
(= P. polygonifolius Rchb.)

2441. P. coloratus Vahl.   13 +   Palmgren 1939.

---

[1]) Frau Ernst-Schwarzenbach (1945) glaubt, dass Wylie Helodea occidentalis St. John untersuchte.

	Chrom.Z.	D.	P.	D+P	Autor
2442. P. compressus L. (= P. zosteraefolius Schum.)	13		+		Palmgren 1939.
2443. P. acutifolius Link	*13		+		Palmgren (bei A. u. D. Löve) 1942b.
2444. P. obtusifolius Mert. et Koch	*13		+		Palmgren 1939.
2445. P. mucronatus Schrad.	*13		+		Palmgren 1939.
2446. P. pusillus L. (incl. P. panormitanus A. Biv.)	*13		+		Palmgren 1939.
2447. P. trichoides Cham. et Schl.	*13		+		Palmgren 1939.
2448. P. rutilus Wolfg.	*13		+		Palmgren (mdl.) 1948.
2449. P. densus L.	*15		+		Palmgren 1939.
2450. P. angustifolius Bercht. et Prestl. (= P. Zizii Mart. et Koch)	—				—
2451. P. nitens Web.	—				—
2452. P. natans L.	26			+	Palmgren 1939.
2453. P. fluitans Roth	26			+	Kuleszanka 1934.
2454. P. alpinus Balbis.	26			+	Palmgren 1939.
2455. P. gramineus L.	26			+	Palmgren 1939.
2456. P. lucens L.	26			+	Palmgren 1939.
2457. P. praelongus Wulf.	26			+	Palmgren 1939.
2458. P. perfoliatus L.	26			+	Palmgren 1939, Scheerer 1939, Felföldy 1947.
2459. P. crispus L.	26			+	Palmgren 1939, Scheerer 1939.
2460. P. filiformis Pers.	*ca. 39			+	Palmgren (bei A. u. D. Löve) 1942b.
2461. P. pectinatus L.	*39			+	Scheerer 1939, Palmgren (bei A. u. D. Löve) 1942b.

112. ZOSTERACEAE.

Chromosomengrundzahl 6.

575. ZOSTERA L.

	Chrom.Z.	D.	P.	D+P	Autor
2462. Z. marina L. (incl. Z. angustifolia Hornem.)	6		+		Rosenberg 1901, Blackburn 1934, Wulff 1937a.
2463. Z. nana Roth	6		+		Blackburn 1934, Wulff 1937a.

113. NAJADACEAE.

Chromosomengrundzahl 6.

576. NAJAS L.

	Chrom.Z.	D.	P.	D+P	Autor
2464. N. marina L.	6		+		Guignard 1899a, b, 1901, Müller 1912, Tschernoyarov 1914, 1927, Winge 1927, Takamine 1927, Levitsky 1931a, Chase 1947, Westergaard (bei A. u. D. Löve) 1948.

2465. N. minor All.   12   +   Chase 1947.
2466. N. flexilis (Willd.)   6 +   ⎫ +   Chase 1947.
    Rostk. et Schmidt   12   + ⎭   Campbell 1897, Chase 1947.

114. *ZANNICHELLIACEAE.*
Chromosomengrundzahl 7.

577. ZANNICHELLIA L.

2467. Z. palustris L.   *14   +   Scheerer 1940.

115. *RUPPIACEAE.*
Chromosomengrundzahl 8.

578. RUPPIA L.

2468. R. maritima L. (incl.   8 +   Murbeck 1902, Graves 1908,
    R. spiralis L.)   Titova 1935.

4. UNTERREIHE JUNCAGINEAE.
116. *JUNCAGINACEAE.*
Chromosomengrundzahl 6.

579. TRIGLOCHIN L.

2469. T. palustre L.   12   +   Wulff 1939b, Tarnavschi (in
    litt.) 1943, A. u. D. Löve 1944b.
2470. T. maritimum L.   24   +   Winge 1925, P. H. Clausen
    (mdl.) 1926, Wulff 1939c, A.
    u. D. Löve 1942b, 1944b.

5. UNTERREIHE SCHEUCHZERIINEAE.
117. *SCHEUCHZERIACEAE.*
Chromosomengrundzahl?

580. SCHEUCHZERIA L.

2471. S. palustris L.   —   —

2. REIHE PANDANALES.
118. *SPARGANIACEAE.*
Chromosomengrundzahl 15.

581. SPARGANIUM L.

2472. S. erectum L. (= S.   *15 +   Wulff 1938, Lohammar (bei
    ramosum Huds.)   A. u. D. Löve) 1942b, A. u. D.
    Löve 1948.
2473. S. simplex Huds.   15 +   Scheerer 1940, Hagerup 1941a,
    Lohammar (bei A. u. D. Löve)
    1942b.
2474. S. affine Schnizl.   *15 +   Lohammar (bei A. u. D. Löve)
    (= S. angustifolium   1942b.
    Mich.)

2475. S. diversifolium   —   —
      Graebn.
2476. S. minimum Fries   *15 +   Wulff 1938, Lohammar (bei
                                             A. u. D. Löve) 1942b.

119. *TYPHACEAE.*
Chromosomengrundzahl 15.
582. TYPHA L.

2477. T. latifolia L.   15 +   P. H. Clausen (mdl.) 1926,
                                             Roscoe 1927b, Levan (bei A.
                                             u. D. Löve) 1942b, Lohammar
                                             (bei A. u. D. Löve) 1942b.

2478. T. Shuttleworthii   —   —
      Koch et Sonder
2479. T. angustifolia L.[1]) 15 +   Levan (bei A. u. D. Löve)
                                             1942b, Lohammar (bei A. u.
                                             D. Löve) 1942b.

2480. T. minima Hoppe   —   —
2481. T. gracilis Jord.   —   —

3. REIHE SPATHIFLORAE.
120. *ARACEAE.*
Chromosomengrundzahl?
583. ACORUS L.

2482. A. calamus L.[2])   18   +   Wulff 1939b, 1940, Palmgren
                                             1943.

584. CALLA L.

2483. C. palustris L.[3])   18   +   Dudley 1937, Wulff 1939b.
                              36   +   Hagerup 1941a, Palmgren 1943,
                                             A. u. D. Löve 1944b.

585. ARUM L.

2484. A. maculatum L.   14 +   ⎫   Hagerup (bei A. u. D. Löve) 1942
                                       ⎪   b, 1944b.
                              28   + ⎬ +   Maude 1939, 1940, Hagerup
                                       ⎪   1944a.
                             *42   + ⎭   Maude 1939, 1940.

---

[1] Miss Roscoe (1927b) zählte bei der neuseeländischen var. Muelleri Graebn.
     n = 30.
[2] Vaarama (bei A. u. D. Löve 1948) gibt für Finnland auch das Vor-
     kommen von Diploiden mit 2 n = 24 an. Sonst sind diese wie Tetraploide
     nur aus botanischen Gärten bekannt (Wulff 1940). Wulff fand ferner
     subtriploide Individuen (1939b).
[3] Aneuploide (2 n = 63, 69, 70) bei Ehrenberg (1945).

121. *LEMNACEAE.*
Chromosomengrundzahl?

586. LEMNA L.

2485. L. polyrrhiza L.	*20	+	Blackburn 1933, Ehrenberg 1945.
2486. L. minor L.	*20	+	Blackburn 1933.
2487. L. trisulca L.	*22	+	Blackburn 1933.
2488. L. gibba L.	*32	+	Blackburn 1933.

587. WOLFFIA HORKEL.

2489. W. arrhiza (L.) Wimmer	*21—22	+	Lawalcrée 1943.
	*ca. 25	+	Blackburn 1933.

4. REIHE LILIIFLORAE.

1. UNTERREIHE LILIINEAE.

122. *LILIACEAE.*
Chromosomengrundzahl 5, 6, 7, 8, 9, 10, 11, 12.

588. TOFIELDIA HUDS.

2490. T. calyculata (L.) Wahlbg.	*14	+	Miller 1930.
2491. T. pusilla (Michx.) Pers. (= T. palustris Huds.)	15	+	Miller 1930.

589. NARTHECIUM HUDS.

2492. N. ossifragum (L.) Huds.	13	+	Miller 1930, Wulff 1935.

590. VERATRUM L.

2493. V. album L.[1]	16	+	Stenar 1928.
2494. V. nigrum L.	16	+	Miller 1930.

591. COLCHICUM L.

2495. C. autumnale L.	*19	+	Levan 1940, Levan u. Steinegger 1947.

592. BULBOCODIUM L.

2496. B. vernum L.	*11	+	Miller 1930, Levan u. Steinegger 1947.

593. PARADISIA MAZZ. CORR. BERTOL.

2497. P. liliastrum (L.) Bertol.	16	+	Stenar 1928.

594. ANTHERICUM L.

2498. A. ramosum L.	16	+	Stenar 1928, Elvers 1932a.
2499. A. liliago L.	*15	+	Bowden 1940, 1945a.
	32	+	Elvers 1932a.

---

[1] Miller (1930) gibt mit ? auch 2 n = 16 an.

595. Hemerocallis L.

Nr.	Chrom.Z.	D.	P.	D+P	Autor
2500. H. flava L.	11	+			S. Nawaschin (in litt.) 1926, Takenaka 1929, Stout 1932, Dark 1932b, Wulff 1933.
2501. H. fulva L.[1]	$\frac{33}{2}$		+		Belling 1925, Takenaka 1929, Sienicka 1929, Stout 1932, Dark 1932b, Chandler 1940, Hsu u. Liu 1943.

596. Allium L.

Nr.	Chrom.Z.	D.	P.	D+P	Autor
2502. A. ursinum L.	7	+			Chodat 1925, Levan 1931, 1932, Manton 1935b.
2503. A. victoriale L.[2]	8	+			Miyake 1905, Levan 1930a, 1931, 1935a.
2504. A. sphaerocephalum L.	8	+			Levan 1930a, 1931, 1935a, Tschermak-Woess 1947.
2505. A. scorodoprasum L.	8	+		+	Katayama 1928, Weber 1929, Levan 1931, 1935a, Morinaga u. Fukushima 1931, Takenaka 1931, Y. Ono 1935, P. u. N. Gavaudan 1937, Tschermak-Woess 1947.
	12		+		Tschermak-Woess 1947.
2506. A. strictum Schrad.	8	+			Sakai 1935.
2507. A. suaveolens Jacq.	—				—
2508. A. ochroleucum Waldst. et Kit.	—				—
2509. A. flavum L.	8	+			Levan 1930a, 1931, 1935a, 1937a, Tschermak-Woess 1947.
2510. A. pulchellum G. Don.	8	+			Levan 1930a, 1935a, 1937a, Y. Ono 1935.
2511. A. paradoxum G. Don.	—				—
2512. A. rotundum L.	8	+		+	Weber 1929.
	16		+		Levan 1931.
2513. A. schoenoprasum L. (incl. var. sibiricum (L) Hartm.)[3]	8	+		+	Levan 1931, 1934, 1935a, b, 1936, 1937b, Messeri 1931, Turesson 1931a, Sakai 1934, Y. Ono 1935, Matsuura 1935, Matsuura u. Sutô 1935, Maude 1939, 1940.
	16		+		Levan 1931, 1934b, 1935b, Turesson 1931a.

[1] Ob auch diploide Individuen (n = 11. Stout 1932, Dark 1932b, Chandler 1940) der ursprünglich nicht einheimischen Art sich eingebürgert haben, ist mir unbekannt.

[2] In Japan auch eine tetraploide Rasse (n = 16) nach Hirata u. Akihama (1927), Sakai (1934) sowie Matsuura u. Sutô (1935).

[3] Durch Kreuzung diploider und tetraploider Individuen entstehen auch Triploide und Aneuploide (Levan 1934b, 1935b, 1936, Nybom 1947).

2514. A. carinatum L. — 8 + — Geitler 1943, Diannelidis 1944, 1947, Geitler u. Tschermak-Woess 1946, Tschermak-Woess 1947.

12 + — + Levan 1931, 1933b, 1937a, Y. Ono 1935, Tschermak-Woess 1947.

$\frac{25}{2}$ + — Geitler u. Tschermak-Woess 1946, Tschermak-Woess 1947.

2515. A. angulosum L. (= A. acutangulum Schrad.)[1] — 8 + — Levan 1931, 1935a, Koshy 1934 Tarnavschi 1938.

12 + — + Sinotô 1937c.
16 + — Levan 1935a.
20 + — Sinotô 1937c.

2516. A. vineale L. — *16 + — Levan 1931, Y. Ono 1935, A. u. D. Löve 1948.

*20 + — A. Fernandes, Garcia u. R. Fernandes 1948.

2517. A. montanum Schmidt (= A. senescens L.) — *16 + — Y. Ono 1935, Levan (bei A. u. D. Löve) 1942b.

*24 + — Mensinkai 1939.

2518. A. oleraceum L.[2] — 16 + — Levan 1931, 1933b, 1937a.

*20 + — Y. Ono 1935, Geitler u. Tschermak-Woess 1946, Tschermak-Woess 1947.

597. Scilla L.

2519. S. non-scripta (L.) Hoffmannsegg et Link — 8 + — E. Overton 1893a, b, Granier u. Boule 1911a, b, Darlington 1926, Hoare 1934a, b.

2520. S. bifolia L. — *9 + — Satô 1935.
*10 + — Müller 1912.

2521. S. autumnalis L. — 14 + — Heitz 1926, Martinoli 1949.
*21 + — Maude 1939, 1940.

598. Ornithogalum L.

2522. O. pyrenaicum L. — *8 + — + Greeves (in litt. Blackburn) 1930.

*16 + — Sprumont 1928.

2523. O. sphaerocarpum Kern. — — — —

2524. O. comosum Torner — — — —

---

[1]   Zahlreiche Aneuploidrassen (2 n = 41, ca. 50, ca. 58 etc. bei Sinotô 1937c; Levan fand sogar 2 n = > 100.

[2]   Die Art wurde von Levan (1937a) synthetisch aus amphidiploider Kreuzung zweier Typen von A. paniculatum L. hergestellt.

2525. O. nutans L.   *8   +   Sprumont 1928.
       *ca. 14   +   Heitz 1926.
       *15   +   +   Nakajima 1936.
       21   +   Lauber 1947.

2526. O. umbellatum L.[1]) $\frac{*27}{2}$ +   Sprumont 1928, Nakajima 1936.

       $\frac{*45}{2}$ +   Sprumont 1928.

       27   +   Matsuura u. Sutô 1935.

2527. O. Gussonei Ten.   —   —

2528. O. Boucheanum   —   —
       (Kunth) Aschers.

599. Muscari Mill.

2529. M. comosum (L.)   9   +   Delaunay 1915, 1926c, Wunder-
       Mill.   lich 1936, 1937, A. Fernandes,
                                       Garcia u. R. Fernandes 1948.

2530. M. tenuiflorum   *9   +   Delaunay 1915, 1922, 1926a, b,
       Tausch   c, 1928, Kachidze 1928.

2531. M. botryoides (L.)   *18   +   Delaunay 1926c.
       Mill. em. Lam. et   24   +   Matsuura u. Sutô 1935.
       DC.

2532. M. racemosum (L.) $\frac{*45}{2}$ +   Delaunay 1926c.

       Mill. em. Lam. et   27   +   Wunderlich 1936, 1937.
       DC.[2])

600. Gagea L.

2533. G. lutea (L.) Ker.   *6[3])+   Mattick (in litt.) 1949.
       Gawl. (= G. silva-   36   +   Sakamura u. Stow 1926,
       tica (Pers.) Dum.)   +   Matsuura u. Sutô 1935, Wester-
                                         gaard 1936, Geitler 1949.

2534. G. minima (L.) Ker.-   12   +   Westergaard 1936.
       Gawl.

2535. G. arvensis (Pers.)   *24   +   Westergaard (in litt.) 1937.
       Dum.

2536. G. fistulosa   ca. 40   +   Bianchi 1946.
       (Ram.) Ker.

2537. G. spathacea   *ca. 51   +   Westergaard 1936, Satô 1936.
       (Hayne) Salisb.

2538. G. bohemica   —   —
       (Zauschn.) Roem. et
       Schult.

---

[1])   Heitz (1926) hatte bereits 2 n = 24—28, Greeves (in litt. Blackburn) 1930
     n = 14 gezählt. Beide Autoren hatten jedoch anscheinend den Triploidie-
     Charakter ihrer Individuen nicht erkannt.

[2])   M. neglectum (2 n = 45 Delaunay 1926c) gehört nach Janchen (1942) zu
     M. racemosum.

[3])   Handelt es sich vielleicht um eine Haploidrasse?

2539. G. pratensis (Pers.) —   —
Dum.
2540. G. pusilla (Schmidt) —   —
Roem. et Schult.

601. LILIUM L.

2541. L. martagon L.   12 +   Guignard 1884, 1885, 1889,
1891a, b, E. Overton 1891,
Farmer 1895a, b, Farmer u.
Moore 1896, Sargant 1896,
1897, Miyake 1905, Strasburger
1908, S. Nawaschin 1910, Heimans 1928, Hall 1934, E. R.
Sansome u. La Cour 1934,
Richardson 1936, Marquardt
1937, Stewart 1947.
2542. L. bulbiferum L.   12 +   Strasburger 1888, 1893, Bambacioni-Mezzetti 1931.
2543. L. croceum Chaix.   12 +   Strasburger 1882, Guignard
1891b, Hall 1934.
2544. L. carniolicum Bernh. —   —

602. FRITILLARIA L.

2545. F. meleagris L.   12 +   Guignard 1891b, Belajeff 1894,
Newton 1927, Darlington 1929
b, 1932, 1935, 1936, Newton
u. Darlington 1930, Barber
1940.

603. TULIPA L.

2546. T. silvestris L.[1]   24   +   de Mol 1925, Newton 1927,
Hall 1937, 1938, Upcott 1939,
Upcott u. Philp 1939.

604. ERYTHRONIUM L.

2547. E. dens-canis L.   12 +   Hrubý 1934b.

605. LLOYDIA SALISB.

2548. L. serotina (L.)   *12 +   Newton 1927, Sakai 1935.
Rchb.

---

[1] T. australis Link ist nach Upcott u. La Cour (1936) sowie Hall (1937, 1938)
die diploide Rasse von T. silvestris. Sie kommt nur in Südeuropa vor. Ob
daneben auch echte diploide T. silvestris existiert, wie es von Guignard
(1891b, 1900), Bambacioni-Mezzetti (1931) und Stone (1933) angegeben
wird, oder ob diese Autoren die sehr ähnliche T. australis untersucht
haben, steht für mich nicht fest.

606. Asparagus L.

2549. A. officinalis L.[1]   10 +   Shoji u. Nakamura 1928, Kamo
                                             1929, Kuhn (in litt.) 1930,
                                             Flory 1932, Nagao 1938.
2550. A. tenuifolius Lam. —   —

607. Ruscus L.

2551. R. hypoglossum L. —   —

608. Polygonatum Mill.

2552. P. latifolium (Jacq.) 9 +   v. Berg 1933.
      Desf.   10 +   Suomalainen 1947.
2553. P. multiflorum (L.)   9 +   ⎫   v. Berg 1933, Dark (bei Maude)
      All.   1939, Junell (bei A. u. D. Löve)
                                            1942b, Suomalainen 1947.
                             10 +   ⎬ +   Suomalainen 1947.
                             14   +   Suomalainen 1947.
                            *15   + ⎭   Dark (bei Maude) 1939.
2554. P. officinale All.   10 +   ⎫   Hasegawa 1933, v. Berg 1933,
      (= P. odoratum (Mill.)   Junell (bei A. u. D. Löve)
      Druce[2])   ⎬ +   1942b, Suomalainen 1947, 1949.
                             15   + ⎭   Maude 1939, 1940.
2555. P. verticillatum(L.) *12   +   Mattick (in litt.) 1949.
      All.   14   +   v. Berg 1933, Junell (bei A. u.
                                             D. Löve) 1942b, Suomalainen
                                             1947.
                            *15   +   Dark (bei Maude) 1939.
                            *42   +   Dark (bei Maude 1939.
                          ca. 45   +   Suomalainen 1947.

609. Majanthemum Web.

2556. M. bifolium (L.) F.   14   +   Lawson 1913.
      W. Schm.   18   +   Stenar 1935, Palmgren 1943.
                          *ca. 19   +   Dark (bei Maude) 1939.
                           *21   +   Maude 1939, 1940 A. u. D.
                                             Löve 1942a.

610. Streptopus Rich.

2557. S. amplexifolius (L.) 16   +   Matsuura u. Sutô 1935, Mattick
      DC.   (in litt.) 1949.

---

[1] Randall u. Rick (1941) fanden bei „Zwillingsindividuen" neben Haploiden
     auch Triploide, Tetraploide und Trisome.
[2] Miss Maude (1939, 1940) fand auch hypotriploide Individuen mit n = 13
     u. 14, Dark (bei Maude 1939) und Suomalainen (1947) mit 2 n = 29.

611. Convallaria L.

2558. C. majalis L.   19   +   v. Berg 1933, Matsuura u. Sutô 1935, A. u. D. Löve 1944b, La Cour (bei Darlington u. Janaki-Ammal) 1945.

612. Paris L.

2559. P. quadrifolia L.[1]   10   +   Geitler 1937, 1938, 1939, Gotoh 1937, La Cour (bei Darlington) 1937, Darlington 1941, Heilborn 1943, A. u. D. Löve 1944b.

613. Narcissus L.

2560. N. pseudonarcissus L.[2]   *7   +   de Mol 1922, 1926, 1929, 1936, 1938, Nagao 1929a,b, 1930, 1933, Philp 1934b, A. Fernandes 1933, 1934, Satô 1938, de Lemos Pereira 1940, Sikka 1940a, A. u. R. Fernandes 1946.

2561. N. poeticus L.[2]   *7   +   Stomps 1919, de Mol 1926, 1929, 1938, Nagao 1929a, de Lemos Pereira 1940, Sikka 1940a.

2562. N. stellaris Haw. (= N. angustifolius Aut. austr.)   7   +   Geitler 1935.

614. Leucojum L.

2563. L. vernum L.   *11   +   Satô 1937a, 1938, Barros Neves 1939.

2564. L. aestivum L.   11   +   La Cour 1931, Nagao u. Takusagawa 1932, Satô 1937a, 1938, Inariyama 1937, Barros Neves 1939.

615. Galanthus L.

2565. G. nivalis L.[3]   12   +   Stenar 1925, Heitz 1926, Belling (in litt.) 1927, Geitler 1929b, Trankovsky 1930b, K. M. Perry 1932, Satô 1937b, 1938.

---

[1] Die japanische var. obovata Regel et Til. ist diploid oder triploid mit 2 n = 10 u. 15 (Haga 1934a, b, Darlington 1941).

[2] Kultiviert werden auch triploide und tetraploide Rassen. Ausser in den oben angeführten Arbeiten finden sich hierüber Angaben bei Nagao (1935) und A. Fernandes (1930, 1931a, b). Ob diese Rassen auch wild vorkommen, ist mir nicht klar geworden. Stomps (1919) sowie Kostriukova u. Benetzkaja (1939) fanden für N. poeticus auch n = 8.

[3] Satô sah auch Individuen mit 2 n = 25 und 28.

123. *DIOSCOREACEAE.*

Chromosomengrundzahl?

616. Tamus L.

2566. T. communis L.   24   +   Meurman 1924, 1925.

2. UNTERREIHE IRIDINEAE.

124. *IRIDACEAE.*

Chromosomengrundzahl?

617. Iris L.

2567. I. spuria L.   *11 + $\Big\}$ +   Westergaard 1938a.
                             22   +   Simonet 1928a, 1932a.

2568. I. germanica L.   12 +   Strasburger 1900, Simonet
                                             1928b, 1929c.
                             17   + $\Big\}$ +   Longley 1928.
               18, 24, 30 etc. +   Simonet 1928b, 1929a, c, 1932a.
                             22   +   Simonet 1928b, 1929a, c, 1932a,
                                             Sturtevant u. Randolph 1945.

2569. I. sambucina L.   12 +   Longley 1928, Simonet 1928b.

2570. I. aphylla L.   *12 +   Simonet 1934a.
                             22   +   Sturtevant u. Randolph 1945.
                            $\dfrac{*43}{2}$ + $\Big\}$ +   Simonet 1934a.
                             *24 +   Simonet 1934a.

2571. I. variegata L.[1)]   12 +   Longley 1928, Simonet 1928a,
                                             1932a, b.

2572. I. sibirica L.   14 +   Simonet 1928a, 1932a, Kazao
                                             1928, 1929.

2573. I. arenaria Waldst.   —   —
         et Kit.

2574. I. pseudacorus L.[2)] 12 +   Strasburger 1900, Miyake 1905,
                                             Longley 1928.
                             17   + $\Big\}$ +   Simonet 1928a, 1932a, Ehren-
                                             berg 1945, Felföldy 1947, A.
                                             Fernandes, Garcia u. R. Fer-
                                             nandes 1948.

2575. I. graminea L.   17 +   Simonet 1928a, 1932a.
2576. I. pumila *16, *18, *20 +   Simonet 1928a, 1932a, 1934a.
         L.

[1)] Longley (1928) sah auch Individuen mit überzähligen Chromosomen.
[2)] Heppell (bei Maude) 1939 sah auch Individuen mit 2 n = 30, Ehrenberg
      (1945) mit 2 n = 32.

618. Crocus L.

	Chrom.Z.	D	P	D+P	Autor
2577. C. vernus Wulf[1])	*4	+			Mather 1932, Karasawa 1940, 1942.
	*5	+			Mattick (in litt.) 1949.
	8		+		Morinaga u. Fukushima 1931, Yamamoto (bei Kihara, Yamamoto u. Hosono) 1931, Karasawa 1932, 1935, 1942, 1943, 1944, Takenaka 1937b.
	10		+		Karasawa 1935, 1942, 1943.
	12		+	+	Karasawa 1932, 1935, 1942, Takenaka 1937b, Gates u. Pathak 1939.
	*$\frac{25}{2}$		+		Karasawa 1942.
	*15		+		Karasawa 1942.
	16		+		Karasawa 1932, 1935, 1942, 1943.
	*$\frac{35}{2}$		+		Karasawa 1942.
2578. C. Heuffelianus Herb.	7		+		Mather 1932, Karasawa 1942, 1944.

619. Gladiolus L.

	Chrom.Z.	D	P	D+P	Autor
2579. G. paluster Gaud.	—				—
2580. G. imbricatus L.	—				—
2581. G. communis L.	45		+		Bamford 1941.
	*ca. 64		+		Bamford 1935.
	90		+		Bamford 1941.

620. Sisyrinchium L.

	Chrom.Z.	D	P	D+P	Autor
2582. S. angustifolium Mill.	—				—

3. UNTERREIHE JUNCINEAE.

125. *JUNCACEAE.*

Chromosomengrundzahl 5, 6.

621. Luzula DC.[2])

	Chrom.Z.	D	P	D+P	Autor
2583. L. flavescens (Host.) Gaud.	—				—

---

[1]) Neben den polyploiden Rassen, die sich von b = 4 und 5 ableiten, sind auch zahlreiche Aneuploide bekannt. Mather (1932) und Brittingham (1934) fanden solche mit 2 n = 18, Nakajima (1936), Takenaka (1937b) sowie Karasawa (1942, 1943) mit 2 n = 19—33.

[2]) Ich werte die 6-chromosomigen Species als diploid, trotzdem Malheiros u. de Castro (1947) sowie Oestergren (1949) für L. purpurea Link n = 3 gefunden haben. Die eigenartige Verknüpfung der Spindelfasern mit den Chromosomen, die die genannten Forscher angeben, deutet darauf hin, dass es sich hier um „complexe" Gebilde handelt. Ich betrachte die Zahl 3 somit als Sekundärzahl.

2584. L. silvatica (Huds.) *6 +   Wulff 1939a, Nordenskiöld
Gaud.   1949.
2585. L. campestris (L.) *6 +   Malheiros u. Gardé 1947, Nor-
DC.   denskiöld 1949.
            12   + $\Big\{$ +   Sasaki 1937.
           *18   +   A. u. D. Löve 1944a.
2586. L. multiflora (Retz.) *6 +   Scheerer 1940, Malheiros u. Gar-
Lej.   dé 1947.
            18   +   Böcher 1938b, Scheerer 1940,
                                     + Hagerup 1941a, A. u. D. Löve
                                        1944a, Sörensen u. Westergaard
                                        (bei A. u. D. Löve) 1948,
                                        Nordenskiöld 1949a.
2587. L. pallescens   *6 +   Nordenskiöld 1949a.
(Wahlbg.) Sm.
2588. L. nivea (L.)   *6 +   Mattick (in litt.) 1949, Norden-
DC.   skiöld 1949a.
2589. L. lutea (All.) DC. —   —
2590. L. nemorosa (Poll.) *6 +   Nordenskiöld 1949a.
E. Mey (= L. luzuloi-
des Lam.) Dandy et
Wilmott)
2591. L. spadicea (All.) DC. —   —
2592. L. glabrata (Hoppe) —   —
Desv.
2593. L. spicata (L.) Lam. *12   +   Böcher 1938b, Sörensen u.
et DC.   Westergaard (bei A. u. D. Löve)
                                        1948, Nordenskiöld 1949a.
2594. L. Forsteri (Sm.) *12   +   Malheiros u. Gardé 1947.
DC.
2595. L. sudetica (Willd.) *24   +   Nordenskiöld 1949.
DC.
2596. L. pilosa (L.)   36   +   Hagerup (bei A. u. D. Löve)
Willd.[1])   1942b, 1944a.

622. JUNCUS L.

2597. J. trifidus L.   *15   +   A. u. D. Löve 1944a.
2598. J. macer S. F.   *15   +   A. u. D. Löve 1948.
Gray[2])
2599. J. squarrosus L. *ca. 20   +   Wulff 1938, A. u. D. Löve 1948.
2600. J. conglomera-   *ca. 20   +   Scheerer 1940, Tarnavschi (in
tus L. (= J. Leersii   litt.) 1943, A. u. D. Löve 1948.
Mar.)
2601. J. effusus L.   20   +   Sasaki 1937, A. u. D. Löve
                                        1944a.
2602. J. glaucus Ehrh.   *20   +   Wulff 1937b, A. u. D. Löve
(= J. inflexus L.)   1948.

---

[1]) Scheerer (1939) zählte n = 31, Frl. Nordenskiöld (1949a) 2 n = ca. 70.
[2]) Sasaki (1938) zählte 2 n = 32.

	Chrom.Z.	D.	P.	D+P	Autor
2603. J. maritimus Lam.	*20		+		Wulff 1937a, Tarnavschi (in litt.) 1943, A. u. D. Löve 1948.
2604. J. anceps Laharpe (incl. J. atricapillus Buchen.)	*20		+		Wulff 1937a, A. u. D. Löve 1948.
2605. J. acutiflorus Ehrh. (= J. silvaticus Rchb.)	*20		+		Timm.u Clapham 1940, A. u. D. Löve 1948.
2606. J. bulbosus L. (= J. supinus Moench)	*20		+		Wulff 1938, Timm (bei Maude) 1939, A. u. D. Löve 1944a, A. Fernandes, Garcia u. R. Fernandes 1948.
2607. J. alpinus Vill.	*20		+		A. u. D. Löve 1944a.
2608. J. filiformis L.	*20		+		Vaarama (bei A. u. D. Löve) 1948.
	*ca. 40		+		Wulff 1937a, A. u. D. Löve 1944a.
2609. J. triglumis L.	*25		+		A. u. D. Löve 1944a.
2610. J. articulatus L.[1])	*ca.30		+		Wulff 1938.
	*40		+		Timm u. Clapham 1940, Ehrenberg 1945.
2611. J. bufonius L.	ca. 30		+		Wulff 1937a.
	ca. 60		+		A. u. D. Löve 1948.
var. ranarius Song. et Perr.	*ca. 60		+		Wulff 1937a.
2612. J. Gerardi Lois.	*40		+		Wulff 1937a, Tarnavschi (in litt.) 1943.
2613. J. arcticus Willd.	*ca. 50		+		A. u. D. Löve 1944a.
2614. J. balticus Willd.	—				—
2615. J. Jacquinii L.	—				—
2616. J. capitatus Weig.	—				—
2617. J. castaneus Sm.	—				—
2618. J. stygius L.	—				—
2619. J. biglumis L.	—				—
2620. J. obtusiflorus Ehrh.	—				—
2621. J. atratus Krocker	—				—
2622. J. pygmaeus Rich.	—				—
2623. J. compressus Jacq.	—				—
2624. J. tenageia Ehrh.	—				—
2625. J. sphaerocarpus Nees	—				—

4. UNTERREIHE CYPERICINEAE.

126. *CYPERACEAE.*

Chromosomengrundzahl?

623. CYPERUS L.

	Chrom.Z.	D.	P.	D+P	Autor
2626. C. flavescens L.	*ca. 25		+		Levitsky 1931a, Avdulov 1931.
2627. C. pannonicus Jacq.	—				—

[1]) Frau Mattick (in litt.) 1949 zählte an einem Individuum nur 2 n = 30—34.

2628.	C. Michelianus (L.) Link	—		—
2629.	C. fuscus L.	*ca. 36	+	A. u. D. Löve 1944b.
2630.	C. longus L.	—		—

624. Eriophorum L.

2631.	E. latifolium Hoppe	*ca. 27 *36	+ +	Scheerer 1940. Sörensen u. Westergaard (bei A. u. D. Löve) 1948.
2632.	E. angustifolium Honck.	29	+	Håkansson 1928, Sörensen u. Westergaard (bei A. u. D. Löve) 1948.
	var. triste Th. Fr.	*30	+	Flovik (bei A. u. D. Löve) 1942, 1943, Sörensen u. Westergaard (bei A. u. D. Löve) 1948.
2633.	E. vaginatum L.	29	+	Håkansson 1928, Tanaka 1942 b, 1948.
2634.	E. Scheuchzeri Hoppe	*29	+	Flovik (bei A. u. D. Löve) 1942b, 1943, Sörensen u. Westergaard (bei A. u. D. Löve) 1948.
2635.	E. gracile Koch	30 38	+ +	Tanaka 1942b, 1948. Hagerup 1944a, Tanaka 1948.

625. Scirpus L.

2636.	S. holoschoenus L.	—		—
2637.	S. lacuster L.[1])	21	+	Håkansson 1928, Kostriukova 1930, Tanaka 1938, 1939, 1948.
2638.	S. Tabernaemontani Gmel.	21	+	Håkansson 1928, Wulff 1938.
2639.	S. Kalmussii Aschers., Abrom. et Graebn.	—		—
2640.	S. silvaticus L.	31	+	Håkansson 1928, Avdulov 1931.
		*32	+	Ehrenberg 1945.
2641.	S. radicans Schkuhr	28 29	+ +	Håkansson 1928. Heilborn 1939.
2642.	S. maritimus L.	ca. 52 55	+ +	Håkansson 1928. Tanaka 1937, 1948.
2643.	S. supinus L.	—		—

---

[1]) Tanaka (1937, 1938, 1939a, 1940, 1948) sah in einigen Rassen die Zahl der Chromosomen auf n = 19 resp. n = 20 reduciert. Die Karyogramme waren dabei verändert. Je 1 resp. 2 der mittelgrossen Chromosomen eines haploiden Satzes war verschwunden. Dafür aber war ein Chromosom, das der grössten Chromosomensorte zugehörte, verändert. Vielleicht war dies durch Translokationen von seiten der „verschwundenen" Chromosomen bedingt.

	Chrom.Z.	D	P	D+P	Autor
2644. S. mucronatus L.	21		+		Morinaga u. Fukushima 1931, Tanaka 1937, 1948.
2645. S. triqueter L.	20		+		Tanaka 1942a, 1948.
2646. S. americanus Pers.	38		+		Hicks 1928.
	*ca. 40		+		Wulff 1937a.
	50—64		+		Hicks 1928.
2647. S. distichus Peterm. (= S. compressus Pers.)	22		+		Håkansson 1928.
2648. S. rufus (Huds.) Schrad.	*20		+		Wulff 1937a.
2649. S. fluitans L.	*30		+		Scheerer 1940.
2650. S. setaceus L.	13		+		Håkansson 1928.
	*14		+		Scheerer 1940.
2651. S. carinatus (Sm.) Palla	—				—
2652. S. trichophorum Asch. et Graebn. (= Eriophorum alpinum L.)	29		+		Heilborn 1939, Wulff 1939b, Tanaka 1948.
2653. S. caespitosus L.	*52		+		Scheerer 1940.

626. HELEOCHARIS R. BR. CORR. LESTIB.

	Chrom.Z.	D	P	D+P	Autor
2654. H. parvula Roem. et Schult.) Link	*5		+		Wulff 1937a.
2655. H. palustris (L.) Roem. et Schult.	*5		+		Levitsky (in litt.) 1934, 1940b. Piech 1924, 1927, 1928a, b, Hicks 1929, Håkansson 1929c, Avdulov 1931, Levitsky (in litt.) 1934, 1940b, Tanaka 1942 b, 1948, Pólya 1948.
	8[1])		+		
	9[1])		+		Hicks 1929.
	18			+	Hicks 1929.
	19			+	Håkansson 1928, 1929c.
2656. H. uniglumis (Link) Schult.	8[1])		+		Pfeiffer 1942.
	16			+	Piech 1927, 1928a, b.
	23			+	Håkansson 1928.
2657. H. mamillata Lindb.	—				—
2658. H. ovata (Roth.) R. Br.	—				—
2659. H. multicaulis Sm.	10			+	Håkansson 1928.
2660. H. pauciflora (Lightf.) Link	—				—
2661. H. acicularis (L.) Roem. et Schult.	10			+	Tanaka 1937, 1948.
	15—19[2])			+	Hicks 1929.
2662. H. carniolica Koch	—				—

[1]) Ob die 8- und 9-chromosomigen Rassen noch als diploide zu bezeichnen sind, steht mir nicht fest.

[2]) Die untersuchten Individuen waren nach Hicks hybridogen. Die angegebenen Chromosomenzahlen wurden in der homöotypen Teilung der PMZ constatiert. In der heterotypen Teilung ergaben sich Zahlen von 25—29.

627. Schoenus L.

2663. S. nigricans L.   —   —
2664. S. ferrugineus L.   *38   +   A. u. D. Löve 1944b.

628. Cladium P. Br.

2665. C. mariscus (L.) Pohl 18   +   Pfeiffer 1942.

629. Rhynchospora Vahl.

2666. R. alba (L.) Vahl   *13   +   Scheerer 1940.
                            *21   +   A. u. D. Löve 1942a.
2667. R. fusca (L.) Ait.   *16   +   Scheerer 1940.

630. Elyna Schrad.

2668. E. myosuroides   26   +   Böcher 1938b, Heilborn 1939[1]).
       (Vill.) Fritsch

631. Kobresia Willd.

2669. K. caricina Willd.   —   —

632. Carex L.[2])

2670. C. microglochin *ca. 28   +   Levan (bei A. u. D. Löve)
       (Spr.) Wahlbg.   1942b.
2671. C. pauciflora Lightf. —   —
2672. C. pulicaris L.   *29   +   Tanaka 1942c, 1948.
                            *30   +   Heilborn 1939.
2673. C. capitata L.   25   +   Heilborn 1928.
2674. C. rupestris Bell.   25   +   Heilborn 1924, Flovik (bei A.
                                                   u. D. Löve) 1942b, 1943.
2675. C. dioica L.   26   +   Heilborn 1922, 1924, Okuno
                                                   1939, 1940, Levan (bei A. u.
                                                   D. Löve) 1942b.
2676. C. Davalliana Sm.   23   +   Heilborn 1937, 1939.
2677. C. obtusata Liljebl. —   —
2678. C. teretiuscula   30   +   Heilborn 1939.
       Good. (= C. diandra
       Schrank)
2679. C. paniculata Jusl.   30   +   Tanaka 1942d, 1948.
                            31   +   Tanaka 1948.
                            32   +   Wulff 1939b, A. u. D. Löve
                                                   1944b, Tanaka 1942d, 1948.
2680. C. appropinquata   32   +   Heilborn 1924, 1939.
       Schum (= C. paradoxa
       Willd.)
2681. C. muricata L. (incl. 28   +   Tanaka 1948.
       C. contigua Hoppe   29   +   Heilborn 1924, Tanaka 1942e,
       u. Pairaei F. Schultz)   1948.

---

[1]) Heilborn (1939) sah auch Individuen mit überzähligen Chromosomen bis
      zu 2 n = 59.
[2]) Ich werte bis auf weiteres die Arten mit n = 7 u. 9 noch als diploid.

	Chrom.Z.	D.	P.	D+P	Autor
2682. C. divulsa Stokes	29			+	Heilborn 1924, 1939, Tanaka 1942 d. 1948.
2683. C. foetida All.	—				—
2684. C. vulpina L.	34			+	Heilborn 1922, 1924.
2685. C. nemorosa Rebent.	30			+	Tanaka 1942d, 1948.
2686. C.chordorrhiza Ehrh.	—				—
2687. C. juncifolia All.	—				—
2688. C. stenophylla Wahlbg.	31			+	Tanaka 1948.
2689. C. praecox Schreb.	—				—
2690. C. brizoides Jusl.	—				—
2691. C. disticha Huds.	ca. 31			+	Heilborn 1924.
2692. C. divisa Huds.	*7		+		Tarnavschi (in litt.) 1943.
2693. C. repens Bell.	—				—
2694. C. arenaria L.	29			+	Tanaka 1942d, 1948.
	*32			+	Wulff 1937b.
2695. C. Reichenbachii Bonn.	—				—
2696. C. ligerica Gay.	—				—
2697. C. baldensis Torner	—				—
2698. C. curvula All.	—				—
2699. C. heleonastes Ehrh.	—				—
2700. C. Lachenalii Schkuhr	32			+	Heilborn 1939, Flovik (bei A. u. D. Löve) 1942b, 1943.
2701. C. canescens L. (incl. C. lapponica O. F. Lang)	*26			+	Okuno 1939, 1940.
var. disjuncta Fern.	27			+	Wahl 1940.
var. typica	28			+	Heilborn 1924, Levan (bei A. u. D. Löve) 1942b, A. u. D. Löve 1944b, Tanaka 1948.
2702. C. brunnescens (Pers.) Poir.	28			+	Heilborn 1939, Wahl 1940, Levan (bei A. u. D. Löve) 1942b, Tanaka 1942e, 1948.
2703. C. loliacea L.	27			+	Heilborn 1924, Levan (bei A. u. D. Löve) 1942b.
2704. C. disperma Desv.	35			+	Wahl 1940.
2705. C. stellulata Good.	26[1])			+	Okuno 1939, 1940.
(= C. echinata	28			+	Heilborn 1939.
Murr.)	*29			+	Wulff 1939b, Tanaka 1942d, 1948.
2706. C. remota (L.) Grufb.	31			+	Heilborn 1928.
2707. C. elongata L.	ca. 28			+	Heilborn 1924.
2708. C. leporina L.	32			+	Tanaka 1942e, 1948.
	33			+	Heilborn 1939, Tanaka 1942e, 1948.
	34			+	Wulff 1939b, Tanaka 1942e, 1948.

[1]) Es handelt sich hier um die auch als eigene Art betrachtete var. Omiana Franch. et Sav.

	Chrom.Z.	D.	P.	D+P	Autor
2709. C. cyperoides L.	40			+	Tanaka 1942d, 1948.
2710. C. trinervis Degl.	—				—
2711. C. vulgaris Fries *ca.	37			+	A. u. D. Löve 1944b.
(= C. Goodenovii	42			+	Heilborn 1922, 1924.
Gay incl. C. juncella Fries)					
2712. C. gracilis Curt. *ca.	37			+	Ehrenberg 1945.
	42			+	Heilborn 1922, 1924.
2713. C. rigida Good.	35			+	Heilborn 1924, 1928, Böcher 1938b, Sörensen u. Westergaard (bei A. u. D. Löve) 1948.
(= C. Bigelowii Torr.)					
2714. C. Buckii Wimm.	—				—
2715. C. Hudsonii Benn.	39			+	P. H. Clausen (mdl.) 1926.
(= C. stricta Good.,	40			+	Heilborn 1922, 1924.
C. elata All.)					
2716. C. caespitosa L.	40			+	Heilborn 1922, 1924.
2717. C. bicolor Bell.	—				—
2718. C. Buxbaumii ca. Wahlbg.	37			+	Heilborn 1924.
2719. C. Hartmani Cajand.	—				—
2720. C. nigra Bell.	—				—
2721. C. norvegica Retz. *27	27			+	Levan (bei A. u. D. Löve) 1942b.
(= C. Halleri Gunn., C. alpina Sw.)	28			+	Heilborn 1922, 1924, Sörensen u. Westergaard (bei A. u. D. Löve) 1948.
	33			+	Tanaka 1942f, 1948.
2722. C. atrata L.	27			+	Heilborn 1922, 1924, 1939, Okuno 1939, 1940, Levan (bei A. u. D. Löve) 1942b, Tanaka 1948.
	*28			+	Tanaka 1948.
2723. C. pallescens L.	32			+	Heilborn 1922, 1924, Wahl 1940.
	33			+	Tanaka 1942g, 1948.
2724. C. tomentosa L.	24			+	Heilborn 1924.
2725. C. globularis L.	—				—
2726. C. ericetorum Poll.	15			+	Heilborn 1922, 1924.
2727. C. pilulifera L.[1]	9	+			Heilborn 1922, 1924, 1936, 1937.
2728. C. montana L.	19			+	Heilborn 1922, 1924, 1937.
2729. C. supina Wahlbg.	—				—
2730. C. liparocarpos Gaud.	—				—
2731. C. glauca Scop.	38			+	Heilborn 1924, 1932, Tanaka 1942g, 1948.
2732. C. pendula Huds.	29			+	Heilborn 1939.
	30			+	Tanaka 1942g, 1948.

[1]) Tanaka (1948) gibt für die gleiche Art n = 28 an. Es dürfte sich aber wohl um eine verwandte Art handeln.

	Chrom.Z.	D.	P.	D+P	Autor
2733. C. verna Chaix (= C. caryophyllea Latour)[1])	31			+	Heilborn 1922, 1924.
2734. C. umbrosa Host.	—				—
2735. C. humilis Leyss.	36			+	Tanaka 1942h, 1948.
2736. C. alpestris All.	—				—
2737. C. pediformis C. A. Mey.	—				—
2738. C. digitata L.	26			+	Heilborn 1922, 1924.
2739. C. ornithopoda Willd.	ca. 23			+	Heilborn 1924.
2740. C. alba Scop.	—				—
2741. C. limosa L.	28			+	Tanaka 1942h, 1948.
	*32			+	Wulff 1939b, A. u. D. Löve 1944b.
2742. C. magellanica Lam.	29			+	Heilborn 1928.
2743. C. panicea L.	16			+	Heilborn 1922, 1924, 1936, 1937, Levan (bei A. u. D. Löve) 1942b, A. u. D. Löve 1948.
2744. C. vaginata Tausch	16			+	Heilborn 1922, 1924.
2745. C. mucronata All.	—				—
2746. C. brachystachys Schrank	—				—
2747. C. frigida All.	—				—
2748. C. fuliginosa Schkuhr[2])	—				—
2749. C. firma Host.	—				—
2750. C. sempervirens Vill.	*28			+	Tanaka 1948.
	*29			+	Tanaka 1942i, 1948.
2751. C. atrofusca Schkuhr	18			+	Heilborn 1928, Levan (bei A. u. D. Löve) 1942b.
2752. C. ferruginea Scop.	*29			+	Tanaka 1942i, 1948.
2753. C. strigosa Huds.	*33			+	Heilborn 1928, 1939.
2754. C. capillaris L.	27			+	Heilborn 1924, Levan (bei A. u. D. Löve) 1942b.
2755. C. silvatica Huds.	29			+	Heilborn 1928.
2756. C. Michelii Host.	—			+	
2757. C. pilosa Scop.	*22			+	Tanaka 1948.
	32			+	Okuno 1939, 1940[3]).
2758. C. depauperata Good.	—				—
2759. C. brevicollis DC.	28			+	Tanaka 1948.
2760. C. laevigata Sm.	—				—
2761. C. punctata Gaud.	34			+	Heilborn 1924.

---

[1]) Die japanische Var. microtricha Ohwi hat nach Tanaka (1942g, 1948) n = 33.

[2]) Untersucht ist bisher. nur die im arktischen Europa und Amerika wachsende var. misandra R. Br. mit 2 n = 40 (Flovik bei A. u. D. Löve 1942b), 1943.

[3]) Daneben fand Okuno auch Individuen mit 2 n = 57, die in der Meiose 19III Paare aufwiesen.

	Chrom.Z.	D.	P.	D+P	Autor
2762. C. distans L.	37		+		Heilborn 1924.
2763. C. binervis Sm.	—				—
2764. C. Hostiana DC. (= C. Hornschuchiana Hoppe).	28		+		Heilborn 1924, 1928.
2765. C. extensa Good.	*30		+		Wulff 1937a.
2766. C. flava L.	*29		+		Tanaka 1942k, 1948.
	30		+		Heilborn 1939, Wahl 1940.
2767. C. lepidocarpa Tausch	*29		+		Tanaka 1942k, 1948.
	34		+		Heilborn 1924.
2768. C. Oederi Retz.	35		+		Heilborn 1922, 1924, 1928, Tanaka 1948.
2769. C. hordeistichos Vill.	28		+		Heilborn 1939.
	*35		+		Tanaka 1942k, 1948.
2770. C. secalina Wahlbg.	—				—
2771. C. pseudocyperus L.	33		+		Heilborn 1924, Wahl 1940.
2772. C. rostrata Stokes					
	ca. *30		+		Ehrenberg 1945.
	38		+		Heilborn 1922, 1924, A. u. D. Löve 1944b.
	41		+		Wahl 1940
2773. C. laevirostris Blytt (= C. rhynchophysa C. A. Mey).	*37		+		Tanaka 1948.
	40		+		Tanaka 1942l, 1948.
	41		+		Heilborn 1928.
2774. C. vesicaria L.	37		+		Tanaka 1942l, 1948.
	41		+		Heilborn 1922, 1924.
2775. C. acutiformis Ehrh.	—				—
2776. C. riparia Curt.	36		+		Heilborn 1922, 1924.
2777. C. melanostachya Willd.	—				—
2778. C. lasiocarpa Ehrh.	—				—
2779. C. hirta L.	56		+		Heilborn 1924, Wahl 1940.
2780. C. atherodes Sp.	—				—

5. REIHE ENANTIOBLASTAE.

127. *GRAMINEAE*

Chromosomengrundzahl 6, 7, (9) 10.

In der Anordnung der Gattungen benutze ich weitgehend die Anregungen, die Avdulov(1931) und Roževitz (1945) gaben. Als erste Gruppe nehme ich die Phragmitiformes (b = 6), als zweite die Festucaeformes (b=7). Man fasst sie als Poaeoideen zusammen. Ihnen stehen die Panicoideen (b = 10, vielleicht b = 5) gegenüber. Die Eragrosteen werden zu den Chlorideen gestellt, die Meliceen (Melica, Molinia, Glyceria, Catabrosa) (b = 9 u. 10) als Sondergruppe der Festucaeformes gewertet.
Brachypodium stelle ich (mit ?) ans Ende der Phragmitiformes.

633. Phragmites Adans.

2781. P. communis Trin.
var. pseudodonax
Rabenh.   18   +   Tischler 1918, 1942.
var. legitima
Aschers. et   *24   +   Avdulov 1931, Hunter 1934,
Graebn.(incl. f. coarctata   Hagerup 1941a.
Raunkiaer)   *ca.48 +   Avdulov 1931.

634. Oryzopsis L. C. Rich.

2782. O. virescens (Trin.) *12   +   Avdulov 1928, 1931.
Beck

635. Leersia S.W.

2783. L. oryzoides (L.) Sw. 24[1]   +   Ramanujam 1938, W. V. Brown
                                            1948.

636. Stipa L.

2784. S. capillata L.   *22   +   Avdulov 1928, 1931, Stebbins
(= S. comata Trin.   u. Love 1941, Tarnavschi (in
et Rupr.)   litt.) 1943.
                           *23   +   Love (bei Myers) 1947.
2785. S. Joannis Čelak.   *22   +   Avdulov 1931.
(= S. pennata L.)
2786. S. stenophylla   *22   +   Avdulov 1931.
Czern.
2787. S. pulcherrima   *22   +   Avdulov 1931
C. Koch
2788. S. gallica Čelak.   —   —
2789. S. dasyphylla Czern. —   —

637. Lasiagrostis Link.

2790. L. calamagrostis   —   —
(L.) Link

638. Brachypodium Pal. Beauv.

2791. B. silvaticum (Huds.) *9 +   Avdulov 1928, 1931.
Pal. Beauv.
2792. B. pinnatum (L.)   *14   +   Kattermann 1930, A. u. D. Löve
Pal. Beauv.   1944b.

639. Poa L.

2793. P. Chaixii Vill.   *7 +   Avdulov 1928, 1931, Stählin
                                        1929, A. Müntzing 1932b,
                                        Nannfeldt 1937, Kiellander (bei
                                        A. u. D. Löve) 1942b.

---

[1]) Die var. japonica Hack. besitzt nach Hirayoshi (1937) 2 n = 60.

	Chrom.Z.	D.	P.	D+P	Autor
2794. P. trivialis L.	*7			+	Avdulov 1928, 1931, Stählin 1929[1]), Radeloff 1930, A. Müntzing 1932b, Armstrong 1937, Sokolovskaja u. Strelkova 1940, Åkerberg 1941, A. u. D. Löve 1942a, Christoff 1942[1])b.
2795. P. pratensis L.[2])	*14			+	Avdulov 1931, E. L. Nielsen 1944.
	21			+	Radeloff 1930, A. Müntzing 1937b, Nissen 1937, Flovik 1938, 1940, W. L. Brown 1939, 1941, Felföldy 1946.
	$\frac{*49}{2}$			+	A. Müntzing 1932b, W. L. Brown 1939, 1941, Christoff 1944, Hartung 1946, Felföldy 1946.
	28			+	Stählin 1929, Avdulov 1931, Church 1936, Randolph (bei Vinall u. Hein) 1937, Armstrong 1937, Sokolovskaja u. Strelkova 1940, Rozanova 1940a, W. L. Brown 1939, 1941, Brittingham 1941, E. L. Nielsen 1946, Hartung 1946.
	$\frac{*63}{2}$			+	A. Müntzing 1940, Tinney 1940, Åkerberg 1941, Christoff 1942, 1944.
	*35			+	Avdulov 1931, Nakajima 1933, Sokolovskaja u. Strelkova 1940, Tinney 1940, Rozanova 1940a, A. u. D. Löve 1942a, Christoff 1944, Felföldy 1946, Hartung 1946.
	$\frac{*77}{2}$			+	Christoff 1944.
	*42			+	E. L. Nielsen 1946, Hartung 1946.

---

[1]) Hier fand sich auch ein überzähliges Chromosom ein.

[2]) Sehr häufig kommen Individuen mit aneuploiden Zahlen vor. Die Zahl 2 n kann dabei bis zu ± 124 steigen. Zwischen 2 n = 42—87 sind fast alle Zahlen vertreten. (A. Müntzing 1932b, 1937b, 1940, Rancken 1934, Åkerberg 1936, 1939, 1941, 1942, Nissen 1937, Randolph (bei Vinall u. Hein) 1937, Armstrong 1937, Flovik 1938, 1940, Skovsted 1939, W. L. Brown 1939, 1941, Tinney 1940, Kiellander 1941, 1942, A. u. D. Löve 1942a, Christoff 1944, E. L. Nielsen 1944, 1946, Hartung 1946, Kramer 1947, Nygren (bei A. u. D. Löve) 1948. Bei Zwillingen fanden sich selbst triploide Pflanzen ein. Aus der Nachkommenschaft von Individuen mit 2 n = 72 zog Kiellander (1942) sogar Individuen mit 2 n = 15—18. Ob diese wild konkurrenzkräftig wären, muss ich dahingestellt sein lassen. Die nordische Subspec. alpigena (Fr.) Hiit. blieb unberücksichtigt.

	Chrom.Z.	D.	P.	D+P	Autor
2796. P. alpina L.[1]).	*7	+			Sokolovskaja u. Strelkova 1940, Rozanova 1940a, Christoff, 1942b, A. Müntzing 1946, 1948.
	$\frac{*21}{2}$		+		A. Müntzing 1936a, 1940.
	*14		+		A. Müntzing 1940.
	$\frac{*35}{2}$		+	+	A. Müntzing 1940.
	*21		+		Stählin 1929, Flovik 1938, 1940, Sokolovskaja u. Strelkova 1938, 1940, A. Müntzing (bei A. u. D. Löve) 1942b.
2797. P. Molinerii Balbie	—				—
2798. P. badensis Haenke	*14		+		Armstrong 1937.
	*21		+		Stählin 1929.
2799. P. pumila Host.	—				—
2800. P. remota Torsell	* 7	+			Nannfeldt (bei A. u. D. Löve) 1942b.
2801. P. nemoralis L.[2])	*14		+		Avdulov 1928, 1931. Sokolovskaja u. Strelkova 1940, Åkerberg 1941, Kiellander (bei A. u. D. Löve) 1942b.
	*21		+		Stählin 1942, Radeloff 1930, Armstrong 1937, Åkerberg 1941, Kiellander (bei A. u. D. Löve) 1942b.
	*28		+		A. Müntzing 1932b.
2802. P. hybrida Gaud.	—				—
2803. P. stiriaca Fritsch et Hay.	—				—
2804. P. palustris L. (= P.	$\frac{21}{2}$		+		Kiellander 1935.
serotina Ehrh.)[3])	14		+		Avdulov 1928, 1931, Kiellander 1935, 1944, Armstrong 1937, Hartung 1946.
	*21		+		Stählin 1929, Radeloff 1930, Avdulov 1931, Kiellander (bei A. u. D. Löve) 1942b.
2805. P. atrhoostachya Oett.	—				—

---

[1]) Aneuploide Zahlen von 2 n = 22—74 wurden gezählt von Avdulov (1928, 1931), A. Müntzing (1932b, 1936a, 1940), Armstrong (1937), Böcher (1938b), Flovik (1938, 1940), Sokolovskaja u. Strelkova (1938, 1940), Rozanova (1940a), Åkerberg (1941), Tarnavschi (in litt.) 1943 und Håkansson (1943, 1944). Besonders eigenartig ist die Tatsache, dass in diploiden Individuen die PMZ regelmässig eine Chromosomenvermehrung durch sogenannte B-Chromosomen zeigen können (Christoff 1942, A. Müntzing 1946, 1948, 1949, Håkansson 1948), die ausserhalb der „Keimbahn" wieder verschwinden können.

[2]) Kiellander (bei A. u. D. Löve) 1942b beobachtete auch Aneuploide von 2 n = 29—43.

[3]) Kiellander (bei A. u. D. Löve 1942b) fand auch 2 n = 29 u. 30.

	Chrom.Z.	D.	P.	D+P	Autor
2806. P. laxa Haenk.	ca. 39		+		Nannfeldt 1940.
2807. P. minor Gaud.	—				—
2808. P. caesia Sm.	*21		+		Stählin 1929.
2809. P. cenisia All.	—				—
2810. P. violacea Bell.	*14		+		Stählin 1929.
2811. P. compressa L.[1]	$\frac{*35}{2}$	+			Åkerberg 1941.
	*21		+		Avdulov 1931, A. Müntzing 1932b, Armstrong 1937, Turesson 1938, Brittingham 1941, Åkerberg 1941, Kiellander 1944, Hartung 1946.
	$\frac{*49}{2}$		+		Åkerberg 1941, Christoff 1942, Kiellander (bei A. u. D. Löve) 1948.
	*28		+		Stählin 1929, Radeloff 1930, Armstrong 1937, Kiellander (bei A. u. D. Löve) 1948.
2812. P. annua L.[2]	14		+		Avdulov 1928, 1931, Stählin 1929, Radeloff 1930, Kattermann 1930, Nannfeldt 1937, 1938, Armstrong 1937, de Litardière 1939, Sokolovskaja u. Strelkova 1940.
2813. P. bulbosa L.[3]	*14		+		Armstrong 1937, Åkerberg 1941.
	*21		+		Tarnavschi (in litt.) 1943, Hartung 1946.
	$\frac{*45}{2}$		+		Åkerberg 1941.

640. Puccinellia Parl.

	Chrom.Z.	D.	P.	D+P	Autor
2814. P. distans (Jacq.) Parl.	*7		+		Avdulov 1931.
	*14		+		Stählin 1929, Tarnavschi 1938,
				+	Pólya (bei v. Sóo) 1947, 1948.
	*21		+		Avdulov 1931, Bernström (bei A. u. D. Löve) 1948.
2815. P. intermedia (Schur.) Janch. (= P. Peisonis (Beck) Javorsk.)	—				—
2816. P. maritima (Huds.) Parl.	*28		+		Church (bei Myers) 1947, 1949, Bernström (bei A. u. D. Löve) 1948.
	$\frac{*63}{2}$		+		Maude 1939, 1940.
	*ca. 30		+		de Castro u. Carvalho-Fontes 1946.
	*ca. 35		+		Wulff 1937a.

[1]) Miss Hartung (1946) zählte bei einer kleinasiatischen Rasse $2n = 50$.
[2]) Die mediterrane Subspec. P. exilis (Tomm.) Marb. hat nach Nannfeldt (1938) u. de Litardière (1939) $2n = 14$.
[3]) Guinochet (1943) fand in den Seealpen auch eine Rasse mit $2n = 14$.

641. SCOLOCHLOA LINK.

2817. S. festucacea   *14   +   A. u. D. Löve 1944b.
(Willd.) Link.

642. SCLEROCHLOA PAL. BEAUV.

2818. S. dura(L.) P. Beauv. *7 +   Avdulov 1928, 1931.

643. SCLEROPOA GRISEB.

2819. S. rigida (Höjer)   *7 +   Avdulov 1928, 1931, Stählin
Griseb.   1929, Maude 1939, 1940.

644. VULPIA GMEL.

2820. V. myuros(L.) Gmel. *7 +   ⎫   Avdulov 1928, 1931, de Litar-
                                  ⎪   + dière 1948c.
      *21   +   ⎬ +   Stählin 1929, Radeloff 1930, de
                                  ⎭   Litardière 1948c.
2821. V. bromoides (L.) S. *7 +   Stählin 1929.
F. Gray

644. FESTUCA L.

2822. F. drymeia (Mert. et *7 +   Levitsky u. Kuzmina 1927.
Koch (= F. montana
M. Bieb.)
2823. F. pulchella Schrad. *7 +   Stählin 1929.
2824. F. pratensis Huds.   *7 +   de Litardière 1923, Evans 1927,
(= F. elatior L. p. p.)[1]   Levitsky u. Kuzmina 1927,
                                           Stählin 1929, Kattermann 1930,
                                           Radeloff 1930, Nakajima 1930,
                                           Katayama (bei Kihara, Yama-
                                           moto u. Hosono) 1931, Jenkin
                                           1933, Peto 1933, Rancken 1934,
                                           Church 1936, E. L. Nielsen u.
                                           Humphrey 1937, A. Müntzing
                                           1937b, Åkerberg 1938, Nilsson
                                           1940, Rozanova 1940a, Kostoff
                                           1940a, A. u. D. Löve 1942a,
                                           Myers u. Hill 1947, Kreitlow u.
                                           Myers 1947.
2825. F. arundinacea   14   +   Stählin 1929.
Schreb. var. Uechtrit-
ziana (Wiesb.) Hack.
var. typica[2])   21   +   Evans 1927, Levitsky u. Kuz-

---

[1] Stählin (1929) fand für die im Gebiet nicht vorkommende var. appennina de Not. n = 21. Auch Nakajima (1930) sah bei japanischen Rassen, Sokolovskaja u. Strelkova (1940) sowie Rozanova (1940a) sahen bei Rassen des Kaukasus hexaploide Individuen. Handelt es sich hier vielleicht um Rassen von F. arundinacea Schreb.? A. Müntzing (1938b) deckte gelegentliche Triploidie bei Zwillingen auf.

[2] Bei den nordafrikanischen var. Leutourneuxiana St.-Y. sowie subvar. Pitardii St.-Y. u. var. cirtensis St.-Y. fanden Levitsky u. Kuzmina (1927) 2 n = ca. 70.

				mina 1927, Stählin 1929, Radeloff 1930, Jenkin 1933, Peto 1933, Nilsson 1935, 1940, Myers u. Hill 1947, Kreitlow u. Myers 1947.
2826. F. gigantea (L.) Vill.	*21		+	Levitsky u. Kuzmina 1927, Stählin 1929, Radeloff 1930, Nilsson 1935.
2827. F. altissima All. (= F. silvatica (Poll.) Vill.	*21		+	Stählin 1929, Radeloff 1930.
2828. F. paniculata (L.) Schinz et Thell. (= F. spadicea L.)[1]	*7	+		de Litardière 1923, Stählin 1929, Radeloff 1930.
2829. F. varia Haenke[2]	7	+		de Litardière 1923, Stählin 1929, Sokolovskaja u. Strelkova 1940, Rozanova 1940a.
	14		+	Stählin 1929, Rozanova 1940a, Mattick (in litt.) 1949.
2830. F. pumila Chaix.	*7	+		de Litardière 1949b.
2831. F. heterophylla Lam.	*14		+	de Litardière 1949b.
	21		+	Levitsky u. Kuzmina 1927, Stählin 1929, Radeloff 1930.
2832. F. rubra L. (incl. F. arenaria Fries)[3]	*14		+	A. u. D. Löve 1942a.
	*21		+	Stählin 1929, Church 1929a, Nakajima 1930, Jenkin 1933, A. Müntzing 1937b, Turesson 1938, Flovik 1938, 1940, Sokolovskaja u. Strelkova 1940, A. u. D. Löve 1944b, Jenkin u. Thomas 1949.
	*28		+	Levitsky u. Kuzmina 1927, Radeloff 1930, Jenkin 1933, A. Müntzing 1937b, Thomas (bei Maude) 1939.
2833. F. trichophylla Ducros	—			—
2834. F. violacea Gaud.	*7	+		Stählin 1929.
2835. F. amethystina L.	*14		+	Stählin 1929.

---

[1] Ob die subvar. consobrina (Timb.) de Litard. noch im Gebiet wächst (2 n = 42), ist unsicher. Ascherson u. Graebner (1896—1898 Bd. II p. 515) schliessen sie aus. De Litardière (1949d) gibt dagegen an, sie wüchse noch in „Tyrol méridional" und wäre in den Seealpen und Pyrenäen mit der Hauptart durch Uebergänge verbunden. Die mediterrane Subspec. Durandoi (Claus). Emb. et Maire besitzt nach de Litardière (1949d) 2 n = 28.

[2] Die Subspec. eskia St. -Y. besitzt nach Stählin 2 n = 42.

[3] Bei Zwillingen sah A. Müntzing (1937b) auch triploide Individuen.

2836. F. rupicaprina (Hack.) Kern. — *14 — + — Stählin 1929.

2837. F. alpina Suter — *7 + — de Litardière 1923, Stählin 1929.

2838. F. Halleri All. s. l. — *7 + — Stählin 1929.

2839. F. Lachenalii Spenn. — (= F. festucoides (Bertol.) Bech). — —

2840. F. ovina L. s. l.[1]

Chrom.Z.	D+P	Autor
*7	+	de Litardière 1923, Levitsky u. Kuzmina 1927, Stählin 1929, Radeloff 1930, Turesson 1930, 1938, Church 1936, Flovik 1938, Thomas (bei Maude) 1939, Sokolovskaja u. Strelkova 1940, A. u. D. Löve 1944b, Böcher 1947b, Pólya (bei v. Sóo) 1947, 1948.
$\frac{*21}{2}$	+	Church 1929, Turesson 1930, 1931b, Flovik 1938, A. u. D. Löve 1942a.
*14	+	Levitsky u. Kuzmina 1927, Stählin 1929, Church 1929, Radeloff 1930, Turesson 1930, 1931b, Nakajima 1931, Jenkin 1933, Flovik 1938, 1940, Sokolovskaja u. Strelkova 1940, Felföldy 1946, 1947, Jenkin u. Thomas 1948.
$\frac{*35}{2}$	+	Felföldy 1946.
*21	+	Levitsky u. Kuzmina 1927, Church 1929, Nakajima 1930, Radeloff 1930, Turesson 1930, 1931b, A. Müntzing 1937b, Maude 1939, 1940, A. u. D. Löve 1942a, Felföldy 1946, Böcher 1947b.
$\frac{*49}{2}$	+	Flovik 1938, 1940.
*28	+	Church 1929.

---

[1] In der Gesamtart sind die auch als besondere Arten gewerteten Subspecies oder Varietäten F. duriuscula Guss. = F. trachyphylla (Hack.) Kraj., F. pseudoovina Hack., F. polesica Zap., F. capillata Lam., F. longifolia Thuill., F. vivipara (L.) Sm., F. sulcata Nym. u. F. valesiaca Schleich. gemeinsam aufgeführt, da die Abgrenzung innerhalb der Gesamtart nicht von allen Autoren gleichmässig vorgenommen wurde. Für eine genaue Klassification vgl. Ascherson-Graebner (Bd. IIp. 465—487). Bei Nannfeldt (1940) sind die Einzelangaben nach Möglichkeit auf die einzelnen zu unterscheidenden Subspecies oder Varietäten verteilt. Die in Spanien und Nordafrika wachsende subspec. indigesta Hack. var. Litardierei St.-Y. hat nach Levitsky u. Kuzmina (1927) 2 n = 70.

646. Lolium L.

2841. L. temulentum L.	*7 +		Favorski 1927, Avdulov 1928, 1931, Jenkin u. Thomas 1938.
2842. L. remotum Schrank	*7 +		Favorski 1927, Jenkin u. Thomas 1938, Thomas (bei Maude) 1939.
2843. L. multiflorum Lam.	7 +		Evans 1927, Avdulov 1928, 1931, Peto 1933, E. L. Nielsen u. Humphrey 1937, Shalygin 1941.
2844. L. perenne L.[1])	7 +		Evans 1927, Favorski 1927, Kattermann 1930, Nakajima 1930, Katayama (bei Kihara, Yamamoto u. Hosono) 1931, Peto 1933, Thomas 1936, E. L. Nielsen u. Humphrey 1937, A. Müntzing 1937b, Åkerberg 1938, Jenkin u. Thomas 1938, Skovsted 1939, Myers 1939, 1941, 1944, Shalygin 1941.

647. Dactylis L.

2845. D. Aschersoniana Graebn.	7 +		Levan 1930b, Kattermann 1930, A. Müntzing 1933, 1937a.
2846. D. glomerata L.[2])	14	+	Davies 1927, Avdulov 1928, 1931, Stählin 1929, Church 1929a, Levan 1930b, Kattermann 1930, A. Müntzing 1933, 1937a, b, 1943, Rancken 1934, Nissen 1937, Skovsted 1939, Myers u. Hill 1940, 1942, 1943, Tarnavschi (in litt.) 1943.

648. Cynosurus L.

2847. C. cristatus L.	*7 +		Avdulov 1928, 1931, Stählin 1929, A. Müntzing 1937b.

649. Sesleria Scop.

2848. S. disticha (Wulf.) Pers.	—		—
2849. S. ovata (Hoppe) Kern.	—		—
2850. S. spaerocephala (Wulf.) Ard.	—		—

---

[1]) Sehr selten scheinen auch Triploide vorzukommen (Myers 1944b). Be Zwillingen fand sie A. Müntzing (1937b).

[2]) Kattermann (1932), A. Müntzing (1933, 1937a), Nissen (1937) sowic Myers u. Hill (1940) fanden auch aneuploide, Skovsted (1939) „triploide' Individuen (mit 2 n = 42).

2851. S. coerulea (L.) Ard.[1]) 14   +   Kattermann 1930, Ujhelyi u. Felföldy 1948.

650. BRIZA L.

2852. B. media L.[2])   7 +   Avdulov 1928, 1931, Kattermann 1930, 1933, 1938a, b, Rozanova 1940a.

651. PHOLIURUS TRIN.

2853. P. filiformis (Trin.) Schinz et Thell.   *7 +   Avdulov 1928, 1931, de Castro u. Carvalho Fontes 1946.

2854. P. pannonicus (Host.) Trin.   *7 +   Avdulov 1928, 1931, Pólya 1948.

2855. P. incurvus (L.) Schinz et Thell.   *ca. 16   +   de Castro u. Carvalho Fontes 1946.

   *18   +   Avdulov 1928, 1931.

652. BROMUS L.

2856. B. sterilis L.   *7 +   Stählin 1929, Cugnac u. Simonet 1941a, b.

2857. B. tectorum L.   *7 +   Avdulov 1928, 1931, Stählin 1929, Titova 1935, Cugnac u. Simonet 1941a, b, Knowles 1944, Felföldy 1947, Heiser u. Whitaker 1948.

2858. B. japonicus Thunb. (= B. patulus Mert. et Koch)   *7 +   Avdulov 1928, 1931, Stählin 1929.

2859. B. squarrosus L.   *7 +   Stählin 1929, Titova 1935, Cugnac u. Simonet 1941a, b.

2860. B. ramosus Huds.   *7 +   Stählin 1929, Avdulov 1931.

2861. B. arvensis L.   *7 +   Avdulov 1928, 1931, Stählin 1929, Cugnac u. Simonet 1941a, b.

2862. B. brachystachys Horn   —   —

2863. B. secalinus L.   *7 +   E. L. Nielsen 1939.
   14   +   Avdulov 1928, 1931, Stählin 1929, Nakajima 1931, Cugnac u. Simonet 1941a, b, A. u. D. Löve 1944b, Knowles 1943, 1944, Heiser u. Whitaker 1948.

2864. B. commutatus Schrad.   *7 +   Felföldy 1947.
   *14   +   Knowles 1943, 1944.
   *28   +   E. L. Nielsen 1939.

---

[1]) Die var. corsica Hack. (meist als eigene Species betrachtet (= S. insularis Somm.) hat nach de Litardière (1949b) gleichfalls 2 n = 28.

[2]) Auf der Krim fand Rozanova (1940a) auch Individuen mit n = 14.

	Chrom.Z.	D.	P.	D+P	Autor
2865. B. racemosus L.	*14		+		Maude 1939, 1940, Knowles 1943, 1944.
2866. B. mollis L.	*14		+		Avdulov 1928, 1931, Stählin 1929, Nilsson 1937, Stebbins u. Love 1941, Tarnavschi (in litt.) 1943, Knowles 1944, Heiser u. Whitaker 1948.
2867. B. lepidus Holmb.	*14		+		Maude 1939, 1940.
2868. B. erectus Huds.	*21		+		Stählin 1929.
	28		+		Kattermann 1930, 1931, Avdulov 1931.
2869. B. inermis Leyss.[1])	*21		+		Stählin 1929, Knobloch 1943, E. L. Nielsen 1947.
	*28		+		Avdulov 1928, 1931, E. L. Nielsen 1939, 1947, Cugnac u. Simonet 1941a, b, Knobloch 1943, Stebbins (bei Knowles) 1944, A. u. D. Löve 1944b, Elliott u. Love 1948, Hill u. Myers 1948.
	*35		+		E. L. Nielsen 1939.

653. NARDUS L.

	Chrom.Z.	D.	P.	D+P	Autor
2870. N. stricta L.	*13		+		Avdulov 1928, 1931.

654. AGROPYRON GAERTN.

	Chrom.Z.	D.	P.	D+P	Autor
2871. A. cristatum (L.) Gaertn.[2])	*7	+			Peto 1930, Simonet 1935a, Myers (bei Vinall u. Hein) 1937, Hartung 1946.
	14	+		+	Peto 1929, 1930, Avdulov 1931, Myers u. Hill 1940, Hartung 1946.
	*21	+			Araratian 1938.
2872. A. caninum (L.) Pal. Beauv.	*14		+		Peto 1930, Avdulov 1931, Simonet 1935a, Oestergren (bei A. u. D. Löve) 1942b, Hartung 1946.
2873. A. junceum (Jusl.) Pal. Beauv.[3])	*14		+		Peto 1930, Simonet 1934c, 1935 a, b, Pardi 1937, Simonet u. Guinochet 1938, Oestergren 1940a, b, Tarnavschi (in litt.) 1943, Gudjónsson (bei Gröntved) 1946.

---

[1]) Bei einem Individuum wurden von Hill u. Myers (1948) 8—11 accessorische Chromosomenfragmente beobachtet.
[2]) Myers u. Hill (1940) zählten einmal 2 n = ca. 31.
[3]) Die var. mediterranea M. Simon. hat 2 n = 42 (Simonet 1935b, Pardi 1937, Simonet u. Guinochet 1938, Tarnavschi (in litt.) 1943.)

2874. A. repens (L.) Pal. 21 + Stolze 1925, Lange (bei Schie-
Beauv.[1])   mann) 1929, Mowery 1929,
                                    Peto 1929, 1930, Avdulov 1931,
                                    Simonet 1934c, 1935a, E. L.
                                    Nielsen u. Humphrey 1937,
                                    Oestergren 1940a, b, Rozanova
                                    1940a, Sharman 1943, Senn,
                                    Heimburger u. Moore 1947,
                                    Pólya 1948.

2875. A. litorale (Host.) 21 + Simonet 1934c, 1935a.
Dum.

2876. A. intermedium *21 + Peto 1930, 1936, Simonet 1935
(Host.) Pal. Beauv.   a, Vakar 1935, 1936, Araratian
(incl. A. glaucum Roem.   1938, Hartung 1946.
et Schult. u. A. tricho-
phorum (Link) Richt.)

655. Hordeum L.

2877. H. secalinum Schreb. *7 + Tanji 1925, Chin 1941, Steb-
(= H. nodosum L.)   bins u. Love 1941, Heiser u.
                                   Whitaker 1948.
                     14 +   de Litardière 1926, 1949a, Stäh-
                                   lin 1929, Ghimpu 1929c, 1930,
                              +   Chin 1941, Stebbins u. Love
                                   1941, Stebbins, J. u. R. M.
                                   Valencia 1946, Heiser u. Whit-
                                   aker 1948.
                     21 +   Griffee 1927.

2878. H. maritimum With. 7 | Tanji 1925, de Litardière 1926,
(= H. hystrix Roth)[2])   Griffee 1927, Ghimpu 1929c
                                   1930, Pólya 1948.

2879. H. Gussoneanum   7 +) de Litardière 1926, 1949a.
Parl.   14 + } + Chin 1941.

2880. H. murinum L. (incl. 7 + Stolze 1925, Tanji 1925, Ghim-
subspec. leporinum   pu 1930, Perak 1943, Heiser u.
(Link) Arc.)   Whitaker 1948.
                   *14 +   Aase u. Powers 1926, Griffee
                              +   1927, Stählin 1929, Andrés
                                   1941, Chin 1941, Perak 1943,
                                   A. u. D. Löve 1944b, de Castro
                                   u. Carvalho Fontes 1946, Hei-
                                   ser u. Whitaker 1948, de
                                   Litardière 1949a.

---

[1] Avdulov (1931), Rozanova (1940a) sowie Heiser u. Whitaker (1948) fanden
auch Individuen mit 2 n = 28. Ich vermute, dass es sich hier um Hybride
mit A. junceum handelt. A. pungens Roem. et Schult. ist wohl gleichfalls
als Bastard von repens + junceum zu werten. (Vgl. Ascherson-Graebner
1898—1902 Bd. II. I. Abt. p. 663). Als Chromosomenzahl wird hier
2 n = 42 angegeben (Peto 1929, 1930, Simonet 1934c).

[2] Sitanion hystrix (Nutt.) J. G. Smith mit 2 n = 28 ist nicht damit identisch.

656. Elymus L.

2881. E. europaeus L. (= Hordeum silvaticum Huds.)	*14	+		Stählin 1929, Wulff 1939c, Oestergren (bei A. u. D. Löve) 1942b.
2882. E. arenarius L. (= Hordeum arenarium (L.) Aschers.)	*28	+		Stählin 1929, Oestergren 1942a, b, Gudjónsson (bei Gröntved) 1946.

657. Melica L.

2883. M. ciliata L.[1]	*9	+	Avdulov 1928, 1931, Doulat 1943.
2884. M. uniflora Retz.	*9	+	Wulff 1939c, Doulat 1943, A. u. D. Löve 1944b.
2885. M. picta Koch	—		—
2886. M. nutans L.	9	+	Avdulov 1928, 1931, Kattermann 1930, Doulat 1943, A. u. D. Löve 1944b.

658. Molinia Schrank.

2887. M. coerulea (L.) Moench subspec. arundinacea Schrank (= M. altissima Link)   *9   +   Mattick (in litt.) 1949.

subspec. genuina Asch. et Graebn.   18   +   Jefferies (in litt. Blackburn) 1934, Mattick (in litt.) 1949.

659. Catabrosa Pal. Beauv.

2888. C. aquatica (L.) Pal. Beauv.	*10	+	Stählin 1929, Avdulov 1931.

660. Glyceria R. Br.

2889. G. fluitans (L.) R. Br.[2]	*20	+	Maude 1939, 1940, Fitzpatrick 1946, Church (bei A. u. D. Löve) 1948, 1949, A. u. D. Löve 1948.
2890. G. plicata Fries	*20	+	Maude 1939, 1940, Fitzpatrick 1946.
2891. G. nemoralis Uechtr. et Koernicke	—		—
2892. G. maxima (Hartm.) Holmb. (= G. aquatica Wahlbg.)	*30	+	Fitzpatrick 1946, Church (bei A. u. D. Löve) 1948, 1949.
2893. G. lithuanica (Gorski) Lindm.	—		—

---

[1] Bei der südrussischen und mediterranen subspec. transsilvanica Heck. var. taurica (C. Koch) Griseb. zählte Doulat (1943) 2 n = ca. 30.

[2] Die Angabe von Church (1942 und bei Fitzpatrick 1946) n = 10 bezieht sich nach Mitteilung des Autors (in litt. A. Löve 1948) auf eine besondere, Gl. fluitans nahestehende Art.

661. Aira L.

2894. A. caryophyllea L.   *7 +   Wulff 1937b, Hagerup 1939.
2895. A. multiculmis   *14   +   Hagerup 1939.
Dum.
2896. A. praecox L.   *7 +   Hagerup 1939, Maude 1939,
                                           1940.

662. Deschampsia Pal. Beauv.

2897. D. setacea (Huds.)   7 +   Hagerup 1939, Maude 1939,
Hack.   1940.
2898. D. caespitosa (L.)   13   +   W. E. Lawrence 1945, Nygren
Pal. Beauv.   (bei A. u. D. Löve) 1948.
                            14   +   Avdulov 1928, 1931, E. L.
                                           Nielsen u. Humphrey 1937,
                                           Hagerup 1939.
2899. D. Wibeliana (Sond.) —   —
Parl.
2900. D. media (Gouan)   —   —
Roem. et Schult.
2901. D. flexuosa (L.)   *14   +   Stählin 1929, Hagerup 1939,
Trin.   A. u. D. Löve 1944b.

663. Holcus L.

2902. H. lanatus L.   *7 +   Avdulov 1928, 1931, Stählin
                                          1929, de Litardière 1949c.
2903. H. mollis L.   *7 +   )   Stählin 1929.
                            *14   + { + A. u. D. Löve 1942b, 1944b,
)   de Litardière 1949c.

664. Koeleria Pers.

2904. K. glauca (Schkuhr)   7 +   )   Avdulov 1931, Böcher 1943b,
DC.   { + A. u. D. Löve 1944b.
                            *14   +)   Böcher 1943b.
2905. K. hirsuta (DC).   —   —
Gaud.
2906. K. pyramidata (Lam.) 14   +   Stebbins u. Love 1941.
Dom. (incl. K. cris- 21   +   Böcher 1943b.
tata (L.) Pers.   35   +   Avdulov 1931.
                            42   +   Böcher 1943b.
2907. K. albescens DC.   —   —
2908. K. gracilis   *14, *15   +   Maude 1939, 1940.
Pers.
2909. K. nitidula Velen.   —   —

665. Trisetum Pers.

2910. T. spicatum (L.)   *14   +   Flovik 1938, 1940, A. u. D.
Richt.   Löve 1944b, Stebbins (bei
                                           (Myers) 1947, Sörensen u.
                                           Westergaard 1948 (bei A. u. D.
                                           Löve)

2911. T. flavescens (L.) Pal. 12   +   Avdulov 1931, Kattermann (in
      Beauv.   litt.) 1934.
                          14   +   Nakajima 1930.
2912. T. argenteum   —   —
      (Willd.) Roem. et
      Schult.
2913. T. distichophyllum   —   —
      (Vill.) Pal. Beauv.

666. VENTENATA KOCH.

2914. V. dubia (Leers.)   —   —
      F. Schultz

667. ARRHENATERUM PAL. BEAUV.

2915. A. elatius (L.) J. et C. 14   +   Aase u. Powers 1926, Avdulov
      Presl.[1])   1928, 1931, Kattermann 1930,
                                            1931, Nakajima 1931, Myers u.
                                            Hill 1940[2]), Rutland 1941,
                                            Guinochet 1943, de Litardière
                                            1949b.

668. AVENA L.

2916. A. strigosa Scherb. 7 +   \   Kihara 1919, 1924, Nikolajeva
                                        1923, Winge 1925, Goulden
                                        1926, Aase u. Powers 1926,
                                        Huskins 1927, Nishiyama 1929,
                                        Emme 1930, 1932, 1938a, b,
                                    +   Spier 1934, Ellison 1938, She-
                                        peljeva 1939.
                       21   Nishiyama 1936.
                       ── +
                        2
                       14   +   Nishiyama 1936, Shepeljeva
                                    1939.
2917. A. fatua L.   21   +   Kihara 1919, 1924, Stolze 1925,
                                       Huskins 1925, 1927, Dorsey
                                       1925, Goulden 1926, Aase u.
                                       Powers 1926, Church 1929a,
                                       Nishiyama 1929, 1939, Emme
                                       1930, 1932, 1938b, Shepeljeva
                                       1939.
2918. A. pubescens Huds. *7 +   Carson u. Fyfe (bei Darlington
                                   u. Janaki-Ammal) 1945, Ny-
                                   gren (bei A. u. D. Löve) 1948.
2919. A. Parlatorei Woods. —   —
2920. A. desertorum Less. —   —

---

[1]) Die mediterrane var. sardoa (E. Schmid) de Litard. und die mediterrane
      Subspec. eriantha (Boiss. et Reuter) de Litard. besitzen nur 2 n = 14
      (de Litardière 1949b).
[2]) Myers u. Hill (1940) zählten einmal auch 2 n = 27.

2921. A. pratensis L.   *21   +   Maude 1939, 1940.
2922. A. alpina Sm.   —   —
2923. A. versicolor   60—62   +   Kattermann (in litt.) 1934.
      Vill.
2924. A. planiculmis   —   —
      Schrad.
2925. A. conjungens Hack. —   --

669. CORYNEPHORUS PAL. BEAUV.

2926. C. canescens (L.) Pal. *7 +   Avdulov 1931, A. u. D. Löve
      Beauv.   1942b, 1944b.

670. DANTHONIA LAM. ET DC.

2927. D. provincialis Lam. —   —
      et DC.

671. SIEGLINGIA BERNH.

2928. S. decumbens (L.)   *9   +   )   A. u. D. Löve 1944b.
      Bernh.   *18   +   } +   Wulff 1939c, Scheerer 1940.
                           *62   +   )   Maude 1939, 1940.

672. AGROSTIS L.

2929. A. canina L.   *7   +   )   Sokolovskaja 1938.
                           *14   +   } +   Wulff 1937b.
2930. A. stolonifera L   *14   +   Church 1936, E. L. Nielsen u.
      (= A. alba L, incl. A.   Humphrey 1937, Sokolovskaja
      maritima Lam.) [1] [2])   1938, Ehrenberg 1945, Felföldy
                                              1946, Pólya 1948.

2931. A. gigantea Roth   *21   +   Avdulov 1928, 1931, A. Münt-
      (incl. A. coarctata   zing 1937b[3]), Sokolovskaja
      (Neilr.) Blytt[1])   1938, Skovsted 1939, Stuckey
                                              u. Banfield 1946, Felföldy 1946.
                          *28   +   Church 1936[4]).
2932. A. tenuis Sibth.   *14   +   Avdulov 1928, 1931, Sokolovs-
      (= A. vulgaris   kaja 1938, Stuckey u. Banfield
      With.) [1] [5])   1946, A. u. D. Löve 1948.
                          $\frac{*35}{2}$ +   Stuckey u. Banfield 1946.

2933. A. alpina Scop.   —   —
2934. A. rupestris All.   —   —
2935. A. Schraderiana   —   —
      Bech.

---

[1]) Stuckey u. Banfield (1946) sahen viele Intermediärtypen zwischen A. stoloni-
      fera, tenuis und gigantea. Die Chromosomenzahlen betrugen 2 n = 28—37.
[2]) Die var. prorepens (G. Mey.) Aschers. mit. 2 n = 70 (Sokolovskaja 1938)
      hat vielleicht Hybridcharakter.
[3]) Bei Zwillingen von A. stolonifera fand A. Müntzing (1938b) auch „Triploide"
      mit 2 n = 42.
[4]) Vom Verf. als Rasse einer var. palustris Huds. bezeichnet.
[5]) Aneuploide mit 2 n = 29—41 sahen Stuckey u. Banfield 1946.

673. Apera Adans.

2936. A. spica-venti (L.)   *7   +   Avdulov 1931.
Pal. Beauv.

2937. A. interrupta (L.) Pal.   *7   +   Sokolovskaja 1938, Hagerup
Beauv.   1939, Maude 1939, 1940.

674. Calamagrostis Adans.

2938. C. canes- *14, *21, *28   +   Nygren (bei A. u. D. Löve)
cens (Web.) Roth (= C.   1942b, 1946, 1948a.
lanceolata Roth)[1])

2939. C. villosa (Chaix)   —   —
Gmel.

2940. C. epigeios (L.)   *14   +   E. L. Nielsen 1939, Wester-
Roth   gaard 1941, 1943, Nygren (bei
     A. u. D. Löve) 1942b, 1946,
     de Litardière 1949b.

$\dfrac{*35}{2}$ +   Nygren (bei A. u. D. Löve)
    +   1942b, 1946.

*21   +   Nygren (bei A. u. D. Löve)
     1942b, 1946.

$\dfrac{*49}{2}$ +   Nygren (bei A. u. D. Löve)
     1942b, 1946.

*28   +   Westergaard 1941, 1943, Ny-
     gren (bei A. u. D. Löve) 1942b,
     1946, 1948a, b.

*ca. 35   +   Avdulov 1931.

2941. C. pseudophragmites —   —
(Hall. f.) Koel.

2942. C. neglecta (Ehrh.)   14   +   Flovik 1938, 1940, Rozanova
Gaertn., Mey., Scherb.[2])   1940a, Nygren (bei A. u. D.
     Löve) 1942b, 1946, A. u. D.
     Löve 1948.

*21   +   Nygren (bei A. u. D. Löve)
     1942b.

*28   +   Rozanova 1940a, Nygren (bei
     A. u. D. Löve) 1942b.

*ca. 35   +   Avdulov 1931, Nygren (bei A.
     u. D. Löve) 1942b.

2943. C. varia (Schrad.)   *14   +   Nygren (bei A. u. D. Löve)
Host.   1942b, 1946, de Litardière 1949b.

---

[1])   C. purpurea Trin. wird von Nygren (1946, 1948a, b) in die Gesamtart
C canescens einbezogen, da sie synthetisch durch Colchicinisierung von
C. canescens (n = 14) erzeugt wurde. Andererseits erhielt Nygren sie
auch aus einer Kreuzung C. epigeios × canescens. Die „Species" wäre
darnach genetisch nicht einheitlich zu bewerten. C. purpurea ist apomik-
tisch mit 2 n = 56, 77 und 91 gefunden.

[2])   Als besondere Subspecies wird die nordische C. lapponica (Wg.) Hartm.
(2 n = 42—112) betrachtet. (Nygren 1946).

2944. C. arundinacea (L.) *14   +   Avdulov 1931, Nygren (bei A.
Roth[1])   u. D. Löve) 1942b, 1946, 1948b.

675. AMMOPHILA HOST.

2945. A. arenaria (L.) Link 14   +   Tischler 1934, Wulff 1937b,
                                     Westergaard 1941, Guinochet
                                     1943.

28   +   Westergaard 1941.

676. PHLEUM L.[2])

2946. P. nodosum L.   7 +   Sansome (bei Gregor u. San-
                            some) 1930, A. Müntzing 1935,
                            Nordenskiöld 1937, 1941, 1945,
                            Allard u. Evans 1941, de
                            Litardière 1948b.

2947. P. alpinum L.   *7 +   Sansome (bei Gregor u. San-
                             some 1930, Stählin (bei Katter-
                             mann) 1930, A. Müntzing 1935,
                             Nordenskiöld 1937, 1945, So-
                             kolovskaja u. Strelkova 1940.

2948. P. commutatum   *14   +   Sansome (bei Gregor u. San-
Gaud.[3])   some) 1930, A. Müntzing 1935,
                                Nordenskiöld 1937, 1945, J.
                                Clausen, Keck u. Hiesey 1940b,
                                Sokolovskaja u. Strelkova 1940,
                                A. u. D. Löve 1944b, de
                                Litardière 1948b.

2949. P. pratense L.[4])   21   +   Avdulov 1928, 1931, Sansome
                                    (bei Gregor u. Sansome) 1930,
                                    Kattermann 1930, Stählin (bei
                                    Kattermann) 1930, A. Münt-
                                    zing 1935, 1937b, E. L. Nielsen
                                    u. Humphrey 1937, Nissen
                                    1937, Nordenskiöld 1937, 1941,
                                    1945, Skovsted 1939, Levan
                                    1941, 1945, Myers 1941a, b, 1944a.

$\frac{*35}{2}$ +   A. Müntzing 1935.

---

[1]) Als besondere Subspecies wird die nordische C. chalybaea (Laest.) Fr. mit
2 n = 42 (Nygren 1946) angesehen.

[2]) De Litardière (1948a, b, 1949b) möchte Phleum nodosum und pratense sowie
Ph. alpinum und commutatum, wie das früher üblich war, wieder in je
einer Subspecies oder Species mit einander vereinigen, da fliessende Ueber-
gäng vorhanden sind. Frl. Nordenskiöld (1949b) hat auch Ph. pratense
aus polyploid gemachtem P. nodosum hergestellt.

[3]) Die mediterrane var. Ayliesianum R. Lit. zählt nach de Litardière (1948a,
1949a) 2 n — 14. v. Oláh (1938) fand bei P. commutatum ein Individuum
mit 2 n = 56.

[4]) Aneuploide Individuen sahen A. Müntzing (1935), Skovsted (1939), Levan
(1941), sowie A. Müntzing u. Prakken (1940). Die Individuen mit n — 42
u. $\frac{91}{2}$ haben das Optimum der Chromosomenerhöhung überschritten,
sodass sie in der freien Natur ausgemerzt würden.

	Chrom.Z.	D+P	Autor
	*28	+	A. Müntzing u. Prakken 1940, Levan 1941, 1945, 1949.
	$\frac{*63}{2}$	+	A. Müntzing 1937b, Nissen 1937, A. Müntzing u. Prakken 1944, Levan 1941, 1945, 1949.
	*35	+	A. Müntzing u. Prakken 1940, Levan 1949.
	$\frac{*77}{2}$		Levan 1949.
	*42	+	A. Müntzing u. Prakken 1940, Levan 1949.
	$\frac{*91}{2}$		Levan 1949.
2950. P. Boehmeri Wib. (= P. phleoides (L.) Karst.	7	+	Avdulov 1928, 1931, Hunter 1934, A. Müntzing 1935, Nordenskiöld 1937, Sokolovskaja u. Strelkova 1940, Böcher (bei A. u. D. Löve) 1948.
	14	+	Böcher (bei A. u. D. Löve) 1948
2951. P. arenarium L.	7	+	Wulff 1937a.
2952. P. hirsutum Honck (= P. Michelii All.)	7	+	Kattermann 1930, A. Müntzing 1935, Nordenskiöld 1937.
2953. P. paniculatum Huds.	*14	+	Avdulov 1928, 1931.

677. ALOPECURUS L.

	Chrom.Z.	D+P	Autor
2954. A. utriculatus (L.) Sol.	7	+	Strelkova 1938.
2955. A. agrestis L. (= A. myosuroides Huds.)	7	+	Avdulov 1928, 1931, Kattermann 1930, Strelkova 1938, Johnsson 1941a, 1944a.
2956. A. fulvus Sm. (= A. aequalis Sobol.)	7	+	Kattermann 1930, Strelkova 1938, Johnsson 1941a.
2957. A. bulbosus Gouan	7	+	Maude 1939, 1940, Johnsson 1941a.
2958. A. pratensis L.[1]	14	+	Marchal 1920, Avdulov 1928, 1931, Church 1929, Kattermann 1930, Rancken 1934, Strelkova 1938, Sokolovskaja u. Strelkova 1938, Johnsson 1941a.
2959. A. ventricosus Pers.	14	+	Strelkova 1938, Johnsson 1941a.
2960. A. geniculatus L.[2]	14	+	Avdulov 1928, 1931, Kattermann 1930, Strelkova 1938, Sokolovskaja u. Strelkova 1938, Johnsson 1941a, Pólya 1948.

---

[1] Unter den Nachkommen einer normalchromosomigen Pflanze fand Johnsson (1941a) einmal ein Individuum mit 2 n = 42.

[2] Die auch als eigene Species betrachtete Subspec. aristulatus (Mich.) Torr. in Nordamerika besitzt nach Church (1929) n = 7.

678. Mibora Adans.

2961. M. minima (L.) Desv. *7 +   Avdulov 1928, 1931.

679. Milium L.

2962. M. effusum L.   *14   +   Avdulov 1928, 1931, A. u. D. Löve 1944b.

680. Hierochloe R.

2963. H. australis (Schrad.) 7 +   Vaarama (in litt. A. Löve) 1948.
Roem. et Schult.

2964. H. odorata (L.)   *14   +   Kattermann (in litt.) 1932, Church (bei Myers) 1947, A. u. D. Löve 1948, Nygren (bei A. u. D. Löve) 1948.
Wahlbg.

     *21   +   Avdulov 1928, 1931, Vaarama (bei A. u. D. Löve) 1948.

     *28   +   Church (bei Myers) 1947.

681. Phalaris L.

2965. P. arundinacea L.[1]) 14 +   Avdulov 1928, 1931, Church 1929, Nakajima 1930, Sethi (bei Jenkin u. Sethi) 1932, Hunter 1934, E. L. Nielsen u. Humphrey 1937, Turesson 1938, Miège 1939, Parthasaraty 1939, de Litardière 1949b.

682. Anthoxanthum L.

2966. A. aristatum Boiss.[2]) 5 +   Avdulov 1928, 1931, Miège 1939, Oestergren 1942a, 1947, Lima de Faria 1947.

     15   +   Oestergren 1945, 1947.
     2

2967. A. odoratum L.[3]) 10 +   Avdulov 1928, 1931, Kattermann 1931, Hunter 1934, Böcher 1938b, de Litardière 1939, Miège 1939, Parthasarathi 1939, Oestergren 1942a, b, Guinochet 1943.

---

[1]) Church (1929) zählte in Nordamerika, de Litardière (1949b) in Corsica auch n = 7.

[2]) Oestergren (1947) und Lima de Faria (1947) fanden auch Individuen mit überzähligen Chromosomen.

[3]) Hunter (1934) und Parthasarathy (1939) fanden auch überzählige Chromosomen resp. Chromosomenfragmente. — Als eigene Art wird A. alpinum (A. u. D. Löve 1948) mit n = 5 (Oestergren 1942) gewertet. Früher wurde diese hochnordische Species zu A. odoratum gezogen. Vielleicht darf auch die var. corsicum (Briqu.) Rouy ähnlich bewertet werden, bei der de Litardière (1949b), gleichfalls 2 n = 10 fand.

683. Eragrostis Pal. Beauv.

2968. E. pilosa (L.) Pal.   —   —
Beauv.
2969. E. megastachya   *10 +   Avdulov 1928, 1931.
(Koel.) Link
2970. E. minor Host.   —   —

Cleistogenes Keng

2971. C. serotina(L.)Keng*20   + *   Avdulov 1931.
(= Diplachne serotina
Link)

685. Crypsis Ait.

2972. C. aculeata (L.) Ait. *8 +   } + Pólya (bei v. Sóo) 1947, 1948.
*27   + { +   Stebbins (bei Myers) 1947.

686. Heleochloa Host.

2973. H. alopecuroides   —   —
(Pill. et Mitt.) Host.
2974. H. schoenoides (L.) *16   +   Tarnavschi (in litt.) 1943.
Host.

*18   +   Avdulov 1931.

687. Coleanthus Seidl.

2975. C. subtilis Seidl.   —   —

688. Spartina Schreb.

2976. S. Townsendii   63   +   Huskins 1931.
Groves [1])

689. Cynodon Rich.

2977. C. dactylon (L.) Pers.*15   +   Hunter 1934.
*18   +   Avdulov 1928, 1931, Hur-
combe 1947, Heiser u. Whi-
taker 1948, Polya 1948.

690. Tragus Hall.

2978. T. racemosus(L.)All.*20   +   Avdulov 1928, 1931.

691. Digitaria Hall.

2979. D. sanguinalis (L.) *18   +   Avdulov 1928, 1931, Krish-
Scop.[2])   naswamy 1939, Burton 1942,
W. V. Brown 1948.

---

[1]) Die Art ist durch spontane Amphidiploidie aus der Kreuzung von S. stricta
(Ait.) Roth (n = 28) mit S. alterniflora Lois. (n = 35) an der englischen
Küste entstanden, wurde seit 1937 an der schleswigholsteinischen Nordsee-
küste angesiedelt und ist jetzt dort völlig eingebürgert.
[2]) W. V. Brown (1946a, 1948) zählte auch 2 n = 36—48.

2980. D. ischaemum   *18   +   W.V. Brown 1948.
(Schreb.) Mühlenb.

692. Echinochloa Pal. Beauv.

2981. E. crus-galli(L.) Pal. *18   +   Hunter 1934,W.V. Brown 1948.
Beauv.   ca.24   +   Rau 1929.
      *27   +   Avdulov 1928, 1931.

693. Setaria Pal. Beauv.

2982. S. viridis (L.) Pal.   9 +   Avdulov 1928, 1931, H. W. Li,
Beauv.   Meng u. Liu 1935, Kishimoto
      1938, C. H. Li., Pao u. H.
      W. Li 1942.

2983. S. verticillata (L.)   9 +   Krishnaswamy u. Rangaswami-
Pal. Beauv.   Ayyangar 1935.
      *18   +   Avdulov 1928, 1931.

2984. S. glauca (L.) Pal.   18   +   Avdulov 1928, 1931, Krishnas-
Beauv (= S. lutescens   wamy u. Rangaswami-Ayyan-
Hubb.)   gar 1935, Kishimoto 1938
      *36   +   Tarnavschi (in litt.) 1943,
      W. V. Brown 1948.

2985. S. ambigua Guss.   —   —

694. Chrysopogon Trin.

2986. C. gryllus(Torn.)   *20   +   Avdulov 1931.
Trin.

695. Botriochloa O. Kuntze

2987. B. ischaemum (L.) $\frac{*45}{2}$ +   Krishnaswamy 1939.
Keng

6. REIHE GYNANDRAE.

128. *ORCHIDACEAE*

Chromosomengrundzahl?

696. Cypripedilum L. em. Aschers.

2988. C. calceolus L.   *11 +   Francini 1931.

697. Ophrys L. em. R. Br.

2989. O. muscifera Huds.   18 +   Heusser 1938, Barber 1942,
      Afzelius 1943.
2990. O. fuciflora (Cr.)   18 +   Heusser 1938.
Moench
2991. O. aranifera Huds.   18 +   Heusser 1938.
2992. O. apifera Huds.   18 +   Heusser 1938, Barber 1942.

698. ORCHIS L.

	Chrom.Z.	D.	P.	D+P	Autor
2993. O. morio L.	18	+			Hagerup 1938, Heusser 1938, Vermeulen 1947, 1949.
2994. O. coriophora L.	19	+			Heusser 1938, Vermeulen 1949.
2995. O. pallens L.	20	+			Heusser 1938, Vermeulen 1949.
2996. O. ustulata L.	21	+			Hagerup 1938, Heusser 1938, Vermeulen 1949.
2997. O. tridentata Scop.	*21	+			Heusser 1938, Vermeulen 1949.
2998. O. simia Lam.	21	+			Heusser 1938, Vermeulen 1949.
2999. O. militaris L.	21	+			Hagerup 1938, Heusser 1938, Vermeulen 1949.
3000. O. purpurea Huds.	21	+			Hagerup 1938, Heusser 1938, Vermeulen 1949.
3001. O. Spitzelii Saut.	—				—
3002. O. mascula L.	21	+			Hagerup 1938, Heusser 1938, Vermeulen 1949.
3003. O. palustris Jacq.	21	+			Heusser 1938, Vermeulen 1949.
3004. O. laxiflora Lam.	21	+			Vermeulen 1949.
3005. O. incarnata L. em. Fries (= O. strictifolia Opiz)	20	+			Hagerup 1938, 1947, Heusser 1938, Vermeulen 1947.
3006. O. cruenta Müll.	*20	+			Heusser 1938, A. u. D. Löve 1944b, Vermeulen 1947.
3007. O. Fuchsii Druce	20	+			Hagerup 1938, 1944b, Heusser 1938, Vermeulen 1938, 1947, Richardson (bei Maude) 1939, Barber 1942, A. u. D. Löve 1944b.
3008. O. maculata L.	40		+		Hagerup 1938, 1944b, Heusser 1938, Richardson (bei Maude) 1939, Vermeulen 1947.
3009. O. latifolia L. em. Sturm (= O. majalis Rchb.[1])	40		+		Hagerup 1938, Vermeulen 1938, 1947, Heusser 1938, Richardson (bei Maude) 1939.
3010. O. Traunsteineri Saut.	20	+			Heusser 1938, Vermeulen 1947.
	40	+		+	Heusser 1938, Vermeulen 1947.
	60	+			Vermeulen 1947.
var. Russowii Aschers. et Graebn.	61	+			Vermeulen 1938, 1947.
3011. O. Ruthei M. Schulze	—				—
3012. O. sambucina L. [2]	20	+			Heusser 1938, Vermeulen 1947.

699. TRAUNSTEINERA RCHB.

	Chrom.Z.	D.	P.	D+P	Autor
3013. T. globosa (L.) Rchb.	21	+			Heusser 1938.

---

[1] Richardson (bei Maude) 1939 fand einmal auch n = 20. Handelt es sich um eine „Haploidrasse"?

[2] Hagerup (1938) zählte n = 21.

700. Aceras R. Br.

3014. A. anthropophorum 21 +   Heusser 1938, Barber 1942.
(L.) Ait.

701. Anacamptis L. C. Rich.

3015. A. pyramidalis (L.) 18 +   Heusser 1938, Barber 1942.
L. C. Rich.

702. Himantoglossum Spr. em. Koch

3016. H. hircinum(L.) Spr. 18 +   Heusser 1938.

703. Chamaeorchis L. C. Rich. em. Koch

3017. C. alpina (L.) L. C.   21 +   Heusser 1938.
Rich.

704. Herminium R. Br.

3018. H. monorchis (L.)   20 +   Heusser 1938.
R. Br.

705. Coeloglossum Hartm.

3019. C. viride (L.) Hartm. 20 +   Richardson   1935c,   Heusser
1938, Sokolovskaja u. Strel-
kova 1940, Afzelius 1943, A. u.
D. Löve 1944b.

706. Nigritella L. C. Rich.

3020. N. nigra (L.) Rchb.   16 +   ⎫   Viš 1933.
                            19 +   ⎬ +   Chiarugi 1929.
                            20 +   ⎪   Heusser 1938.
                            32   +   ⎭   Afzelius 1932, 1943.
3021. N. rubra(R. v.Wettst.)19 +   ⎫ +   Chiarugi 1929.
Richt.   *40   +   ⎭   Heusser 1938.

707. Gymnadenia R. Br.

3022. G. odoratissima   20 +   Heusser 1938.
(Nath.) L. C. Rich.
3023. G. conopsea (L.)   20 +   ⎫   Richardson   1935c,   Heusser
R. Br.   ⎪   1938, Sokolovskaja u. Strel-
                                      ⎬ +   kova   1940,   Leliveld   1941,
                                      ⎪   Barber   1942,   Afzelius   1943.
                            40   +   ⎭   Heusser 1938, Sokolovskaja u.
                                             Strelkova 1940.
3024. G. albida L. C. Rich.*21   Heusser 1938, A. u. D. Löve
(= Leucorchis albida   1944b, Harmsen (bei A. u. D.
(L.) E. May ex Schur)   Löve) 1948.

708. Neottianthe Schlect.

3025. N. cucullata (L.)   —   —
Schlecht.

709. Platanthera L. C. Rich.

3026. P. bifolia (L.) L.C. Rich.	21	+	Afzelius 1922, Richardson 1935c, Heusser 1938.
3027. P. chlorantha (Curt.) Rchb.	21	+	Afzelius 1922, Richardson 1935c, Heusser 1938, Mattisson (bei A. u. D. Löve) 1942b, Hagerup 1947.

710. Epipactis Zimm. em. Sw.

3028. E. latifolia (L.) All.	19	+	Barber 1942.
(= E. helleborine Cr. em. Wats. et Coult.)	20	+	Hagerup 1945, 1947.
var. leptochila (Godf.) Mansf.	18	+	Hagerup 1947.
3029. E. atrorubens (Hoffm.) Schult.	20	+	Hagerup (bei A. u. D. Löve) 1942b, 1944a, A. u. D. Löve 1944b.
3030. E. sessilifolia Peterm.—		—	—
3031. E. microphylla (Ehrh.) Sw.	20	+	Hagerup 1947.
3032. E. palustris(Mill.)Cr.	20	+	Hagerup (bei A. u. D. Löve) 1942b, 1944a, 1947, A. u. D. Löve 1944b.

711. Cephalanthera L. C. Rich.

3033. C. rubra (L.) L. C. Rich.	—		—
3034. C. alba (Crantz) Simk.	16	+	Hagerup 1947.
(= C. grandiflora (L.) S. F. Gray,	- 18	+	Barber 1942.
C. damasonium (Mill.) Druce)			
3035. C. longifolia (L.) Fritsch	16	+	Afzelius 1943, Hagerup 1947.

712. Limodorum Boehm.

3036. L. abortivum (L.) Sw.	—		—

713. Epipogium R. Br.

3037. E. aphyllum (Schmidt) Sw.	—		—

714. Spiranthes L. Rich.

3038. S. spiralis (L.) Chevall.	15	+	Hagerup 1944a.
3039. S. aestivalis (Poir.) L. C. Rich.	—		—

715. Listera R. Br.

3040. L. ovata (L.) R. Br.[1]) 17 +   Müller 1912, Tuschnjakova 1929a, Staner 1929, K. M. Hoffmann 1929, 1930, Richardson 1933, Mac Mahon 1936, Barber 1942, A. u. D. Löve 1944b, Hagerup 1947.

18 +   Tuschnjakova 1929a, Richardson 1933, Mac Mahon 1936, A. u. D. Löve 1944b, Hagerup 1947.

19 +   Mac Mahon 1936, Hagerup (bei A. u. D. Löve) 1944b, A. u. D. Löve 1944b, Nygren (bei A. u. D. Löve) 1948.

3041. L. cordata (L.)R.Br. *19 +   Sokolovskaja u. Strelkova 1940.
*21 +   Harding (in litt. Blackburn) 1934.

716. Neottia Adans. corr. L. C. Rich.

3042. N. nidus-avis (L.)   18 +   Modilewski 1918, 1936, Barber 1942.
L. C. Rich.

717. Goodyera R. Br.

3043. G. repens (L.) R. Br. 15 +   Richardson 1935c, A. u. D. Löve 1942a.

718. Liparis L. C. Rich

3044. L. Loeselii (L.) L. C. 16 +   Hagerup 1941a.
Rich.

719. Coralliorrhiza Chatel.

3045. C. trifida Chat. (= C. 21 +   Hagerup 1941a, Sörensen u. innata R. Br.)   Westergaard (bei A. u. D. Löve) 1948.

720. Microstylis Eaton.

3046. M. monophyllos ca. 15 +   Stenar 1937, Hagerup (bei A. (L.) Lindl (= Malaxis   u. D. Löve) 1942b, 1944a. monophylla Sw.)

721. Malaxis Lindl.

3047. M. paludosa (L.) Sw. 14 +   Hagerup 1941a. (= Hammarbya paludosa O. Ktze.)

---

[1]) Die älteren Autoren (Guignard 1884, 1891b, Rosenberg 1905, Müller 1912, ja noch Frau Tuschnjakova 1929a) zählten auch n = 16. Da diese Zahl in den letzten Jahrzehnten nicht mehr bestätigt wurde, ist mir ihre Realität nicht gesichert.

UEBERSICHT ÜBER DIE KARYOLOGISCHEN BEFUNDE.

Von den 3047 Gefässpflanzen Mitteleuropas sind bisher 2224, d.h. 73%
auf ihre Chromosomenzahlen untersucht worden. Darunter befinden sich

Diploide	946 Arten, = 42,6%.
Polyploide	1082 Arten, = 48,6%.
Diploide und polyploide Rassen in einer Art	196 Arten, = 8,8%.

Davon sind von den im Gebiet vorhandenen Species somit studiert

Pteridophyten	32 Arten, = 44,4%.
Gymnospermen	7 Arten, = 60%.
Angiospermen	2185 Arten, = 73,6%.

In letztgenannter Gruppe sind enthalten

Dikotylen	1711 Arten, = 72,9%.
Monokotylen	474 Arten, = 76,4%.

Von den 32 Pteridophyten sind

Diploide	2 Arten, = 6,25%.
Polyploide	25 Arten, = 78%.
Arten mit diploiden und polyploiden Rassen	5 Arten, = 15,75%

Von den 7 Gymnospermen sind

Diploide	7 Arten, = 100,0%.
Polyploide	0 Arten, = 0%.
Arten mit diploiden und polyploiden Rassen	0 Art, = 0%.

Von den 2185 Angiospermen sind

Diploide	938 Arten, = 43%.
Polyploide	1056 Arten, = 48,3%.
Arten mit diploiden und polyploiden Rassen	191 Arten, = 8,7%.

In letztgenannter Gruppe sind unter den 1711 Dikotylen

Diploide	777 Arten, = 45,4%.
Polyploide	792 Arten, = 46,2%.
Arten mit diploiden und polyploiden Rassen	142 Arten, = 8.4%.

Desgleichen sind unter den 474 Monokotylen

Diploide	161 Arten, = 33,9%.
Polyploide	264 Arten, = 55,7%.
Arten mit diploiden und polyploiden Rassen	49 Arten, = 10,4%.

Von den im Gebiet vorhandenen 721 Gattungen sind aus 652, somit
zu 90%, alle oder einige Arten untersucht worden.
Davon haben 233 Gattungen (= 35,8%) nur diploide Arten, 419 Gattungen
(= 64,2%) einige oder alle polyploide Arten. Auf die erste Gruppe entfallen
421 Species, auf die zweite 1803. Das bedeutet aber, dass im Durchschnitt
auf eine Gattung der ersten Gruppe 1,8 Species, auf eine der zweiten das

ca. $2^1/_2$ fache, nämlich 4,3 Species entfallen. Die Art- und Rassenbildung ist im Zusammenhang mit der Polyploidisierung offenbar stark gesteigert. Die Variabilitätserhöhung durch die Polyploidie macht sich somit bei der Entstehung der Arten innerhalb einer Gattung deutlich bemerkbar. Natürlich fallen einzelne Gattungen sehr aus dem Durchschnitt heraus. So besitzen von rein diploid gebliebenen Gattungen an untersuchten Species Dahphne, Quercus, Eryngium, Oenanthe, Peucedanum, Scabiosa, Rhinanthus, Scorzonera, Sparganium, Lolium, Ophrys und Epipactis je 4 Species, Clematis, Aquilegia, Melilotus, Moehringia, Chaerophyllum, und Valerianella je 5, Ribes 6, Linaria und Lactuca je 7, Pedicularis 9 und Silene gar 17. Niemals erreichen Gattungen dieser Gruppe indes die Spitzenzahlen der zweiten. Hier seien folgende Gattungen hervorgehoben: Potamogeton mit 20 Species, Trifolium und Crepis mit je 22, Salix mit 23, Viola mit 24, Potentilla und Saxifraga mit 25, Galium mit 26, Hieracium mit 29, Ranunculus mit 32, Veronica mit 33, Rubus mit 58 und Carex mit 72. Die letztgenannte Gattung ist ein sprechender Beweis dafür, wie sich bei einer niedrigen freilich unbekannten Basiszahl nicht durch Euploide, sondern in sehr hohem Masse durch Dysploide, die sich aus ersteren entwickelt haben, eine besonders reiche Speciesbildung durchgesetzt hat. Die z. T. schwankenden Chromosomenzahlen innerhalb der einzelnen Art zeigen, dass die Stabilisierungsprozesse noch nicht ihren Abschluss gefunden haben.
Es ist wohl von Interesse, zu untersuchen, wie viele der in unserem Gebiet diploid gebliebenen Gattungen überhaupt noch nicht zur Polyploidisierung vorgestosssen sind. Berücksichtigen wir die von der ganzen Erde bekannt gewordenen Zahlen, so dürfen wir die oben angegebene Zahl diploider Gattungen um 57 verringern. Es bleiben somit 176 Gattungen, die in Mitteleuropa, was die chromosomal studierten Species anlangt, nur 279 Arten besitzen. Die Durchschnittszahl pro Gattung ist also auf 1,58 gesenkt. Schliesslich sei noch darauf hingewiesen, dass bestimmte Zahlen besonders bevorzugt sind, nämlich 7, 8, 9, 10, 11, 12, 14, 16, 18, 20, 21 und 24. Dabei haben wir die polyploiden Rassen mit berücksichtigt. Merklich zurück bleiben schon 6, 13, 15, 17, 22, 28, 30, 32. Unter $n = 6$ oder über $n = 32$ sind relativ wenig Arten oder Rassen gegangen. Besonders hohe Zahlen finden wir bei Cerastium ($n = 72$), Polypodium ($n = 74$ u. 111), Salix ($n = 76$ und 88), Nymphaea und Trientalis ($n = $ ca. 80), Dryopteris ($n = 80—90$), Cystopteris ($n = 84$ und 126), Gladiolus ($n = 90$), Rumex ($n = 100$), Equisetum ($n = 115$ 120) und Ophioglossum ($n = $ ca. 172). Es dürfte für phylogenetische Fragen von Interesse sein, dass unter den soeben hervorgehobenen Gattungen die Pteridophyten und als ursprünglich angesehene Angiospermenfamilien stark beteiligt sind. Ebenfalls muss betont werden, dass bei den Gymnospermen eine Tendenz zur Bildung von Polyploiden kaum hervorgetreten ist.

LITERATURVERZEICHNIS

AASE, H. C. u. POWERS, L. R. 1926. Amer. Journ. of Botan. vol. 13, p. 367 ff.
ADATI, S. 1935. Botan. a. Zool. vol. 3, p. 1445 ff.
AFIFY, A. 1933. Journ. of Genet. vol. 27, p. 293 ff.
— 1938. Journ. of Genet. vol. 36, p. 373 ff.
AFZELIUS, K. 1922. Svensk bot. Tidskr. Bd. 16, p. 371 ff.
— 1924. Acta Hort. Bergian. Bd. 8, p. 123 ff.
— 1932. Svensk bot. Tidskr. Bd. 26, p. 365 ff.
— 1943. Svensk bot. Tidskr. Bd. 37, p. 266 ff.
ÅKERBERG, E. 1936. Botan. Notis. p. 213 ff.
— 1938. Botan. Notis., p. 456 f.
— 1939. Hereditas, Bd. 25, p. 359 ff.
— 1941. Hereditas, Bd. 28, p. 1 ff.
— 1942. Hereditas, Bd. 29, p. 199 ff.
ÅKERLUND, E. 1927, Hereditas, Bd. 10, p. 153 ff.
ALAM, Z. 1936. Ann. of Bot. vol. 50, p. 85 ff.
ALLARD, H. A. u. EVANS, M. W. 1941. Journ. Agric. Res. vol. 62, p. 193 ff.
D'AMATO, F. 1939. N. G. Bot. Ital. N. S. vol. 46, p. 470 ff.
— 1940a. N. G. Bot. Ital. N. S. vol. 47, p. 247 ff.
— 1940b. N. G. Bot. Ital. N. S. vol. 47, p. 349 ff.
— 1946. N. G. Bot. Ital. N. S. vol. 53, p. 170 ff.
— 1947. N. G. Bot. Ital. N. S. vol. 53, p. 405 ff.
— 1948. N. G. Bot. Ital. N. S. vol. 55, 2 pp.
ANDERSON, E. u. SCHAFER, B. Ann. of Bot. vol. 45, p. 639 ff.
ANDERSSON, E. 1947. Hereditas, Bd. 33, p. 301 ff.
ANDERSSON-KOTTÖ, I. 1931. Bibliogr. Genet. vol. 8, p. 269 ff.
— 1938. Journ. of Genet. vol. 36, p. 221 ff.
— u. GAIRDNER, A. E. 1931. Genetica, vol. 13, p. 77 ff.
— u. GAIRDNER, A. E. 1936. Journ. of Genet. vol. 38, p. 189 ff.
— u. GAIRDNER, A. E. 1938. Journ. of Genet. vol. 36, p. 509 ff.
ANDREAS, C. H. 1947. Nederl. Kruidk. Archief. Bd. 54, p. 128.
ANDRÈS, J. M. 1941. Rev. Fac. Agronom. Buenos Aires vol. 9, p. 100 ff.
ANNEN, E. 1945. Ber. Schweiz. bot. Gesellsch. Bd. 55, p. 81 ff.
ARARATIAN, A. G. 1938. Sovjetzk. Botan. Nr. 6, p. 109 ff.
— 1940. C. R. Acad. Sc. URSS. N. S. vol. 27, p. 857 ff.
— 1942. C. R. Acad. Sc. URSS. vol. 34, p. 175 ff.
ARATA, M. 1944. N. G. Bot. Ital. N. S. vol. 51, p. 39 ff.
ARCHAMBAULT, G. 1937. Revue Cytol. et Cytophysiol végét. t. 2, p. 229 ff.
ARENKOVA, D. N. 1939. C. R. Acad. Sc. URSS. N. S. vol. 25, p. 411 ff.
ARMAND, L. 1912. C. R. Acad. Sc. Paris, t. 155, p. 1534 ff.
ARMSTRONG, J. M. 1937. Canad. Journ. Res. vol. 15, Sect. C. p. 281 ff.
ARUTIUNOVA, A. 1940. C. R. Acad. Sc. URSS. N. S. vol. 27, p. 825 ff.
ARWIDSSON, T. 1938. Svensk bot. Tidskr. Bd. 32, p. 191 ff.
— 1943. Acta Phytogeograph. Bd. 17, 274 pp.
ASCHERSON, P. u. GRÄBNER, P. 1896—98. Synopsis d. Mitteleurop. Flora Bd. I u. Bd. II. Leipzig.
— u. GRAEBNER, P. 1900—1905. Desgl. Bd. VI, I. Abt.
ASPLUND, E. 1920. K. Svensk Vetensk. Akad. Handl. Bd. 61, Nr. 3.

ATWOOD, S. 1936. Amer. Journ. of Botan. vol. 23, p. 674 ff.
— 1938. Journ. of Hered. vol. 29, p. 239 f.
— u. HILL, H. D. 1940. Amer. Journ. of Botan. vol. 27, p. 730 ff.
AVDULOV, N. P. 1928. Dnjewn. Wsesojusn. Botan. p. 1 ff.
— 1931. Bull. Appl. Botan. etc. Supplem. vol. 43.
AVERY, P. 1930. Univ. Californ. Publicat. Agricult. Sci. vol. 6, p. 135 ff.
DE AZEVEDO COUTINHO, L. 1940. Agronom. Lusitan. vol. 2, p. 379 ff.
— 1945. Bolet. Socied. Broter. Ser. 2A, vol. 19, p. 449 ff.
— u. SANTOS, A. C. 1943. Agronom. Lusitan. vol. 5, p. 349 ff.

BABCOCK, E. B. 1944. Amer. Natural. vol. 78, p. 385 ff.
— 1947a. Advanc. in Genetics, vol. 1, p. 69 ff.
— 1947b. Univ. Californ. Publicat. Botan. vol. 21, p. 1 ff.
— u. CAMERON, D. R. 1934. Univ. Californ. Publicat. Agricult. Sci. vol. 6, p. 287 ff.
— u. CAVE, M. S. 1938. Zeitschr. indukt. Abstamm. u. Vererb. L. Bd. 75, p. 124 ff.
— u. EMSWELLER, S. L. 1936. Univ. Californ. Publicat. Agricult. Sci. vol. 6, p. 325 ff.
— u. JENKINS, J. A. 1943. Univ. Californ. Publicat. Botan. vol. 18, p. 241 ff.
— u. MANN-LESLEY, M. 1926. Univ. Californ. Publicat. Agricult. Sci. vol. 2, p. 315 ff.
— u. STEBBINS, G. L. 1938. Publicat. Carnegie Instit. Washington Nr. 504.
— , STEBBINS, G. L. u. JENKINS, J. A. 1937. Cytologia. Fujii-Festschr. p. 188 ff.
— u. SWEZY, O. 1935. Cytologia. vol. 6, p. 256 ff.
BAERECKE, M. L. 1944. Flora. Bd. 138, p. 57 ff.
BAEZ MAJOR, A. 1934. Cavanillesia. vol. 6, p. 59 ff.
BAKER, H. G. 1948. New Phytolog. vol. 47, p. 131 ff.
BALDWIN, J. T. 1935, Bot. Gaz. vol. 96, p. 558 ff.
— 1937. Amer. Journ. of Botan. vol. 24, p. 126 ff.
— 1939. Chronic. Botan. Bd. 5, p. 415 ff.
— 1940. Madroño, vol. 5, p. 184 ff.
— u. CAMPBELL, J. M. 1940. Amer. Journ. of Botan. vol. 27, p. 915 ff.
BAMBACIONI-MEZZETTI, V. 1931. Annali di Botan. vol. 19, p. 365 ff.
BAMFORD, R. 1935. Journ. Agric. Res. vol. 51, p. 945 ff.
— 1941. Journ. of Hered. vol. 32, p. 419 ff.
— u. GERSHOY, A. 1930. Univ. Vermont a. State Agricult. Coll. Burlington Bull. 325.
BANGHAM, W. 1929. Journ. Arnold Arboret. vol. 10, p. 167 ff.
BARANOW, P. 1925. Ber. d. D. Botan. Gesellsch. Bd. 43, p. 352 ff.
— u. RAJKOVA, H. 1930. Bull. appl. Bot. vol. 24, p. 283 ff.
BARBER, H. N. 1940. Proceed. R. Soc. London, Ser. B. vol. 128, p. 170 ff.
— 1941a. Ann. of Bot. N. S. vol. 5, p. 375 ff.
— 1941b. Nature. vol. 148, p. 227.
— 1942. Journ. of Genet. vol. 31, p. 97 ff.
BARROS NEVES, J. 1939. Bolet. Socied. Broter. Ser. 2 A. vol. 13, p. 545 ff.
— 1942. Bolet. Socied. Broter. Ser. 2 A. vol. 16, p. 169 ff.

BARROS NEVES, J. 1944. Diss. Univers. Coimbra.
—   1945. Bolet. Socied. Broter. Ser. 2A. vol. 19, p. 729 ff.
BATTAGLIA, E. 1941. Mem. R. Acc. Scient. Lett., Art. Modena vol. 5.
—   1946a. N. G. Bot. Ital. N. S. vol. 53, p. 437 ff.
—   1946b. N. G. Bot. Ital. N. S. vol. 53, p. 707 f.
—   1947a. Rendicont. Accad. Naz. Lincei Cl. Sci. fis., mat. e nat. Ser.
—   VIII. vol. 2. p. 63 ff.
—   1947b. N. G. Bot. Ital. N. S. vol. 54, 29 + 26 pp.
—   1947c. Atti Soc. Toscan. Sci. Nat. vol. 54.
—   1948a, N. G. Bot. Ital. N. S. vol. 55, Nr. 28.
—   1948b. Caryologia. vol. 1, p. 1 ff.
—   1949. Caryologia. vol. 2, p. 23 ff.
—   u. DOLCHER, T. 1947. N. G. Bot. Ital. N. S. vol. 54, 9 pp.
BAUR, E. 1932, Züchter. Bd. 4, p. 57 ff.
BEATUS, R. 1936a. Flora. Bd. 130, p. 153 ff.
—   1936b. Zeitschr. indukt. Abstamm. u. Vererb. L. Bd. 71, p. 353 ff.
—   1936c. Ber. d. D. Botan. Gesellsch. Bd. 54, p. 340 ff.
BEER, R. 1912. Ann. of Bot. vol. 26, p. 705 ff.
—   1913. Ann. of Bot. vol. 27, p. 643 ff.
BEHRE, K. 1929. Planta. Bd. 7, p. 208 ff.
BELAJEFF, W. 1894. Flora. Bd. 79, p. 430 ff.
BĚLAŘ,K. 1925. Zeitschr. indukt. Abstamm. u. Vererb. L. Bd. 39, p. 184 ff.
BELLING, J. 1925. Journ. of Hered. vol. 16, p. 463 f.
—   u. BLAKESLEE, A. F. 1923. Proceed. Nation. Acad. Sci. vol. 9,
     p. 106 ff.
—   u. BLAKESLEE 1924. Amer. Natural. vol. 58, p. 60 ff.
BENOIST, E. 1937. Revue Cytol. et Cytophysiol. végét. t. 2, p. 415 ff.
v. BERG, K. H. 1933. Anz. Akad. Wissensch. Wien. Math.-naturw. Kl.
     Bd. 70, p. 276 ff.
BERGMAN, B. 1935a. Hereditas, Bd. 20, p. 214 ff.
—   1935b. Svensk bot. Tidskr. Bd. 29, p. 155 ff.
—   1941. Svensk bot. Tidskr. Bd. 35, p. 1 ff.
—   1944a. Svensk bot. Tidskr. Bd. 38, p. 240 ff.
—   1944b. Svensk bot. Tidskr. Bd. 38, p. 249 ff.
BERGSTRÖM, J. 1940. Hereditas. Bd. 26, p. 191 ff.
BERKELEY, J. A. 1946. Journ. Linn. Soc. London. Botan. vol. 53, p. 71 ff.
BERNSTRÖM, P. 1941. Botan. Notis. p. 407 f.
—   1944. Hereditas. Bd. 30, p. 257 ff.
—   1946. Hereditas, Bd. 32, p. 514 ff.
—   1949. Proceed. VIII. Internat. Congr. Genet. p. 39 f.
BHADURI, P. N. 1933. Journ. Indian Bot. Soc. vol. 12, p. 56 ff.
BHALLA, V. 1941. Proceed. Ind. Sci. Congr. 28. Nr. 26.
BIANCHI, R. 1946. Ber. Schweiz. Bot. Gesellsch. Bd. 56, p. 523 ff.
BLACKBURN, K. B. 1923. Nature. vol. 112, p. 687 f.
—   1924. Journ. exper. Biol. vol. 1, p. 413 ff.
—   1928. Zeitschr. indukt. Abstamm. u. Vererb. L. Suppl. Bd. 1,
     p. 439 ff.
—   1929. Proceed. Internat. Congr. Plant Sci. vol. 1, p. 299 ff.
—   1933. Proceed. Univ. Durham Philos. Soc. vol. 9, p. 84 ff.
—   1934. Nature. vol. 134, p. 738.

BLACKBURN, K. B. 1938. Journ. of Botan. vol. 76, p. 306 f.
— u. BOULT, J. J. 1930. Proceed. Univ. Durham. Philos. Soc. vol. 8, p. 260 ff.
— u. HARRISON, J. W. H. 1921. Ann. of Bot. vol. 35, p. 159 ff.
— u. HARRISON, J. W. H. 1924. Ann. of Bot. vol. 38, p. 361 ff.
BLACKMAN, V. H. 1898. Phil. Transact. Roy. Soc. Ser. B. vol. 190, p. 395 ff.
BLAKESLEE, A. F. 1922. Amer. Natural. vol. 56, p. 16 ff.
— 1928. Zeitschr. indukt. Abstamm. u. Vererb. L. Suppl. Bd. 1, p. 439 ff.
— 1931. Smithson. Rep. p. 431 ff.
— 1932. Proceed. VI. Internat. Congr. Genetics. vol. 1, p. 104 ff.
— 1934. Bull. Torrey bot. Club. vol. 61, p. 197 ff.
— u. BELLING, J. 1924a. Science. N. S. vol. 60, p. 19 ff.
— u. BELLING, J. 1924b. Journ. of Hered. vol. 15, p. 194 ff.
— , BELLING, J. u. FARNHAM, M. E. 1920. Science. N. S. vol. 52, p. 388 ff.
— , BELLING, J. u. FARNHAM, M. E. 1923. Bot. Gaz. vol. 76, p. 329 ff.
BLEIER, H. 1925. Jahrb. wiss. Botan. Bd. 64, p. 604 ff.
— 1928. Genetica. vol. 11, p. 111 ff.
BÖCHER, T. W. 1932. Bot. Tidskr. Bd. 42, p. 183 ff.
— 1936. Hereditas, Bd. 22, p. 269 ff.
— 1938a. Dansk bot. Arkiv. Bd. 9. Nr. 4.
— 1938b. Svensk bot. Tidskr. Bd. 32, p. 346 ff.
— 1940. Dansk bot. Arkiv. Bd. 10. Nr. 3.
— 1941. Medd. om Grönland. vol. 131. Nr. 2.
— 1943a. Dansk bot. Arkiv. Bd. 11. Nr. 3.
— 1943b. Hereditas. Bd. 29, p. 499 f.
— 1944. Dansk bot. Arkiv. Bd. 11. Nr. 7.
— 1946. Botanik. Bd. 1. Nr. 1. Plantecytologi. Munksgaard Köbnhavn
— 1947a. Dansk Vidensk. Selsk. Biol. Medd. Bd. 20. Nr. 8.
— 1947b. Botan. Notis. p. 353 ff.
BOEDIJN, K. 1924. Zeitschr. indukt. Abstamm. u. Vererb. L. Bd. 32, p. 354 ff.
— 1925. Rec. Trav. Bot. Néerland. vol. 22, p. 173 ff.
v. BOENICKE, L. 1911. Ber. d. D. Botan. Gesellsch. Bd. 29, p. 59 ff.
BÖÖS, G. 1924. Botan. Notis. p. 290 ff.
BOWDEN, W. M. 1940. Amer. Journ. of Botan. vol. 27, p. 357 ff.
— 1945a. Amer. Journ. of Botan. vol. 32, p. 81 ff.
— 1945b. Amer. Journ. of Botan. vol. 32, p. 191 ff.
BRANAS, M. C. R. 1932. C. R. Acad. Sc. Paris. t. 194, p. 121 ff.
BRANSCHEIDT, P. 1939. Ber. d. D. Botan. Gesellsch. Bd. 57, p. 495 ff.
BRAUN, W. 1929. Diss. Univ. Berlin.
BRESLAVETZ, L. 1926. Ber. d. D. Botan. Gesellsch. Bd. 44, p. 498 ff.
— 1929. Planta. Bd. 7, p. 444 ff.
— 1932. Planta. Bd. 17, p. 611 ff.
BRITTINGHAM, W. H. 1934. Amer. Journ. of Botan. vol. 21, p. 77 ff.
— 1941. Journ. of Hered. vol. 32, p. 57 ff.
BROWN, W. L. 1939. Amer. Journ. of Botan. vol. 26, p. 717 ff.
— 1941. Ann. Missouri Bot. Gard. vol. 28, p. 493 ff.
BROWN, W. V. 1946a. Amer. Journ. of Botan. vol. 33, p. 818.

Brown, W. V. 1946b. Bot. Gaz. vol. 108, p. 262 ff.
— 1948. Amer. Journ. of Botan. vol. 35, p. 382 ff.
Bruhin, A. u. Wanner, H. 1947. Archiv. Jul. Klausstift. Bd. 22, p. 295 ff.
Bruun, H. G. 1930. Svensk bot. Tidskr. Bd. 24, p. 468 ff.
— 1932a. Hereditas, Bd. 16, p. 63 ff.
— 1932b. Symbol. Bot. Upsal. Bd. 1, p. 1 ff.
— 1932c. Svensk bot. Tidskr. Bd. 26, p. 163 ff.
Burton, G. W. 1942. Amer. Journ. of Botan. vol. 29, p. 355 ff.
Bushnell, E. P. 1936. Bot. Gaz. vol. 98, p. 356 ff.
Buxton, B. H. 1932. Journ. of Genet. vol. 25, p. 195 ff.
— u. Dark, S. O. S. 1934. Journ. of Genet. vol. 29, p. 109 ff.
— u. Newton, W. C. F. 1928. Journ. of Genet. vol. 19, p. 269 ff.

Callan, H. G. 1941. Ann. of Bot. N. S. vol. 5, p. 579 ff.
Camp, W. H. 1944. Bull. Torrey bot. Club. vol. 71, p. 498 ff.
Campbell, D. H. 1897. Proceed. Californ. Acad. Sci. Ser. III. Bot. vol. 1,
    p. 1 ff.
Carano, E. 1921. Annali di Botan. vol. 15, p. 97 ff.
— 1926. Annali di Botan. vol. 17, p. 50 ff.
Carter, K. M. 1928. Journ. Roy. Microscop. Soc. London. vol. 48,
    p. 389 ff.
Castetter, E. F. 1923. Proceed. Iowa Acad. Sci. vol. 30, p. 331.
— 1925. Amer. Journ. of Botan. vol. 12, p. 270 ff.
de Castro, D. 1941. Agronom. Lusitan. vol. 3, p. 103 ff.
— 1945. Bolet. Soc. Broter. Ser. 2A. vol. 19, p. 273 ff.
— u. Carvalho Fontes, F. 1946. Broteria. Ser. Cienc. Nat. vol. 15,
    p. 38 ff.
Catcheside, D. G. 1937. Cytologia. Fujii-Festschr. p. 366 ff.
Cave, M. S. u. Constance, L. 1942. Univ. of Californ. Publicat. Botan.
    vol. 18, p. 205 ff.
Chamberlain, Ch. J. 1899. Bot. Gaz. vol. 27, p. 268 ff.
Chandler, C. 1940. Bull. Torrey bot. Club. vol. 67, p. 649 ff.
Chase, S. S. 1947. Amer. Journ. of Botan. vol. 34, p. 581 f.
Chattaway, M. M. 1926. Brit. Journ. Exper. Biol. vol. 3, p. 141 ff.
Chiarugi, A. 1925. N. G. Bot. Ital. N. S. vol. 32, p. 223 ff.
— 1926a. Rendicont. R. Accad. Lincei. Cl. Scienz., fis. Ser. 6a. vol. 3.
    1. Sem. p. 281 ff.
— 1926b. N. G. Bot. Ital. N. S. vol. 33, p. 501 ff.
— 1927a. N. G. Bot. Ital. N. S. vol. 34, p. 783 ff.
— 1927b. N. G. Bot. Ital. N. S. vol. 34, p. 864 ff.
— 1929. Bollet. Soc. Ital. Speriment. vol. 4. 3 pp.
— 1933. N. G. Bot. Ital. N. S. vol. 40, p. 63 ff.
Chin, T. C. 1941. Ann. of Bot. N. S. vol. 5, p. 535 ff.
Chittenden, R. J. 1928a. Journ. of Genet. vol. 19, p. 281 ff.
— 1928b. Journ. of Genet. vol. 19, p. 285 ff.
Chodat, R. 1925. Bull. Soc. bot. Genève. 2. sér. t. 17, p. 3 ff.
Chomisury, N. 1927. Angew. Botan. Bd. 9, p. 626 ff.
Choudhuri, H. C. 1942. Ann. of Bot. N. S. vol. 6, p. 184 ff.
Christoff, M. 1929. Bull. Soc. Botan. Bulgar. vol. 3, p. 279 ff.
— 1940. Planta. Bd. 31, p. 73 ff.

CHRISTOFF, M. 1942a. Zeitschr. indukt. Abstamm. u. Vererb. L. Bd. 80, p. 103 ff.
— 1942b. Jahrb. Univ. Ochrid. Fak. Land- u. Forstwirtsch. Bd. 20, p. 169 ff.
— 1944. Jahrb. Univ. Ochrid. Fak. Land-u. Forstwirtsch. Bd. 22, p. 153 ff.
— u. M. A. 1948. Genetics. vol. 33, p. 36 ff.
— u. PAPASOWA, G. 1943. Zeitschr. indukt. Abstamm. u. Vererb. L. Bd. 81, p. 1 ff.
— u. POPOFF, A. 1933. Planta. Bd. 20, p. 440 ff.
CHURCH, G. L. 1929. Bot. Gaz. vol. 87, p. 608 ff.
— 1936. Amer. Journ. of Botan. vol. 23, p. 12 ff.
— 1942. Amer. Journ. of Botan. vol. 29, p. 5s.
— 1949. Amer. Journ. of Botan. vol. 36, p. 155 ff.
CLARKE, A. E. 1934. Univ. Californ. Publicat. Botan. vol. 17, p. 435 ff.
CLAUSEN, J. 1921. Botan. Tidskr. Bd. 37, p. 205 ff.
— 1922. Botan. Tidskr. Bd. 37, p. 363 ff.
— 1926. Hereditas. Bd. 8, p. 1 ff.
— 1927. Ann. of Bot. vol. 41, p. 677 ff.
— 1929. Ann. of Bot. vol. 43, p. 741 ff.
— 1931a. Hereditas. Bd. 15, p. 62 ff.
— 1931b. Hereditas. Bd. 15, p. 67 ff.
— 1931c. Botan. Tidskr. Bd. 41, p. 317 ff.
— 1931d. Hereditas. Bd. 15, p. 219 ff.
— J. 1932. Hereditas. Bd. 17, p. 67 ff.
— , KECK, D. D. u. HEUSI (HIESEY), W. M. 1932. Ann. Rept. Plant Biol. Yearbook Carnegie Instit. Washington. vol. 31, p. 201 ff.
— , KECK, D. D. u. HEUSI (HIESEY), W. M. 1938. Ann. Rept. etc. Washington. vol. 37, p. 10 ff.
— , KECK, D. D. u. HEUSI (HIESEY), W. M. 1939. Ann. Rept. etc. Washington. vol. 38, p. 123 ff.
— KECK, D. D. u. HEUSI (HIESEY), W. M. 1940a. Ann. Rept. etc. Washington vol. 39, p. 158 ff.
— , KECK D. D. u. HEUSI (HIESEY), W. M. 1940b. Publicat. Carnegie Institut. No. 520. Washington.
— , KECK, D. D. u. HEUSI (HIESEY), W. M. 1941. Amer. Natural. vol. 75, p. 231 ff.
— , KECK, D. D. u. HEUSI (HIESEY), W. M. 1946. Ann. Rept. etc. Washington. vol. 45, p. 111 ff.
CLELAND, R. E. 1922. Amer. Journ. of Botan. vol. 9, p. 391 ff.
— 1923. Amer. Natural. vol. 57, p. 562 ff.
— 1925. Amer. Natural. vol. 59, p. 475 ff.
— 1926. Genetics. vol. 11, p. 127 ff.
— 1928. Zeitschr. indukt. Abstamm. u. Vererb. L. Supplem. Bd. 1, p. 554 ff.
— 1949. Proceed. VIII. Internat. Congr. Genet. p. 173 ff.
— u. OEHLKERS, F. 1930. Jahrb. wissensch. Botan. Bd. 73 ff, p. 1 ff.
COLLINS, J. L. HOLLINGSHEAD, L. u. AVERY, P. 1929. Genetics, vol. 14, p. 305 ff.
COONEN, L. P. 1939. Amer. Journ. of Botan. vol. 26, p. 49 ff.
COOPER, D. C. 1933. Bot. Gaz. vol. 95, p. 143 ff.

COOPER, D. C. 1935a. Amer. Journ. of Botan. vol. 22, p. 453 ff.
— 1935b. Journ. Agric. Research. vol. 51, p. 471 ff.
— 1936. Amer. Journ. of Botan. vol. 23, p. 231 ff.
— 1939. Amer. Journ. of Botan. vol. 26, p. 65 ff.
— 1940. Amer. Journ. of Botan. vol. 27, p. 326 ff.
— , BRINK, R. A. u. ALBRECHT, H. R. 1937. Amer. Journ. of Botan. vol. 24, p. 203 ff.
— u. MAHONY, K. L. 1935. Amer. Journ. of Botan. vol. 22, p. 843 ff.
COOPER, G. O. 1935. Bot. Gaz. vol. 97, p. 169 ff.
— 1942, Amer. Journ. of Botan. vol. 29, p. 577 ff.
CORTI, R. N. 1930. N. G. Bot. Ital. N. S. vol. 37, p. 278 ff.
— 1931a. N. G. Bot. Ital. N. S. vol. 38, p. 230.
— 1931b. N. G. Bot. Ital. N. S. vol. 38, p. 564.
CRANE, M. B. 1927. Mem. Hort. Soc. New York. vol. 3, p. 119 ff.
— 1929. Conf. Polypl. John Innes Hort. Instit. p. 38 ff.
— 1936. Conf. on Cherries and soft fruits. Roy. Hort. Soc. p. 121 ff.
— 1940. Journ. of Genet. vol. 40, p. 109 ff.
— u. DARLINGTON, C. D. 1927. Genetica. vol. 9, p. 241 ff.
— u. GAIRDNER, A. E. 1923. Journ. of Genet. vol. 13, p. 187 ff.
— u. LAWRENCE, W. J. C. 1930. Journ. of Genet. vol. 22, p. 153 ff.
— u. LAWRENCE, W. J. C. 1931. Journ. of Genet. vol. 24, p. 243 ff.
— u. THOMAS, P. T. 1939. Journ. of Genet. vol. 37, p. 287 ff.
CUGNAC, A. u. SIMONET, M. 1941a. C. R. Soc. Biol. France. t. 135, p. 728 ff.
— u. SIMONET, M. 1941b. Bull. Soc. bot. France. t. 88, p. 513 ff.

DAHL, A. O. 1937. Bull. Marin. Lab. Woodshole. vol. 73, p. 368.
DAHLGREN, K. V. O. 1916, K. Svensk Vet. Akad. Handl. Bd. 56, Nr. 4.
— 1920. Zeitschr. f. Botan. Bd. 12, p. 481 ff.
DANGEARD, P. 1937. Botaniste. t. 28. p. 291 ff.
DANIELSSON, B. 1946. Sveriges Pomolog. Fören. Årsskr. 7 pp.
— 1947. Sveriges Pomolog. Fören. Årsskr. 3 pp.
DARK, S. O. S. 1932a. Ann. of Bot. vol. 46, p. 965 ff.
— 1932b. New Phytolog. vol. 31, p. 310 ff.
— 1936. Journ. of Genet. vol. 32, p. 353 ff.
DARLING, C. A. 1909. Bull. Torrey bot. Club. vol. 36, p. 177 ff.
— 1923. Amer. Journ. of Botan. vol. 10, p. 450 ff.
DARLINGTON, C. D. 1926. Journ. of Genet. vol. 16, p. 237 ff.
— 1927a. Nature. vol. 119, p. 390 ff.
— 1927b. Journ. Pomol. a. Hortic. Soc. vol. 6, Nr. 3.
— 1928. Journ. of Genet. vol. 19, p. 213 ff.
— 1929a. Genetica. vol. 11, p. 267 ff.
— 1929b. Journ. of Genet. vol. 21, p. 207 ff.
— 1930. Journ. of Genet. vol. 22, p. 65 ff.
— 1931. Journ. of Genet. vol. 24, p. 405 ff.
— 1932. Recent advances in Cytology. London.
— 1933. Journ. of Genet. vol. 28, p. 327 ff.
— 1935. Proceed. Roy. Soc. London. Ser. B. vol. 118, p. 33 ff.
— 1936. Proceed. Roy. Soc. London. Ser. B. vol. 121, p. 269 ff.
— 1937. Recent advances in Cytology. 2. edit. London.
— 1941. Ann. of Bot. N. S. vol. 5, p. 203 ff.

DARLINGTON, C. D. u. GAIRDNER, A. E. 1937. Journ. of Genet. vol. 35, p. 97 ff.
— u. JANAKI-AMMAL, E. K. 1945. Chromosome Atlas of cultivated plants. London.
DARMER, G. 1947. Biol. Zentralbl. Bd. 66, p. 166 ff.
DARROW, G. M., 1937. Yearb. U. S. Departm. Agricult. p. 445 ff.
— u. CAMP, W. H., FISCHER, H. S. u. DERMEN, H. 1944. Bull. Torrey bot. Club. vol. 71, p. 498 ff.
DATTA, S. 1932. Mem. a. Proceed. Manchester Philos. Soc. p. 85 ff.
— 1933. Journ. Indian Bot. Soc. vol. 12, p. 131 ff.
DAVENPORT, C. B. 1924. Yearb. Carnegie Instit. Washington vol. 22, p. 88 ff.
DAVIE, J. H. 1933. Journ. of Genet. vol. 28, p. 33 ff.
DAVIES, J. G. 1927. Nature. vol. 119, p. 236 f.
DAVIS, B. M. 1910. Ann. of Bot. vol. 24, p. 631 ff.
DAWSON, C. D. R. 1941. Journ. of Genet. vol. 42, p. 49 ff.
DELAUNAY, L. N. 1915. Mem. Soc. Natur. Kiew. vol. 25, p. 33 ff.
— 1922. Moniteur jard. bot. Tiflis. Ser. II, Nr. 1.
— 1926a. Wjesn. Tiflis Bot. Sad. vol. 2, p. 1 ff.
— 1926b. Trud. Botan. vol. 1, p. 3 ff.
— 1926c. Zeitschr. f. Zellforsch. u. mikrosk. Anatom. Bd. 4, p. 338 ff.
— 1928. Sborn. imjen. S. Nawaschin. p. 1 ff.
— 1930. Nautsch. Instit. Selekz. Sachar. t. 6, Heft 2.
— 1931. Ber. Instit. Pflanzenzücht. Maslowska. Bd. 4, p. 11 ff.
DELISLE, A. L. 1937. Amer. Journ. of Botan. vol. 24, p. 741.
DERMEN, H. 1931. Journ. Arnold Arboret. vol. 12, p. 281 ff.
— 1932a. Journ. Arnold Arboret. vol. 13, p. 49 ff.
— 1932b. Journ. Arnold Arboret. vol. 13, p. 410 ff.
— 1936. Cytologia. vol. 7, p. 160 ff.
DIANNELIDIS, T. 1944. Wiener (Oesterr.) Botan. Zeitschr. Bd. 93, p. 66 ff.
— 1947, Oesterr. Botan. Zeitschr. Bd. 94, p. 74 ff.
DIGBY, L. 1914. Archiv f. Zellforsch. Bd. 12, p. 97 ff.
VAN DILLEWIJN, C. 1940. Genetica. vol. 22, p. 131 ff.
DILLMAN, A. C. 1933. Science. N. S. vol. 78, p. 409.
DOBRONZ, K. 1935. Diss. Univ. Berlin.
DÖPP, W. 1932. Planta. Bd. 17, p. 86 ff.
— 1933. Ber. d. D. Botan. Gesellsch. Bd. 51, p. 341 ff.
— 1939. Planta. Bd. 29, p. 481 ff.
— 1941. Ber. d. D. Botan. Gesellsch. Bd. 59, p. 423 ff.
DOGADKINA, N. A. 1941. C. R. Acad. Sci. URSS. vol. 30, p. 166 ff.
DORSEY, E. 1925. Thesis. Cornell Univers.
DOULAT, E. 1943. Thèse. Université Grénoble.
— 1946. C. R. Acad. Sc. Paris. t. 222, p. 1510 ff.
— 1947. C. R. Acad. Sc. Paris. t. 225, p. 354 ff.
DOUTRELIGNE, J. 1933. Cellule. t. 42, p. 29 ff.
V. DRYGALSKI, U. 1935. Zeitschr. indukt. Abstamm. u. Vererb. L. Bd. 69, p. 278 ff.
DUDLEY, M. G. 1937. Bot. Gaz. vol. 98, p. 556 ff.
DUFFIELD, W. H. 1940. Amer. Journ. of Botan. vol. 27, p. 787 f.

EARNSHAW, F. 1942. New Phytolog. vol. 41, p. 152 ff.
EAST, E. M. 1930. Proceed. Nat. Acad. of Sci. vol. 16, p. 377 ff.

EAST, E. M. 1933. Genetics. vol. 18, p. 324 ff.
— 1934. Genetics. vol. 19, p. 167 ff.
EDMAN, G. 1929. Acta Horti Bergian. Bd. 9, p. 165 ff.
EHRENBERG, L. 1945. Botan. Notis. p. 430 ff.
EIGSTI, O. J. 1936. Bot. Gaz. vol. 98, p. 363 ff.
EKDAHL, A. 1941. Svensk bot. Tidskr. Bd. 35, p. 143 ff.
EKLUNDH-EHRENBERG, C. 1946. Botan. Notis. p. 529 ff.
— 1949. Hereditas. Bd. 35, p. 1 ff.
EKSTRAND, H. 1918. Svensk bot. Tidskr. Bd. 12, p. 202 ff.
— 1920. Svensk bot. Tidskr. Bd. 14, p. 312 ff.
ELDERS, A. T. 1926. Sci. Agricult. vol. 6, p. 360 ff.
ELLIOTT, F. C. u. LOVE, R. M. 1948. Journ. Amer. Soc. Agron. vol. 40,
     p. 335 ff.
ELLISON, W. 1936. Journ. of Genet. vol. 32, p. 473 ff.
— 1938. Journ. of Genet. vol. 36, p. 515 ff.
ELVERS, J. 1932a. Svensk bot. Tidskr. Bd. 26, p. 13 ff.
— 1932b. Acta Horti Bergian. Bd. 11, p. 81 ff.
EMERSON, S. H. 1924. Pap. Michigan Acad. Sci. vol. 4, p. 111 ff.
EMME, E. K. 1930. Proceed. SSSR. Genet. vol. 2, p. 586 ff.
— 1932. Bull appl. Botan. 2. ser. Nr. 1. p. 147 ff.
— 1938a. Biol. Journ. vol. 7, p. 69 ff.
— 1938b. Biol. Journ. vol. 7, p. 91 ff.
— u. SHEPELJEVA, H. 1927. Bull. appl. Botan. vol. 17, p. 265 ff.
EMSWELLER, S. L. 1928. Proceed. Amer. Soc. Hort. Sci. vol. 25, p. 29 f.
— u. RUTTLE, M. L. 1941. Amer. Natural. vol. 75, p. 310 ff.
ERITH, A. G. 1924. White clover. London.
ERLANDSSON, S. 1939. Hereditas. Bd. 25, p. 27 ff.
— 1942. Hereditas. Bd. 28, p. 503 f.
— 1944. Acta Horti Bergian. Bd. 13, p. 117 ff.
— 1946. Svensk bot. Tidskr. Bd. 40, p. 427 ff.
ERLANSON, E. W. 1931. Genetics. vol. 16, p. 75 ff.
— 1933. Bot. Gaz. vol. 94, p. 551 ff.
— 1934. Bot. Gaz. vol. 96, p. 197 ff.
— 1938. New Phytol. vol. 37, p. 72 ff.
ERNST, H. 1938. Zeitschr. f. Botan. Bd. 33, p. 241 ff.
— 1939. Zeitschr. f. Botan. Bd. 34, p. 81 ff.
— 1941. Ber. d. D. Botan. Gesellsch. Bd. 59, p. 351 ff.
ERNST-SCHWARZENBACH, M. 1945. Ber. Schweiz. Bot. Gesellsch. Bd. 55,
     p. 33 ff.
EVANS, G. 1927. Nature. vol. 118, p. 841.
EWERT, R. 1922. Jahresber. Botan. Versuchsstat. Proskau (1919/20).

FABERGÉ, A. C. 1942. Journ. of Genet. vol. 44, p. 169 ff.
— 1943. Journ. of Genet. vol. 45, p. 139 ff.
— 1944. Journ. of Genet. vol. 46, p. 125 ff.
FAGERLIND, F. 1934. Hereditas. Bd. 19, p. 223 ff.
— 1936. Hereditas. Bd. 22, p. 189 ff.
— 1937. Acta Horti Bergian. Bd. 11, p. 195 ff.
— 1944. Acta Horti Bergian. Bd. 13, p. 247 ff.
— 1945. Acta Horti Bergian. Bd. 14, p. 7 ff.

FAGERLIND, F. 1946. Acta Horti Bergian. Bd. 14, p. 39 ff.
FARMER, J. B. 1895a. Journ. Roy. Microscop. Soc. London. p. 501 ff.
— 1895b. Flora. Bd. 80, p. 56 ff.
— u. DIGBY, L. 1907. Ann. of Bot. vol. 21, p. 161 ff.
— u. MOORE, J. E. S. 1896. Anatom. Anzeig. Bd. 11, p. 71 ff.
FAVARGER, C. 1946. Ber. Schweiz. Botan. Gesellsch. Bd. 56, p. 364 ff.
— C. 1949a. Ber. Schweiz. Botan. Gesellsch. Bd. 59, p. 62 ff.
— 1949b. Bull. Soc. Neuchatel. Sci. nat. t. 72, p. 15 ff.
— C. u. SÖLLNER, R. 1949. Ber. Schweiz. Botan. Gesellsch. Bd. 59, p. 87ff.
FAVORSKY, N. 1927. Planta. Bd. 3, p. 282 ff.
FEDOROVA, N. 1934. Genetica. vol. 16, p. 524 ff.
FEDORTSCHUK, W. 1931. Planta. Bd. 14, p. 94 ff.
FELFÖLDY, L. J. M. 1946. Kisérletügyi Közlemények. vol. 47/49 p. 11 ff.
— 1947. Archiv. Biolog. Hungar. Ser. II. 17, p. 101 ff.
FENG, Y. A. 1934. Botaniste. t. 26, p. 3 ff.
FERGUSON, M. C. 1904. Proceed. Washington Acad. Sci. p. 1 ff.
FERNANDES, A. 1930. C. R. Soc. Biol. France. t. 105, p. 135 ff.
— 1931a. Bolet. Socied. Broter. vol. 6, p. 294 ff.
— 1931b. Bolet. Socied. Broter. vol. 7, p. 3 ff.
— 1933. Rev. Faculd. Cienc. Univ. Coimbra. vol. 3, Nr. 1.
— 1934. Bolet. Socied. Broter. vol. 11, p. 1 ff.
— u. R. 1946. Acta Univ. Conimbris. 33 pp.
— , GARCIA, J. u. FERNANDES, R. 1948. Mem. Soc. Broter. vol. 4, 89 pp.
FIKRY, M. A. 1930. Journ. Roy. Microscop. Soc. London. vol. 50, p. 387 ff.
FINN, W. W. 1928. Ber. d. D. Botan. Gesellsch. Bd. 46, p. 235 ff.
— 1937. Journ. Inst. Botan. Acad. RSS. Ukraine. vol. 12, p. 83 ff.
— u. SAFIJOWSKA, L. D. 1934. Bull. Jard. Bot. Kiew. t. 16, p. 51 ff.
FISCHBACH, C. 1933. Zeitschr. indukt. Abstamm. u. Vererb. L. Bd. 65, p. 180 ff.
FISHER, R. A. 1947. Phil. Transact. R. Soc. B. vol. 233, p. 55 ff.
FISK, E. L. 1931. Proceed. Nation. Acad. Sci. vol. 17, p. 511 ff.
FITTING, H. 1936. Bonner Lehrbuch d. Botan. 19. Aufl. Jena.
FITZPATRICK, J. M. 1946. New Phytolog. vol. 45, p. 137 ff.
FLODERUS, B. 1939. Arkiv f. Botan. Bd. 29 A, Nr. 18.
FLORY, W. S. 1932. Genetics. vol. 17, p. 432 ff.
— 1937. Cytologia. Fujii-Festschr. p. 171 ff.
FLOVIK, K. 1936. Soc. Scient. Fennic. Comm. Biol. vol. 5, Nr. 7.
— 1938. Hereditas. Bd. 24, p. 265 ff.
— 1940. Hereditas. Bd. 26, p. 430 ff.
— 1943. Nytt Magas. f. Naturvidensk. Bd. 83, p. 77 f.
FOGELBERG, S. O. 1938. Bull. Torrey bot. Club. vol. 63, p. 631 ff.
FORD, C. E. 1936. Journ. of Genet. vol. 33, p. 275 ff.
— 1938. Genetica. vol. 20, p. 431 ff.
FOSTER, R. C. 1933. Journ. Arnold Arboret. vol. 14, p. 386 ff.
FOTHERGILL, P. G. 1936. Proceed. Univ. Durham. Phil. Soc. vol. 9, p. 205 ff.
— 1938. Genetica. vol. 20, p. 159 ff.
— 1941. New Phytolog. vol. 40, p. 139 ff.
— 1944. New Phytolog. vol. 43, p. 23 ff.
FOUARGE, F. 1939. Bull. Inst. agronom. Gembloux. t. 8, p. 111 ff.

FRANCINI, E. 1931. N. G. Bot. Ital. N. S. vol. 38, p. 155 ff.
FRANDSEN, K. J. 1941. Veterin. og Landbohögsk. Aarsskr. p. 59 ff.
— 1943. Dansk Bot. Arkiv. Bd. 11, Nr. 4.
— 1945. Tidskr. f. Planteavl. Bd. 49, p. 445 ff.
— 1947. Dansk Bot. Arkiv. Bd. 12, Nr. 7.
FREIBURG, M. 1933. Planta. Bd. 20, p. 659 ff.
FRIEBEL, H. 1933. Beitr. z. Biol. d. Pflanz. Bd. 21, p. 167 ff.
FRISENDAHL, A. 1912. K. Svensk Vet. Akad. Handl. Bd. 48, Nr. 7.
— 1927. Medd. Göteborgs Botan. Trädgård. Bd. 3, p. 99 ff.
FRITSCH, R. 1935. Dissert. Univ. Berlin.
FRÖST, S. 1948. Hereditas. Bd. 34, p. 256 f.
FRYER, J. R. 1930. Canad. Journ. Res. vol. 3, p. 3 ff.
FUCHS, A. 1938. Oesterr. Botan. Zeitschr. Bd. 87, p. 1. ff.
FURUSATO, K. 1941. Bot. a. Zool. p. 1303 ff.
FYFE, J. L. 1936. Nature. vol. 138, p. 366.

GAJEWSKI, W. 1946. Acta Soc. Botan. Polon. vol. 17, p. 129 ff.
— 1947. Acta Soc. Botan. Polon. vol. 18, p. 34 ff.
— 1948. Acta Soc. Botan. Polon. vol. 19, p. 25 ff.
— 1949. Proceed. VIII. Internat. Congr. Genet. p. 578 f.
GAIRDNER, A. E. 1926. Journ. of Genet. vol. 16, p. 341 ff.
— u. DARLINGTON, C. D. 1930. Nature. vol. 125, p. 87 f.
— u. DARLINGTON, C. D. 1932. Genetica. vol. 13, p. 113 ff.
GALLASTEGUI, C. 1926. Bol. R. Soc. Españ. Hist. Nat. vol. 26, p. 185 ff.
GARCIA, J. G. 1942. Bolet. Socied. Broter. vol. 16, p. 183 ff.
GATES, R.R. 1909. Science. N.S. vol. 29, p. 269.
— 1928. Zeitschr. indukt. Abstamm. u. Vererb. L. Supplement. Bd. 1.
p. 749 ff.
— u. CATCHESIDE, D. G. 1931. Nature. vol. 128, p. 637.
— u. GOODWIN, K. M. 1931. Proceed. Roy. Soc. London. B. vol. 10,
p. 149 ff.
— u. LATTER, J. 1927. Journ. R. Microscop. Soc. p. 209 ff.
— u. PATHAK, G. N. 1939. Nature. vol. 142, p. 156 f.
— u. REES, E. M. 1921. Ann. of Bot. vol. 35, p. 365 ff.
GAUGER, W. 1937. Planta. Bd. 26, p. 529 ff.
GAVAUDAN, P. u. N. 1937. C. R. Soc. Biol. France. t. 126, p. 985 ff.
GEITLER, L. 1929a. Zeitschr. f. Zellforsch. u. mikrosk. Anatom. Bd. 9, p.
287 ff.
— 1929b. Züchter. Bd. 1, p. 243 ff.
— 1929c. Zeitschr. f. Zellforsch. u. mikrosk. Anatom. Bd. 10, p. 195 ff.
— 1932. Planta. Bd. 17, p. 801 ff.
— 1935. Planta. Bd. 24, p. 361 ff.
— 1936. Jahrb. f. wiss. Botan. Bd. 83, p. 707 ff.
— 1937. Zeitschr. indukt. Abstamm. u. Vererb. L. Bd. 73, p. 182 ff.
— 1938. Zeitschr. indukt. Abstamm. u. Vererb. L. Bd. 75, p. 161 ff.
— 1939. Oesterr. Botan. Zeitschr. Bd. 88, p. 223 ff.
— 1940. Chromosoma. Bd. 1, p. 554 ff.
— 1943. Ber. d. D. Botan. Gesellsch. Bd. 61. p. 210 f.
— 1944. Chromosoma. Bd. 2, p. 544 ff.
— 1949. Chromosoma. Bd. 3, p. 271 ff.

GEITLER, L. u. TSCHERMAK-WOESS, L. 1946. Naturwissensch. Bd. 33, p. 27.
GELIN, O. E. V. u. GUSTAFSSON, A. 1932. Svensk bot. Tidskr. Bd. 26, p. 284 ff.
GENTSCHEFF, G. 1937a. Planta. Bd. 27, p. 165 ff.
— 1937b. Diss. Univ. Sofia.
— 1938. Genetica. vol. 20, p. 398 ff.
— 1941. Yearb. Univ. St. Kliment Ochridsk. Sofia. Fac. of Agricult. vol. 19.
— u. GUSTAFSSON, A. 1940. Botan. Notis. p. 109 ff.
GERASSIMOVA, H. 1935. Cytologia. vol. 6, p. 431 ff.
— 1939. C. R. Acad. Sci. URRS. N. 5. vol. 25, p. 148 ff.
— 1940. Bull. Acad. Sci. URSS. Cl. Sci. biol. p. 31 ff.
GERSHOY, A. 1928. Vermont Agricult. Exper. Stat. Burlington. Bull. 279.
— 1932. Vermont Agricult. Exper. Stat. VI. Internat. Congr. Genetics.
— 1934. Univ. Vermont a. State Agricult. Coll. Bull. 367.
GHIMPU, V. 1928. C. R. Acad. Sc. Paris. t. 187, p. 245 ff.
— 1929a. 14. Congr. Internation. d'Agricult. Bucarest.
— 1929b. Rev. Botan. appl. et d'Agricult. trop. t. 9, p. 175 ff.
— 1929c. Proc. Verb. Acad. d'Agricult. France.
— 1930. Archiv. d.Anatom. microscop. t. 26, p. 135 ff.
— 1941. C. R. Acad. Sc. Roumanie. t. 5, p. 88 ff.
GIESZCZYKÓWNA, Z. 1934. Acta Soc. Bot. Polon. vol. 11 p. 393 ff.
GIFFEN; M. H. 1936. Transact. Roy. South Afric. vol. 24, p. 203 ff.
GLASAU, F. 1939. Planta. Bd. 30, p. 507 ff.
GLIŠIC, L. M. 1928. Bull. Inst. et Jard. Botan. Univ. Belgrade. t. 1, p. 75 ff.
GÖBEL, K. H. 1925. Diss. Univ. Marburg.
GOLDSCHMIDT, R. 1913.Archiv f. Zellforsch. Bd. 9, p. 331 ff.
GOLUBINSKY, J. N. 1940. Trud. Nautschn. issledovan. tjelsk. Stanz. Chmlewodstb. t. 3, p. 65 ff.
GORCZYŃSKI, T. 1929. Acta Soc. Bot. Polon. vol. 6, p. 248 ff.
GOTOH, K. 1937. Japan. Journ. of Genet. vol. 13, p. 209 f.
GOULDEN, C. H. 1926. Techn. Bull. Univ. Minnesota Agricult. Exper. Stat. vol. 33.
GRAFL, I. 1941. Chromosoma. Bd. 2, p. 1 ff.
GRAM, K., LARSEN, M. C. u. S. C. u. WESTERGAARD, M. 1941. Roy. veterin. a. agricult. Coll. Yearb. p. 44 ff.
GRANER, E. A. 1936. Rodriguesia. vol. 2, p. 159.
GRANIER, J. u. BOULE, L. 1911a. C. R. Acad. Sc. Paris. t. 152, p. 153 f.
— u. BOULE, L. 1911b. C. R. Acad. Sc. Paris. t. 152, p. 393 ff.
GRAVES, A. H. 1908. Transact. Connecticut Acad. Arts a. Scienc. New Haven. vol. 14, p. 59 ff.
GRAZE, H. 1933. Jahrb. wiss. Botan. Bd. 77, p. 507 ff.
— 1935. Jahrb. wiss. Botan. Bd. 81, p. 609 ff.
GREGOR, J. W. 1939. New Phytolog. vol. 38, p. 293 ff.
— u. SANSOME, F. W. 1930. Journ. of Genet. vol. 22, p. 373 ff.
GREGORY, R. P. 1904a. Proceed. Roy. Soc. London. Ser. B. vol. 73, p. 86 ff.
— 1904b. Ann. of Bot. vol. 18, p. 445 ff.
GREGORY, W. C. 1941. Transact. Amer. Philos. Soc. N. S. vol. 31, p. 443 ff.
GRIESINGER, R. 1935, Flora. Bd. 129, p. 363 ff.
— 1937. Ber. d. D. Botan. Gesellsch. Bd. 55, p. 556 ff.

GRIESINGER, R. u. KLINKOWSKI, M. 1939. Züchter. Bd. 11, p. 147 ff.
GRIFFEE, F. 1927. Stud. Biol. Sci. Publicat. Univ. Minnesota. vol. 6, p.
    319 ff.
GRÖNTVED, J. 1946. Botan. Tidskr. Bd. 46, p. 407 ff.
GUDJÓNSSON, G. 1941. Dansk Botan. Tidskr. Bd. 45, p. 352 ff.
GUIGNARD, L. 1884. Ann. Scienc. Natur. Sér. VI. Botan. t. 17, p. 5 ff.
—   1885. Ann. Scienc. Natur. Sér. VI. Botan. t. 20, p. 310 ff.
—   1889. Bull. Soc. bot. France. t. 36, p. C ff.
—   1891a. C. R. Acad. Sc. Paris. t. 112, p. 539 ff.
—   1891b. Ann. Scienc. Natur. Sér. VII. Botan. t. 14, p. 163 ff.
—   1899a. C. R. Acad. Sc. Paris. t. 128, p. 202 ff.
—   1899b. Archiv. d'anatom. microscop. t. 2, p. 455 ff.
—   1900. Ann. Scienc. Natur. Sér. VIII. Botan. t. 11, p. 365 ff.
—   1901. Journ. de Botan. t. 15, p. 205 ff.
GUINOCHET, M. 1935 .Revue Cytol. et Cytophysiol. végétal. t. l, p. 131 ff.
—   1942. Bull. Soc. bot. France. t. 89, p. 70 ff.
—   1943. Revue Cytol. et Cytophysiol. végétal. t. 6, p. 209 ff.
—   1946. C. R. Acad. Sc. Paris. t. 222, p. 1131 ff.
GUSTAFSSON, Å. 1932a. Hereditas. Bd. 16, p. 41 ff.
—   1932b. Hereditas. Bd. 17, p. 100 ff.
—   1933a. Bot. Gaz. vol. 94. p. 512 ff.
—   1933b. Botan. Notis. p. 231 ff.
—   1933c. Hereditas. Bd. 18, p. 77 ff.
—   1933d. Festschr. f. Cornel. Osten. Montevideo. p. 181 f.
—   1935a. Hereditas. Bd. 20, p. 1 ff.
—   1935b. Hereditas. Bd. 21, p. 1 ff.
—   1939. Hereditas. Bd. 25. p. 33 ff.
—   1943. Lunds Universit. Årsskr. N. F. Avd. 2. Bd. 39. Nr. 6.
—   1944. Hereditas. Bd. 30, p. 405 ff.
—   u. HÅKANSSON, A. 1942. Botan. Notis. p. 331 ff.
GUSULEAC, M. u. TARNAVSCHI, J. T. 1935. Bull. Facult. da stinte Cernauti.
    vol. 9, p. 387 ff.
GYÖRFFY, B. 1940. Arbeit. ungar. Biolog. Forschungsinstit. Bd. 12, p. 326ff.

HAASE-BESSELL, G. 1932. Beih. Bot. Centralb. Bd. 49. Erg. Bd. (Festschr.
    f. Drude) p. 129 ff.
HAEFLIGER, E. 1943. Ber. Schweiz. Botan. Gesellsch. Bd. 53, p. 317 ff.
HAGA, T. 1934a. Tokyo Bot. Magaz. vol. 48, p. 241 ff.
—   1934b. Journ. Fac. Sci. Hokkaido Univ. Ser. 5, Botan. vol. 3, p. 1 ff.
—   1938. Japan. Journ. of Genet. vol. 13, p. 277 ff.
HAGERUP, O. 1927. Dansk Bot. Arkiv. Bd. 5, Nr. 2.
—   1928. Dansk Bot. Arkiv. Bd. 6, Nr. 1.
—   1932. Hereditas. Bd. 16, p. 19 ff.
—   1933. Hereditas. Bd. 18, p. 122 ff.
—   1938. Hereditas. Bd. 24, p. 258 ff.
—   1939. Hereditas. Bd. 25, p. 185 ff.
—   1940. Hereditas. Bd. 26, p. 399 ff.
—   1941a. Dansk Bot. Tidskr. Bd. 45. p, 385 ff.
—   1941b. Planta. Bd. 32, p. 6 ff.
—   1944a. Hereditas. Bd. 30, p. 152 ff.

HAGERUP, O. 1944b. Dansk Bot. Arkiv. Bd. 11, Nr. 5.
— 1945. Dansk Vidensk. Selskab. Biol. Meddel. Bd. 19, Nr. 11.
— 1947. Dansk. Vidensk. Selskab. Biol. Meddel. Bd. 20, Nr. 9.
HÅKANSSON, A. 1924. Botan. Notis. p. 269 ff.
— 1926. Lunds Univers. Årsskr. N. F. Avd. 2, Bd. 21, Nr. 10.
— 1928. Hereditas. Bd. 10, p. 277 ff.
— 1929a. Botan. Notis. p. 52 ff.
— 1929b. Hereditas. Bd. 13, p. 1 ff.
— 1929c. Hereditas. Bd. 13, p. 53 ff.
— 1933a. Hereditas. Bd. 17, p. 246 ff.
— 1933b. Hereditas. Bd. 18, p. 199 ff.
— 1943. Hereditas. Bd. 29, p. 25 ff.
— 1944. Botan. Notis. p. 299 ff.
— 1946. Lunds Univers. Årsskr. N. F. Avd. 2. Bd. 42, Nr. 5.
— 1948. Hereditas. Bd. 34, p. 233 ff.
HALL, A. D. 1934. Lily Yearb. p. 35 ff.
— 1937. Journ. Linn. Soc. London. vol. 50, p. 481 ff.
— 1938. Journ. of Botan. vol. 76, p. 313 ff.
HANCOCK, B. L. 1942. New Phytolog. vol. 41, p. 70 ff.
HARMSEN, L. 1939. Meddel. om Grönland. Bd. 125, Br. 4.
HARRISON, H. H. 1926. Nature. vol. 117, p. 50.
HARRISON, J. W. H. 1930. Proceed. Univ. Durham. Philos. Soc. vol. 8.
    p. 161 ff.
— 1931. Transact. North Natural. Union. vol. 1, p. 48 ff.
— u. BLACKBURN, K. 1930. Proceed. Univ. Durham. Philos. Soc.
    vol. 8, p. 1 ff.
HARTUNG, M. E. 1946. Amer. Journ. of Botan. vol. 33, p. 516 ff.
HARTWICH, H. 1936. Diss. Univ. Berlin.
HASEGAWA, N. 1933. Tokyo Bot. Magaz. vol. 47, p. 901 ff.
HEILBORN, O. 1922. Svensk bot. Tidskr. Bd. 16, p. 271 ff.
— 1924. Hereditas. Bd. 5, p. 129 ff.
— 1926. Svensk bot. Tidskr. Bd. 20, p. 414 ff.
— 1927. Hereditas. Bd. 9, p. 59 ff.
— 1928. Hereditas. Bd. 11, p. 182 ff.
— 1932. Svensk bot. Tidskr. Bd. 26, p. 137 ff.
— 1936. Hereditas. Bd. 22, p. 167 ff.
— 1937. Cytologia. Fujii-Festschr. p. 9 ff.
— 1939. Hereditas. Bd. 25, p. 224 ff.
— 1941. Svensk bot. Tidskr. Bd. 35, p. 141 ff.
— 1943. Hereditas. Bd. 29, p. 498 f.
HEIMANS, J. 1928. Rec. Trav. Botan. Néerland. t. 25a, p. 138 ff.
— 1938. Chronica Botan., vol. 4, p. 389 f.
HEISER, CH. B. u. WHITAKER, TH. W. 1948. Amer. Journ. of Botan. vol.
    35, p. 179 ff.
HEITZ, E. 1925. Planta, Bd. 1, p. 241 ff.
— 1926. Zeitschr. f. Botan. Bd. 18, p. 625 ff.
— 1927a. Abhandl. naturwiss. Ver. Hamburg. Bd. 21, p. 47 ff.
— 1927b. Planta. Bd. 4, p. 392 ff.
— 1929. Planta. Bd. 8, p. 527 ff.
— 1931a. Planta, Bd. 12, p. 775 ff.

HEITZ, E. 1931b. Planta. Bd. 15, p. 495 ff.
— 1932. Planta. Bd. 18, p. 571 ff.
— u. RESENDE, F. 1936. Bolet. Socied. Broter. vol. 11, p. 5 ff.
HELM, U. 1934. Zeitschr. f. Zellforsch. u. mikroskop. Anatom. Bd. 21, p. 791 ff.
HELMS, A. u. JÖRGENSEN, C. A. 1925. Botan. Tidskr. Bd. 39, p. 57 ff.
HERIBERT-NILSSON, N. 1931. Hereditas, Bd. 15, p. 309 ff.
— 1935. Hereditas. Bd. 20, p. 339 ff.
HEUSSER, C. 1938. Ber. Schweiz. Botan. Gesellsch. Bd. 48, p. 562 ff.
HICKS, G. C. 1928. Bot. Gaz. vol. 86, p. 295 ff.
— 1929. Bot. Gaz. vol. 88, p. 132 ff.
HILL, H. D. u. MYERS, W. M. 1948. Journ. Amer. Soc. Agron. vol. 40, p. 466 ff.
HILL, S. E. 1927. Biol. Bull. Woodshole. vol. 53, p. 413 ff.
HIRATA, K. 1924. Journ. Soc. Agricult. a. Forestr. vol. 16, p. 37 ff.
— 1929. Japan. Journ. of Genet. vol. 4, p. 198 ff.
— u. AKIHAMA, K. 1927. Tokyo Bot. Magaz. vol. 41, p. 597 ff.
HIRAYANAGI, H. 1929. Mem. Kyoto Imp. Univ. Ser. B. vol. 4, p. 273 ff.
HIRAYOSHI, J. 1937. Japan. Journ. of Genet. vol. 13, p. 215 f.
HOAR, C. S. 1927. Bot. Gaz. vol. 84, p. 156 ff.
— u. HAERTL, E. J. 1932. Bot. Gaz. vol. 93, p. 197 ff.
HOARE, G. V. 1934a. Cellule. t. 42, p. 269 ff.
— 1934b. Cellule. t. 43, p. 7 ff.
HOCQUETTE, W. 1922. C. R. Soc. Biol. France. t. 87, p. 1301 ff.
HOEEGG, E. 1929. Botan. Tidskr. Bd. 40, p. 411 ff.
HOEPPENER, E. u. RENNER, O. 1929. Botan. Abhandl. herausgeg. v. Goebel. Heft 15. Jena.
HOFELICH, A. 1935. Jahrb. wiss. Botan. Bd. 81, p. 541 ff.
HOFFMANN, K. M. 1929. Ber. d. D. Botan. Gesellsch. Bd. 47, p. 213 ff.
— 1930. Planta. Bd. 10, p. 523 ff.
HOFFMANN, W. 1947. Züchter. Bd. 17/18, p. 257 ff.
HOLLINGSHEAD, L. 1928. Amer. Natural. vol. 62, p. 2 ff.
— 1930 Univ. Californ. Publicat. Agricult. Sci. vol. 6, p. 107 ff.
— u. BABCOCK, E. B. 1930. Univ. Californ. Publicat Agricult. Sci. vol. 6, p. 1 ff.
HOLMBERG, O. 1931. Skandinav. Flora. lb. Stockholm.
HOLMGREN, J. 1915. Svensk bot. Tidskr. Bd. 9, p. 171 ff.
— 1919. K. Svensk. Vet. Akad. Handl. Bd. 59, Nr. 7.
HOMEDES, R. J. 1943. An. Esc. Per. Agric. Super. Agric. Barcelona. vol. 3 (ref. Biol. Abstr. 1948. Nr. 2698).
HOMEYER, H. 1932. Planta. Bd. 18, p. 640.
— 1936. Botan. Jahrb. Bd. 67, p. 237 ff.
HOWARD, H. W. 1946. Nature. vol. 158, p. 666.
— 1947a, Agriculture (London). vol. 53, p. 453 ff.
— 1947b. Nature. vol. 159, p. 66.
— 1948. Nature. vol. 161, p. 277.
— u. MANTON, I. 1940. Nature. vol. 146, p. 303 f.
— u. MANTON, I. 1946. Ann. of Bot. N. S. vol. 10, p. 1 ff.
HRUBÝ, K. 1932. Preslia. vol. 11. Sep. 5 ff.
— 1933. Věstn. Česk. Spol. Nauk. Nr. 2.

Hrubý, K. 1934a. Beih. Botan. Centralbl. Bd. 52, Abt. A. p. 298 ff.
— 1934 b. Bull. internat. Acad. Sci. Bohême. p. 1 ff.
— 1935. Stud. plant physiol. Laborat. Charles Univ. Prague. vol. 5, p. 1 ff.
— 1939. Journ. of Genet. vol. 38, p. 125 ff.
— 1941. Věstn. Česk. Spol. Nauk. Nr. 9.
Hsu, T. C. u. Liu, T. T. 1943. Kwangsi Agricult. vol. 4, p. 368 ff.
Huber, A. W. 1927. Jahrb. wiss. Botan. Bd. 66, p. 359 ff.
Hüser, W. 1930. Planta. Bd. 11, p. 485 ff.
Hunter, A. W. S. 1934. Canad. Journ. of Res. vol. 11, p. 213 ff.
Hurcombe, R. 1947. Journ. S. Afric. Bot. vol. 13, p. 107 ff.
Hurst, C. C. 1925. Experiments in Genetics. p. 534 ff. Cambridge.
— 1928. Zeitschr. indukt. Abstamm. u. Vererb. L. Supplem. Bd. 2, p. 866 ff.
— 1931. Proceed. Roy. Soc. London. Ser. B. vol. 109, p. 126 ff.
Husfeld, B. 1932. Gartenbauwiss. Bd. 7, p. 15 ff.
Huskins, C. L. 1925. Nature. vol. 115, p. 677 f.
— 1927. Journ. of Genet. vol. 18, p. 315 ff.
— 1928. Zeitschr. indukt. Abstamm. u. Vererb. L. Supplem. Bd. 1, p. 784.
— 1929. Journ. Roy. Hortic. Soc. vol. 54, p. 95 ff.
— 1931. Genetica. vol. 12, p. 531 ff.
Hussein, F. 1948. Nature. vol. 161, p. 1015.
Hylander, N. 1945. Uppsala Univ. Årsskr. Bd. 7.

Ichijima, K. 1926. Genetics. vol. 11, p. 590 ff.
— 1930. Zeitschr. indukt. Abstamm. u. Vererb. L. Bd. 55, p. 300 ff.
Ikeno, S. 1934. Zeitschr. indukt. Abstamm. u. Vererb. L. Bd. 68, p. 517 ff.
Illick, J. 1932. Bot. Gaz. vol. 93, p. 313 ff.
Inariyama, S. 1937. Sci. Rep. Tokyo Bunrika Daigaku. Sect. B. vol. 3, p. 95 ff.
Inouye, C. 1929. Proceed. Crop Sci. Soc. Japan. vol. 1, p. 25 ff.
— 1938. Bull. Miyazaki Coll. of Agricult. a. Forestr. Nr. 10, p. 89 ff.
Ishii, T. 1930. Cytologia. vol. 1, p. 335 ff.
Ishikawa, M. 1911. Tokyo Bot. Magaz. vol. 25, p. (399).
— 1916. Tokyo Bot. Magaz. vol. 30, p. 404 ff.

Jalas, J. 1948. Hereditas. Bd. 34, p. 414 ff.
Janchen, E. 1942. Oesterr. Botan. Zeitschr. Bd. 91, p. 1 ff.
Jaretzky, R. 1927a. Jahrb. wiss. Botan. Bd. 66, p. 301 ff.
— 1927b. Ber. d. D. Botan. Gesellsch. Bd. 45, p. 48 ff.
— 1928a. Jahrb. wiss. Botan. Bd. 68, p. 1 ff.
— 1928b. Planta. Bd. 5, p. 444 ff.
— 1928c. Jahrb. wiss. Botan. Bd. 69, p. 357 ff.
— 1929. Ber. d. D. Botan. Gesellsch. Bd. 47, p. (82) ff.
— 1930. Planta. Bd. 10, p. 120 ff.
— 1932. Jahrb. wiss. Botan. Bd. 76, p. 485 ff.
Jedrychowska, A. u. Sroczyńska, A. 1934. Acta Soc. Polon. vol. 11, p. 423 ff.
Jenkin, T. J. 1933. Journ. of Genet. vol. 28, p. 206 ff.

JENKIN, T. J. u. SETHI, B. L. 1932. Journ. of Genet. vol. 26, p. 1 ff.
— u. THOMAS, P. T. 1938. Journ. of Botan. vol. 76, p. 10 ff.
— u. THOMAS, P. T. 1949. Proceed. VIII. Internat. Congr. Genet.
    p. 602 f.
JENSEN, H. W. 1936a. Cytologia. vol. 7, p. 1 ff.
— 1936b. Cytologia. vol. 7, p. 23 ff.
— 1938. Cytologia. vol. 8, p. 481 ff.
— 1939. Cellule. t. 48, p. 47 ff.
JÖRGENSEN, C. A. 1923. Botan. Tidskr. Bd. 38, p. 81 ff.
— 1927. Hereditas. Bd. 9, p. 126 ff.
— 1928a. Journ. of Genet. vol. 19, p. 133 ff.
— 1928b. Dansk Botan. Arkiv. Bd. 5, Nr. 24.
— u. CRANE, M. B. 1927. Journ. of Genet. vol. 18, p. 247 ff.
JOHANSEN, D. A. 1929a. Amer. Journ. of Botan. vol. 16, p. 595 ff.
— 1929b. Proceed. Nat. Acad. of Sci. vol. 15, p. 882 ff.
JOHNSSON, H. 1940a. Hereditas. Bd. 26, p. 321 ff.
— 1940b. Svensk Papperstidning. Bd. 43, 44.
— 1941a. Lunds Univers. Årsskr. N. F. Avd. 2, Bd. 37, Nr. 3.
— 1941b. Hereditas. Bd. 28, p. 228 ff.
— 1942. Hereditas. Bd. 28, p. 306 ff.
— 1944a. Hereditas. Bd. 30, p. 469 ff.
— 1944b. Botan. Notis. p. 85 ff.
— 1945a. Hereditas. Bd. 31, p. 163 ff.
— 1945b. Hereditas. Bd. 31, p. 411 ff.
— 1945c. Hereditas. Bd. 31, p. 500 f.
— 1946. Hereditas. Bd. 32. p. 469 ff.
— 1949a. Proceed. VIII. Internat. Congr. Genet. p. 53 f.
— 1949b. Hereditas. Bd. 35, p. 115 ff.
— u. EKLUNDH, C. 1940. Svensk Papperstidning. Bd. 43, 44.
JUEL, H. O. 1900. K. Svensk. Vet. Akad. Handl. Bd. 33, Nr. 5.
— 1905, K. Svensk. Vet. Akad. Handl. Bd. 39, Nr. 4.
— 1907. Nova Acta R. Soc. Sci. Upsal. Ser. IV. Bd. 1, Nr. 9.
— 1911. Nova Acta R. Soc. Sci. Upsal. Ser. IV, Bd. 2, Nr. 11.
JULÉN, G. 1944. Hereditas. Bd. 30, p. 567 ff.
JUNELL, S. 1934. Symbol. Botan. Upsal. Bd. 4, p. 219 pp.

KACHIDZE, N. 1928. Sborn. imjen. S. Nawaschin. p. 187 ff.
— 1929. Planta. Bd. 7, p. 482 ff.
— 1939. C. R. Acad. Sci. URSS. N. S. vol. 22, p. 439 ff.
KAMO, J. 1929. Tokyo Bot. Magaz. vol. 43, p. 127 ff.
KANO, T. 1929. Proceed. Crop Sci. Soc. Japan, vol. 4, p. 15 ff.
KAPLAN, R. 1939. Zeitschr. indukt. Abstamm. u. Vererb. L. Bd. 77,
    p. 568 ff.
KAPPERT, H. 1933. Biol. Zentralbl. Bd. 53, p. 276 ff.
— 1935. Zeitschr. indukt. Abstamm. u. Vererb. L. Bd. 70, p. 73 ff.
KARASAWA, K. 1932. Tokyo Bot. Magaz. vol. 46, p. 800 ff.
— 1935. Japan. Journ. of Genet. vol. 11, p. 162 ff.
— 1940. Japan. Journ. of Botan. vol. 11, p. 129 ff.
— 1942. Proceed. Imp. Acad. Tokyo. vol. 18, p. 117 ff.
— 1943. Japan. Journ. of Botan. vol. 12, p. 475 ff.

KARASAWA, K. 1944. Japan. Journ. of Genet. vol. 20, p. 128 ff.
KARPETSCHENKO, G. D. 1924. Bull. appl. Botan. vol. 13, p. 4 ff.
— 1925. Bull. appl. Botan. vol. 14, p. 1 ff.
— 1928. Zeitschr. indukt. Abstamm. u. Vererb. L. Bd. 70, p. 73 ff.
— 1930. USSR. Congr. of Genetics. vol. 2, p. 277 ff.
KATAYAMA, Y. 1928. Journ. Sci. Agricult. Soc. Nr. 303, p. 52 ff.
KATTERMANN, G. 1930. Planta. Bd. 12, p. 19 ff.
— 1931. Planta. Bd. 12, p. 732 ff.
— 1933. Jahrb. wiss. Botan. Bd. 78, p. 43 ff.
— 1938a. Planta. Bd. 27, p. 669 ff.
— 1938b. Planta. Bd. 27, p. 674 ff.
KAWAKAMI, J. 1930. Tokyo Bot. Magaz. vol. 44, p. 319 ff.
KAZAO, N. 1928. Tokyo Bot. Magaz. vol. 42, p. 262 ff.
— 1929. Sci. Rep. Tôhoku Imp. Univ. vol. 4, p. 543 ff.
KECK, D. D. 1946. Proceed. Californ. Acad. of Sci. IV. Ser. vol. 25,
    p. 421 ff.
KIELLANDER, C. L. 1935. Botan. Notis. p. 87 ff.
— 1941. Svensk bot. Tidskr. Bd. 35, p. 321 ff.
— 1942. Svensk bot. Tidskr. Bd. 36, p. 200 ff.
— 1944. Botan. Notis. p. 363 ff.
— 1949. Proceed. VIII. Internat. Congr. Genet. p. 54 f.
KJELLMARK, S. 1939. Botan. Notis. p. 136.
KIHARA, H. 1919. Tokyo Bot. Magaz. vol. 33, p. 95 ff.
— 1924. Mem. Coll. Sci. Kyoto Imp. Univ. Ser. B. Nr. 1, Art. 1.
— 1927a. Jahrb. wiss. Botan. Bd. 66, p. 429 ff.
— 1927b. Tokyo Bot. Magaz. vol. 41, p. 124 ff.
— 1929. Japan. Journ. of Genet. vol. 4, p. 55 ff.
— 1930. Cytologia . vol. 1, p. 345 ff.
— u. ONO, T. 1923. Tokyo Bot. Magaz. vol. 37, p. (84) ff.
— u. ONO, T. 1925. Zeitschr. indukt. Abstamm. u. Vererb. L. Bd. 39,
    p. 1 ff.
— u. ONO, T. 1926. Zeitschr. f. Zellforsch. u. mikrosk. Anatom.
    Bd. 4, p. 475 ff.
— u. YAMAMOTO, Y. 1932. Cytologia. vol. 3, p. 84 ff.
— , YAMAMOTO, Y. u. HOSONO, S. 1931. Shokobutsu Senshokutaisûno
    kenjû. p. 195 ff.
KIKUCHI, M. 1926. Journ. Soc. Agricult. a. Forestr. p. 26 ff.
— 1929. Japan. Journ. of Genet. vol. 4, p. 202 ff.
KIRNOSSOWA, L. 1936. Planta. Bd. 25, p. 491 ff.
KISCH, R. 1941. Zeitschr. f. Botan. Bd. 36, p. 513 ff.
KISHIMOTO, E. 1938. Cytologia. vol. 9, p. 23 ff.
KLEINMANN, A. 1923. Botan. Archiv. Bd. 4, p. 113 ff.
KNABEN, G. 1948. Blyttia, p. 17 ff.
KNOBLOCH, J. W. 1943. Bull. Torrey bot. Club. vol. 70, p. 467 ff.
KNOWLES, P. F. 1943. Journ. Amer. Soc. Agronom. vol. 35, p. 584 ff.
— 1944. Genetics. vol. 29, p. 128 ff.
KOBEL, F. 1927. Archiv. Jul. Klaus-Stift. Bd. 3, p. 1 ff.
— 1928. Zeitschr. indukt. Abstamm. u. Vererb. L. Supplem. Bd. 2,
    p. 927 ff.
— 1929a. Züchter. Bd. 1, p. 197 ff.

Kobel, F. 1929b. Landw. Jahrb. d. Schweiz. Bd. 43, p. 231 ff.
König, D. 1939. Planta. Bd. 29, p. 361 ff.
Koller, P. C. 1935. Cytologia, vol. 6, p. 281 ff.
Korinkajev, S. J. 1940. C. R. Acad. USSR. N. S. vol. 26, p. 408 ff.
Koshy, T. K. 1934. Journ. Roy. Microscop. Soc. vol. 54, p. 104 ff.
Kostoff, D. 1938a. Cytologia. vol. 8, p. 420 ff.
—   1938b. C. R. Acad. USSR. N. S. vol. 20, p. 169 ff.
—   1940a. Journ. of Hered. vol. 31, p. 33 f.
—   1940b. Phytopathol. Zeitschr. Bd. 13, p. 91 ff.
—   1946. Bull. Chambre cultur. nation. Sofia. vol. 1, p. 1 ff.
—   u. Kendall, J. 1929. Journ. of Genet. vol. 21, p. 113 ff.
Kostriukova, K. 1930. Bull. Jard. Botan. Kiew. vol. 11, p. 10 ff.
—   u. Benetzkaja, G. 1939. Journ. de Botan. Ukraine. t. 24, p. 209 ff.
Kožuchow, Z. A. 1934. Journ. Instit. Botan. Acad. Sci. Ukraine. vol. 9,
      p. 63 ff.
Kramer, H. H. 1947. Journ. Amer. Soc. Agronom. vol. 39, p. 181 ff.
Krause, O. 1930. Ber. d. D. Botan. Gesellsch. Bd. 48, p. 9 ff.
—   1931. Planta. Bd. 13, p. 29 ff.
Kreitlow, K. W. u. Myers, W. M. 1947. Phytopathol. vol. 37, p. 59 ff.
Kreuter, E. 1929. Ber. d. D. Botan. Gesellsch. Bd. 47, p. 99 ff.
—   1930. Planta. Bd. 11, p. 1 ff.
Krishnaswamy, N. 1939. Beih. Botan. Centralbl. Bd. 60, Abt. I, p. 1 ff.
—   u. Rangaswami-Ayyangar, J. N. 1935. Curr. Sci. vol. 3, p. 559 f.
Kuhn, E. 1928. Jahrb. wiss. Botan. Bd. 68, p. 382 ff.
—   1930. Biol. Zentralbl. Bd. 50, p. 79 ff.
Kuleszanka, J. 1934. Acta Soc. Bot. Polon. vol. 11, p. 457 ff.
Kundt, A. 1911. Beih. Botan. Centralbl. Bd. 27, Abt. I, p. 26 ff.
Kutscher, L. 1935. Zeitschr. indukt. Abstamm. u. Vererb. L. Bd. 68,
      p. 454 ff.

La Cour, L. 1931. Journ. Roy. Microscop. Soc. vol. 51, p. 49 ff.
Lagerberg, T. 1909. K. Svensk. Vetensk. Akad. Handl. Bd. 44, Nr. 4.
Laibach, F. 1907. Beih. Botan. Centralbl. Bd. 22, Abt. I, p. 191 ff.
Lang, A. 1940. Bibliothec. Botan. Heft 118.
Langlet, O. F. J. 1925. Svensk bot. Tidskr. Bd. 19, p. 215 ff.
—   1927a. Svensk bot. Tidskr. Bd. 21, p. 1 ff.
—   1927b. Svensk bot. Tidskr. Bd. 21, p. 397 ff.
—   1928. Svensk bot. Tidskr. Bd. 22, p. 169 ff.
—   1932. Svensk bot. Tidskr. Bd. 26, p. 381 ff.
—   1934. Svensk Skogsfören. Tidskr. p. 87 ff.
—   1936. Svensk bot. Tidskr. Bd. 30, p. 288 ff.
—   u. Söderberg, E. 1927. Acta Horti Bergian. Bd. 9, p. 85 ff.
Larsen, C. S. u. Westergaard, M. 1938. Journ. of Genet. vol. 36, p. 523 ff.
Larter, L. N. H. 1932. Journ. of Genet. vol. 26, p. 255 ff.
de Lattin, G. 1940. Züchter. Bd. 12, p. 225 ff.
Lauber, H. 1947. Oesterr. Botan. Zeitschr. Bd. 94, p. 30 ff.
Lawalcrée, A. 1943. Cellule, t. 49, p. 338 ff.
Lawrence, W. E. 1945. Amer. Journ. of Botan. vol. 32, p. 298 ff.
—   1947. Amer. Journ. of Botan. vol. 34, p. 538 ff.
Lawrence, W. J. C. 1930. Genetica. vol. 12, p. 269 ff.

Lawrence, W. J. C. 1932. Genetica. vol. 13, p. 183 ff.
Laws, D. 1930. Diss. Univ. Berlin.
Lawson, A. A. 1913. Transact. R. Soc. Edinburgh. vol. 48, p. 601 ff.
Lawton, E. 1936. Amer. Journ. of Botan. vol. 23, p. 107 ff.
Ledingham, G. F. 1940. Genetics. vol. 25, p. 1 ff.
Lehmann, E. 1944. Jahrb. wiss. Botan. Bd. 91, p. 395 ff.
Leliveld, J. A. 1931. Cellule. t. 40, p. 195 ff.
— 1933. Genetica. vol. 15, p. 425 ff.
— 1941. Natuurwet. Tijdschr. vol. 101, p. 242 ff.
de Lemos-Pereira, A. 1940. Bolet. Soc. Broter. vol. 14, p. 67 ff.
— 1942. Bolet. Soc. Broter. vol. 16, p. 5 ff.
— 1948. Portugal. Acta Biol. Ser. A. vol. 2, p. 101 ff.
Levan, A. 1930a. Hereditas. Bd. 13, p. 80 ff.
— 1930b. Botan. Notis. p. 95 ff.
— 1931. Hereditas. Bd. 15, p. 347 ff.
— 1932. Hereditas Bd. 16, p. 257 ff.
— 1933a. Botan. Notis. p. 195 ff.
— 1933b. Hereditas. Bd. 18, p. 101 ff.
— 1934. Nature. vol. 134, p. 254.
— 1935a. Hereditas. Bd. 20, p. 289 ff.
— 1935b. Hereditas. Bd. 22, p. 1 ff.
— 1936. Nature. vol. 138, p. 508.
— 1937a. Hereditas. Bd. 23, p. 317 ff.
— 1937b. Botan. Notis. p. 151 ff.
— 1940. Hereditas. Bd. 26, p. 317 ff.
— 1941. Hereditas. Bd. 27, p. 243 ff.
— 1945. Tidskr. Sverig. Utsädesfören. p. 109 ff.
— 1949. Proceed. VIII. Internat. Congr. Genet. p. 46 f.
— u. Steinegger, E. 1947. Hereditas. Bd. 33, p. 552 ff.
Levine, M. 1916. Mem. New York bot. Gard. vol. 6, p. 125 ff.
Levitsky, G. A. 1928. Journ. Soc. Botan. Russie. vol. 13, p. 19 ff.
— 1930. USSR. Congr. Genetics. vol. 2, p. 87 ff.
— 1931a. Bull. appl. Botan. vol. 27, p. 19 ff.
— 1931b. Bull. appl. Botan. vol. 27, p. 187 ff.
— 1934. C. R. Acad. Sci. USSR. vol. 1, p. 84 ff.
— 1935. C. R. Acad. Sci. USSR. vol. 4, p. 70 ff.
— 1940a. Cytologia. vol. 11, p. 1 ff.
   1940b. Botan. Journ. USSR. t. 25, p. 292 ff.
— u. Araratian, A. G. 1931. Bull. appl. Botan. vol. 27, p. 265 ff.
— , Araratian, A. G., Mardjanishvil, J. u. Shepeljeva, H. 1931.
   Amer. Natural. vol. 65, p. 564 ff.
— u. Kuzmina, N. E. 1927. Bull. appl. Botan. vol. 17, Nr. 3.
— , Shepeljeva, H. u. Titova, N. 1934. Lenin Acad. Agric. Sci.
   USSR. Instit. of Plant Industr. Nr. 11.
— u. Sizova, M. A. 1934. C. R. Acad. Sci. USSR. vol. 4, p. 84 ff.
— u. Sizova, M. A. 1935. C. R. Acad. Sci. USSR. vol. 9 (4), p. 67 ff.
Lewis, D. 1939. Proceed. VII. Internat. Congr. Genetics, p. 190f.
Li, C. H., Pao, W. K. u. Li, H. W. 1942. Journ. of Hered. vol. 33, p. 351 ff.
Li, H. W., Meng, C. J. u. Liu, T. N. 1935. Journ. Amer. Soc. Agron.
   vol. 27, p 963 ff.

Liehr, O. 1916. Beitr. z. Biol. d. Pflanz. Bd. 13, p. 135 ff.
Lietz, J. 1930. Diss. Univ. Berlin.
Liljefors, A. 1934. Svensk bot. Tidskr. Bd. 28, p. 290 ff.
Lilienfeld, F. A. 1936. Japan. Journ. of Botan. vol. 8, p. 119 ff.
Lima-de-Faria, A. 1947. Hereditas. Bd. 33, p. 539 ff.
Lindenbein, W. 1929. Gartenbauwiss. Bd. 2, p. 133 ff.
— 1932. Ber. d. D. Botan. Gesellsch. Bd. 50, p. 399 ff.
— 1934. Züchter. Bd. 6, p. 129 ff.
— 1937. Angewandt. Botan. Bd. 19, p. 313 ff.
Lindsay, R. H. 1929. Proceed. Nation. Acad. Sci. Washington. vol. 15,
    p. 611 ff.
— 1930. Amer. Journ. of Botan. vol. 17, p. 152 ff.
de Litardière, R. 1921. Cellule. t. 31, p. 255 ff.
— 1923. Bull. Soc. bot. France. t. 70, p. 193 ff.
— 1925. Cellule t. 35, p. 19 ff.
— 1926. Bull. Soc. bot. France. t. 73, p. 218 ff.
— 1928. Archiv. de Botan. t. 2, p. 47 ff.
— 1939. Revue Cytol. et Cytophysiol. végétal. t. 3, p. 134 ff.
— 1943. Boissiera, t. 7, p. 155 ff.
— 1946. Rev. Botan. appl. t. 25, p. 16 ff.
— 1948a. C. R. Acad. Sc. Paris, t. 226, p. 1327 ff.
— 1948b. C. R. Acad. Sc. Paris, t. 226, p. 1574 f.
— 1948c. Candollea. t. 11, p. 175 ff.
— 1949a. C. R. Acad. Sc. Paris. t. 228, p. 349 ff.
— 1949b. Mém. Soc. d'Hist. natur. de l'Afrique du Nord. t. 2, p. 199 ff.
— 1949c. C. R. Acad. Sc. Paris. t. 228, p. 1786 f.
— 1949d. Portugal. Acta Biolog. B. (vol. Jub. Henriques), p. 113 ff.
— u. Doulat, E. 1942. Bull. Soc. bot. France. t. 89, p. 123 ff.
Ljungdahl, H. 1922. Svensk bot. Tidskr. Bd. 16, p. 103 ff.
Löve A. 1940a. Nature. vol. 145, p. 351.
— 1940b. Botan. Notis. p. 157 ff.
— 1941. Botan. Notis. p. 155 ff.
— 1942a. Hereditas. Bd. 28, p. 227 f.
— 1942b. Hereditas. Bd. 28, p. 289 ff.
— 1943. Hereditas. Bd. 30, p. 1 ff.
— 1944a. Botan. Notis. p. 237 ff.
— 1944b. Svensk bot. Tidskr. Bd. 38, p. 381 ff.
— u. D. 1942a. Förhandl. K. Fysiogr. Sällsk. Lund. Bd. 12, Nr. 6.
— u. D. 1942b. Botan. Notis. p. 19 ff.
— u. D. 1944a. Arkiv f. Botan. Bd. 31 B, Nr. 1.
— u. D. 1944b. Arkiv f. Botan. Bd. 31 A. Nr. 12.
— u. D. 1947. Reports Deptm. Agric. Univ. Inst. appl. Sci. Reykjavik
    Ser. B. Nr. 2.
— u. D. 1948. Chromosome numbers of northern plant species.
    Reykjavik. 131 pp.
Löve, D. 1940. Svensk bot. Tidskr. Bd. 34, p. 234 ff.
— 1942a. Svensk bot. Tidskr. Bd. 26, p. 262 ff.
— 1942b. Hereditas. Bd. 28, p. 241 f.
— 1944. Botan. Notis. p. 125 ff.
Lövkvist, B. 1947. Hereditas, Bd. 33, p. 421 ff.

Longley, A. E. 1924. Amer. Journ. of Botan. vol. 11, p. 249 ff.
— 1926. Journ. Agric. Res. vol. 32, p. 559 ff.
— 1927. Mem. Hortic. Soc. New York. vol. 3, p. 15 ff.
— 1928. Bull. Amer. Iris Soc. vol. 29, p. 43 ff.
— u. Darrow, G. M. 1924. Journ. Agric. Res. vol. 27, p. 737 ff.
Lorz, A. 1937. Cytologia, vol. 8, p. 241 ff.
Loschnigg, F. 1926. Beitr. z. Biol. d. Pflanz. Bd. 14, p. 347 ff.
Lubimenko, W. u. Maige, A. 1907. Revue génér. de Botan. t. 19, p. 401 ff.
Lundegårdh, H. 1909. Svensk bot. Tidskr. Bd. 3, p. 78 ff.
Lutkov, A. N. 1938. C. R. Acad. Sci. URSS. N. S. vol. 19, p. 87 ff.
— 1939. C. R. Acad. Sci. URSS. N. S. vol. 22, p. 175 ff.

Mac Avoy, B. 1913. Ohio Natural. vol. 14, p. 189 ff.
Mac Cullagh, D. 1934. Genetica. vol. 16, p. 1 ff.
Mac Kay, E. L. 1939. Amer. Journ. of Botan. vol. 26, p. 707 f.
Mac Kay, J. W. 1930. Bot. Gaz. vol. 89, p. 416 f.
— 1931. Univ. Californ. Publicat. Botan. vol. 16, p. 339 ff.
Mac Mahon, B. 1936. Cellule. t. 45, p. 209 ff.
Mac Phee, H. C. 1924. Bot. Gaz. vol. 78, p. 335 ff.
Madge, M. A. P. 1929. Ann. of Bot. vol. 43, p. 545 ff.
Makowetzky, M. 1929. Trud. Silsk. Gosp. Botan. Charkow.
Malheiros, N. u. de Castro, D. 1947, Nature, vol. 160, p. 156.
— u. Gardé, A. 1947. Agronom. Lusitan. vol. 9, p. 75 ff.
Manch, D. 1937. Amer. Journ. of Botan. vol. 24, p. 678 ff.
Mangelsdorf, A. J. 1927. Journ. of Hered. vol. 18, p. 177 ff.
— u. East, E. M. 1927. Genetics. vol. 12, p. 307 ff.
Mann, G. 1892. Transact. a. Proceed. Bot. Soc. Edinburgh. vol. 29,
    p. 351 ff.
Mann, M. C. 1922. Rept. Coll. Agricult. a. Agricult. Exper. Stat. Univ.
    Californ.
— (Lesley) 1925. Univ. Californ. Publicat. Agricult. Sci. vol. 2,
    p. 297 ff.
Manton, I. 1932a. Journ. of Genet. vol. 25, p. 423 ff.
— 1932b. Ann. of Bot. vol. 46, p. 509 ff.
— 1934. Zeitschr. indukt. Abstamm. u. Vererb. L. Bd. 67, p. 41 ff.
— 1935a. Zeitschr. indukt. Abstamm. u. Vererb. L. Bd. 69, p. 132 ff.
— 1935b. Proceed. Roy. Soc. London. Ser. B. vol. 118, p. 522 ff.
— 1937. Ann. of Bot. N. S. vol. 1, p. 439 ff.
— 1939a. Philos. Transact. Roy. Soc. London. Ser. B. vol. 230, p. 179 ff.
— 1939b. Nature. vol. 144, p. 291 f.
— 1945. Ann. of Bot. N. S. vol. 9, p. 155 ff.
— 1947. Nature. vol. 159, p. 136.
Marchal, E. 1920. Mém. Acad. R. Belgiqu. Cl. scienc. Sér. 2, t. 4.
Marquardt, H. 1937. Ber. d. D. Botan. Gesellsch. Bd. 55, p. (149) ff.
— u. Ernst, H. 1940. Zeitschr. f. Botan. Bd. 35, p. 191 ff.
Marshall, C. C. 1925. Bot. Gaz. vol. 79, p. 85 ff.
Marsden-Jones, E. M. u. Turrill, W. B. 1928. Nature. vol. 122, p. 58.
— u. Turrill, W. B. 1935. Journ. of Genet. vol. 31, p. 363 ff.
Martinoli, G. 1942. N. G. Bot. Ital. N. S. vol. 49, p. 311 ff.
— 1949. Caryologia vol. 1, p. 329 ff.

240

MARTZENITZINA, K. K. 1927. Bull. appl. Botan. vol. 17, p. 253 ff.
MATHER, K. 1932. Journ. of Genet. vol. 26, p. 129 ff.
— 1937. Genetica. vol. 19, p. 143 ff.
MATSUURA, H. 1935. Botan. a. Zoolog. vol. 3, p. 1589 ff.
— 1937. Japan. Journ. of Genet. vol. 13, p. 47.
— 1939. Botan. a. Zoolog. vol. 7, p. 1665 ff.
— u. SUTÔ, T. 1935. Journ. Fac. of Sci. Hokkaido. Imp. Univ. 5. Ser.
    vol. 5, p. 33 ff.
MAUDE, P. 1939. New Phytolog. vol. 38, p. 1 ff.
— 1940. New Phytolog. vol. 39, p. 17 ff.
MEDVEDEVA, G. B. 1933. Genetica. vol. 15, p. 353 ff.
— 1935. Zeitschr. indukt. Abstamm. u. Vererb. L. Bd. 70, p. 170 ff.
— 1936. Botan. Journ. vol. 21, p. 533 ff.
MELANDER, Y. 1938. Hereditas. Bd. 24, p. 189 ff.
MELCHERS, G. 1935. Zeitschr. indukt. Abstamm. u. Vererb. L. Bd. 69,
    p.263 ff.
MELDERIS, A. 1930. Acta Hort. Botan. Latviens. vol. 5, p. 1 ff.
— u. VIKSNE, A. 1931. Acta Hort. Botan. Latviens. vol. 6, p. 90 ff.
MELINOSSI, R. 1935. N. G. Bot. Ital. N. S. vol. 42, p. 379 ff.
— 1937. Monit. Zool. Ital. vol. 47, p. 318 ff.
DE MENEZES, O. B. 1943. Rev. Agricult. (Piracicabo). vol. 16, p. 277 ff.
MENSINKAI, S. V. 1939. Ann. of Bot. N. S. vol. 3, p. 763 ff.
MESSERI, A. 1931. N. G. Bot. Ital. N. S. vol. 38. p. 409 ff.
MEURMAN, O. 1924. Soc. Scient. Fenn. Comment. Biol. II. Bd. 2.
— 1925. Soc. Scient. Fenn. Comment. Biol. II. Bd. 3.
— 1928. Hereditas. Bd. 11, p. 289 ff.
— 1930. Mem. Soc. Fauna et Flora Fenn. Bd. 6, p. 95 ff.
— 1931. Proceed. V. Internat. Botan. Congr. Cambridge. p. 235.
— 1933. Hereditas. Bd. 18, p. 145 ff.
— u. THERMAN, E. 1939. Cytologia. vol. 10, p. 1 ff.
MEYER, K. J. 1925. Ber. d. D. Botan. Gesellsch. Bd. 43, p. 108 ff.
MICHAELIS, P. 1925. Ber. d. D. Botan. Gesellsch. Bd. 43, p. 61 ff.
— 1926. Planta. Bd. 1, p. 569 ff.
— 1928. Biol. Zentralbl. Bd. 48, p. 370 ff.
— 1931. Biol. Zentralbl. Bd. 51, p. 124 ff.
— 1942. Zeitschr. indukt. Abstamm. u. Vererb. L. Bd. 80, p. 429 ff.
MIÈGE, J. 1939. Bull. Soc. Hist. Nat. Afr. Nr. 30, p. 223 ff.
MILLER, E. W. 1930. Proceed. Univ. Durham Philos. Soc. vol. 8, p. 267 ff.
MILOVIDOV, P. F. 1941. Planta. Bd. 32, p. 38 ff.
MIYAJI, Y. 1927. Tokyo Bot. Magaz. vol. 41, p. 568 ff.
— 1929. Cytologia. vol. 1, p. 28 ff.
— 1930. Planta. Bd. 11, p. 631 ff.
MIYAKE, K. 1903. Beih. Botan. Centralbl. Bd. 14, p. 134 ff.
— 1905. Jahrb. wiss. Botan. Bd. 42, p. 83 ff.
MODILEWSKI, J. 1910. Ber. d. D. Botan. Gesellsch. Bd. 28, p. 413 ff.
— 1918. Sapis. Kiewsk. Obschtsch. Jestjestwoispytat. vol. 26.
— 1928. Bull. Jard. Bot. Kiew. vol. 7—8, p. 65 ff.
— 1934. Visn. Kiewsk. Botan. Sad. vol. 17, p. 3 ff.
— 1936. Journ. Instit. Botan. Acad. Sci. Ukraine. vol. 9, p. 87 ff.
MOFFETT, A. A. 1931a. Journ. of Pomol. a. Horticult. Soc. vol. 9, p. 100 ff.

MOFFET, A. A. 1931b. Proceed. Roy. Soc. London, Ser. B. vol. 108, p. 423 ff.
— 1932a. Journ. of Pomol. a. Horticult. Soc. vol. 10, p. 181 ff.
— 1932b. Cytologia. vol. 4, p. 26 ff.
DE MOL, W. E. 1922. Proceed. K. Akad. Wetensch. Amsterdam. vol. 25, p. 216 ff.
— 1925. Genetica, vol. 7, p. 111 ff.
— 1926. Amer. Natural. vol. 60, p. 334 ff.
— 1929. X. Congr. Internat. Zoolog. p. 598 ff.
— 1936. Züchter. Bd. 8, p. 70 ff.
— 1938. Landbouwkund. Tijdschr. Bd. 50, Nr. 615—616.
MOTTIER, D. 1898. Jahrb. wiss. Botan. Bd. 31, p. 125 ff.
MORINAGA, T. u. FUKUSHIMA, E. 1931. Tokyo Bot. Magaz. vol. 45, p. 140 ff.
— FUKUSHIMA E., KANO T, MARUYAMA, Y. u. YAMAZAKI, Y. 1929. Tokyo Bot. Mag. vol. 43, p. 589 ff.
MOWERY, M. 1929. Bull. Torrey bot. Club. vol. 56, p. 319 ff.
MÜLLER, C. 1912. Archiv f. Zellforsch. Bd. 8, p. 1 ff.
MÜNTZING, A. 1927. Hereditas. Bd. 10, p. 241 ff.
— 1928, Hereditas. Bd. 11, p. 267 ff.
— 1930a. Hereditas. Bd. 13, p. 185 ff.
— 1930b. Hereditas. Bd. 14, p. 153 ff.
— 1931a. Zeitschr. indukt. Abstamm. u. Vererb. L. Bd. 57, p. 360 ff.
— 1931b. Hereditas. Bd. 15, p. 166 ff.
— 1932a. Hereditas. Bd. 16, p. 73 ff.
— 1932b. Hereditas. Bd. 17, p. 131 ff.
— 1933. Botan. Notis. p. 198 ff.
— 1935. Hereditas. Bd. 20, p. 103 ff.
— 1936a. Hereditas. Bd. 21, p. 263 ff.
— 1936b. Hereditas. Bd. 21, p. 383 ff.
— 1937a. Hereditas. Bd. 23, p. 113 ff.
— 1937b. Cytologia. Fujii-Festschr. p. 211 ff.
— 1938a. Hereditas. Bd. 24, p. 117 ff.
— 1938b. Hereditas. Bd. 24, p. 487 ff.
— 1940. Hereditas. Bd. 26, p. 115 ff.
— 1941. Hereditas. Bd. 27, p. 193 ff.
— 1943. Hereditas. Bd. 29, p. 134 ff.
— 1946. Hereditas. Bd. 32, p. 127 ff.
— 1948. Heredity. vol. 2, p. 49 ff.
— 1949. Proceed. VIII. Internat. Congr. Genet. p. 402 ff.
— u. G. 1941. Botan. Notis. p. 237 ff.
— u. G. 1942. Hereditas. Bd. 28, p. 232 ff.
— u. G. 1943. Hereditas. Bd. 29, p. 451 ff.
— u. G. 1944. Hereditas. Bd. 30, p. 631 ff.
— u. G. 1945. Botan. Notis. p. 49 ff.
— u. PRAKKEN, R. 1940. Hereditas. Bd. 26, p. 463 ff.
MURBECK, S. 1901. Lunds Univers. Årsskr. Avd. 2, Bd. 36, Nr. 7.
— 1902. K. Svensk. Vet. Akad. Handl. Bd. 36, Nr. 5.
MURRAY, M. J. 1940. Journ. of Hered. vol. 31, p. 477 ff.
MYERS, W. M. 1939. Journ . of Hered. vol. 30, p. 499 ff.
— 1941a. Cytologia. vol. 11, p. 388 ff.
— 1941b. Journ. Agric. Res. vol. 63, p. 649 ff.

242

Myers, W. M. 1944a. Journ. Agric. Res. vol. 68, p. 21 ff.
— 1944b. Bull. Torrey bot. Club. vol. 71, p. 144 ff.
— 1947. Bot. Review. vol. 13, p. 369 ff.
— u. Hill, H. D. 1940. Bot. Gaz. vol. 102, p. 236 ff.
— u. Hill, H. D. 1942. Bot. Gaz. vol. 104, p. 171 ff.
— u. Hill, H. D. 1943. Genetics. vol. 28, p. 381 ff.
— u. Hill, H. D. 1947. Bull. Torrey bot. Club. vol. 74, p. 99.

Nagai, K. u. Sasaoka, T. 1930. Japan. Journ. of Genet. vol. 5, p. 151 ff.
Nagao, S. 1929a. Mem. Coll. Sci. Kyoto Imp. Univ. Ser. B. vol. 4, p. 175 ff.
— 1929b. Mem. Coll. Sci. Kyoto Imp. Univ. Ser. B. vol. 4, p. 347 ff.
— 1930. Japan. Journ. of Genet. vol. 5, p. 159 ff.
— 1933. Mem. Coll. Sci. Kyoto Imp. Univ. Ser. B. vol. 8, p. 81 ff.
— 1935. Japan. Journ. of Genet. vol. 11, p. 1 ff.
— 1938. Comment. Pap. Agron. Akemine.
— 1941. Journ. Sci. of Agricult. a. Forestr. vol. 32, p. 28 ff.
— u. Sakai, K. 1939. Japan. Journ. of Genet. vol. 15, p. 23 ff.
— u. Takusagawa, H. 1932. Tokyo Bot. Magaz. vol. 46, p. 473 ff.
Nakajima, G. 1930. Japan. Journ. of Genet. vol. 5, p. 172 ff.
— 1931. Tokyo Bot. Magaz. vol. 45, p. 7 ff.
— 1933. Japan. Journ. of Genet. vol. 9, p. 1 ff.
— 1936. Japan. Journ. of Genet. vol. 12, p. 211 ff.
— 1937. Cytologia. Fujii-Festschr. p. 282 ff.
Nakamura, M. 1937. Cytologia. Fujii-Festschr. p. 57 ff.
Nannfeldt, J. A. 1937. Botan. Notis. p. 238 ff.
— 1938. Svensk bot. Tidskr. Bd. 32, p. 295 ff.
— 1940. Symbol. Botan. Upsal. Bd. IV, Nr. 4.
Natividade, J. V. 1937. Bolet. Socied. Broter. vol. 12, p. 21 ff.
Nawaschin, M. 1915. Sapis. Kiewsk. Obschtsch. Jestjestvois. vol. 25,
    p. 139 ff.
— 1916. Journ. Russk. Botan. Obschtsch. vol. 1, p. 178 ff.
— 1925. Zeitschr. f. Zellforsch. u. mikroskop. Anatom. Bd. 2, p. 98 ff.
— 1926a. Genetics. vol. 10, p. 583 ff.
— 1926b. Zeitschr. f. Zellforsch. u. mikroskop. Anatom. Bd. 4,
    p. 171 ff.
— 1927. Ber. d. D. Botan. Gesellsch. Bd. 45, p. 115 ff.
— 1928. Sborn. Imjen. S. Nawaschin. p. 169.
— 1929. Univ. Californ. Publicat. Agricult. Sci. vol. 2, p. 377 ff.
— 1931a. Univ. Californ. Publicat. Agricult. Sci. vol. 6, p. 201 ff.
— 1931b. Amer. Natural. vol. 65, p. 243 ff.
— 1932. Zeitschr. indukt. Abstamm. u. Vererb. L. Bd. 63, p. 218 ff.
— 1933. Planta. Bd. 20, p. 233 ff.
— 1934. Cytologia. vol. 5, p. 169 ff.
— 1936. Ber. d. D. Botan. Gesellsch. Bd. 54, p. 279 ff.
— 1938. C. R. Acad. Sci. USSR. N. S. vol. 19, p. 193 ff.
— u. Gerassimova, H. 1936. Cytologia. vol. 7, p. 324 ff.
Nawaschin, S. 1910. Ann. Jard. Botan. Buitenzorg. Supplem. 3, p. 871 ff.
— 1926. C. R. Acad. Sci. USSR. p. 142 ff.
Nebel, B. 1929. Gartenbauwissensch. Bd. 1, p. 549 ff.
— 1930. Amer. Natural. vol. 63, p. 188 ff.

NEGRUL, A. M. 1930. Züchter. Bd. 2, p. 23 ff.
NEGODI, G. 1930. Atti Soc. Natur. e Mat. Modena. vol. 61.
— 1935. Atti Soc. Natur. e. Mat. Modena .vol. 67, p. 7 ff.
— 1936a. Rivist. di Biolog. vol. 20, p. 224 ff.
— 1936b. Rendicont. R. Accad. Lincei. Cl. Sci. fis., matem. e nat.
  vol. 23, p. 88 ff.
— 1936c. Biolog. gener. vol. 12, p. 546 ff.
— 1936d. Atti Soc. Natur. e. Mat. Modena. vol. 67, p. 13 f.
— 1936e. N. G. Bot. Ital. N. S. vol. 43, p. 416 ff.
— 1937a. Annali di Botan. vol. 21, p. 510 ff.
— 1937b. Atti Soc. Natur. e. Mat. Modena vol. 68, p. 9 ff.
— 1937c. Atti Soc. Natur. e Mat. Modena. vol. 68, p. 12 ff.
— 1937d. N. G. Bot. Ital. vol. 44, p. 667 ff.
— 1937e. Archiv. Botan. vol. 13, p. 71 ff.
— 1937f. Archiv. Botan. vol. 13, p. 93 ff.
— 1938a. Archiv. Botan. vol. 14, p. 185 ff.
— 1938b. Atti Accad. naz. Lincei. Ser. VI, vol. 27, p. 117 ff.
— 1939. Scient. Genet. vol. 1, p. 168 ff.
— 1940. Scient. Genet. vol. 2, p. 1 ff.
— 1941. N. G. Bot. Ital. N. S. vol. 48, p. 396 ff.
NĚMEC, B. 1910. Das Problem der Befruchtungsvorgänge und andere
  zytologische Fragen. Berlin.
— 1930. Nauka o bunče Anatom. Rostlin. Praha.
NETROUFAL, F. 1927. Oesterr. Botan. Zeitschr. Bd. 76, p. 101 ff.
NEWCOMER, E. H. 1941. Proceed. Amer. Soc. hort. Sci. vol. 38, p. 468 ff.
NEWTON, W. C. F. 1927. Journ. Linn. Soc. Botan. vol. 47, p. 339 ff.
— u. DARLINGTON, C. D. 1930. Journ. of Genet. vol. 22, p. 1 ff.
NIELSEN, E. L. 1939. Amer. Jour. of Botan. vol. 26, p. 366 ff.
— 1944. Bot. Gaz. vol. 106, p. 357 ff.
— 1946. Bot. Gaz. vol. 108, p. 26 ff.
— 1947. Amer. Journ. of Botan. vol. 34, p. 431 ff.
— u. HUMPHREY, L. M. 1937. Amer. Journ. of Botan. vol. 24, p. 276 ff.
NIELSEN, N. 1924. Hereditas. Bd. 5, p. 378 ff.
NIKOLAJEVA, A. 1923. Bull. appl. Botan. vol. 13, p. 33 ff.
— 1924. Nautschn. Agronomitschesk. Journ. vol. 1, p. 570 ff.
— 1925. Zeitschr. Russ. Botan. Gesellsch. Bd. 9, p. 15 ff.
NILSSON, F. 1935. Hereditas. Bd. 20, p. 181 ff.
— 1937. Botan. Notis. p. 463 ff.
— 1940. Botan. Notis. p. 33 ff.
— 1944. Sverig. Pomolog. Förening. Årsskr. p. 130 ff.
— u. ANDERSSON, E. 1941. Sverig. Utsädesförening. Tidsskr. p. 363 f.
— u. ANDERSSON, E. 1943. Hereditas. Bd. 29, p. 197 f.
NISHIMURA, Y. 1939. Japan. Journ. of Genet. vol. 15, p. 145 ff.
NISHINA, Y., SINOTÔ, Y. u. SATÔ, D. 1940. Cytologia. vol. 10, p. 458 ff.
NISHIYAMA, J. 1929. Japan. Journ. of Genet. vol. 5, p. 1 ff.
— 1936. Cytologia. vol. 7, p. 276 ff.
— 1939. Cytologia. vol. 10, p. 88 ff.
— , YAMADA, J. u. MEZAKI, M. 1947. Seiken Zihô. Nr. 3, p. 145 ff.
NISSEN, OE. 1937. Botan. Notis. p. 28 ff.
NOACK, K. L. 1937. Biolog. Zentralbl. Bd. 57, p. 383 ff.

244

NOACK, K. L. 1938. Ber. d. D. Botan. Gesellsch. Bd. 57, p. 50 ff.
— 1939. Zeitschr. indukt. Abstamm. u. Vererb. L. Bd. 76, p. 569 ff.
NODA, K. 1926. Japan. Journ. of Botan. vol. 3, p. 21 ff.
NOETHLING, W. u. STUBBE, H. 1934. Zeitschr. indukt. Abstamm. u.
    Vererb. L. Bd. 67, p. 152 ff.
NORDENSKIÖLD, H. 1937. Hereditas. Bd. 23, p. 304 ff.
— 1941. Botan. Notis. p. 12 ff.
— 1945. Acta Agricult. Suecan. vol. 1, p. 1 ff.
— 1949a. Botan. Notis. p. 81 ff.
— 1949b. Hereditas. Bd. 35, p. 190 ff.
NORDHEIM, K. 1930. Diss. Univ. Berlin.
NORÉN, C. O. 1907. Upsala Univ. Årsskr. Math. och Naturvet. Avd. Nr. 1.
NYBOM, N. 1947. Botan. Notis. p. 55 ff.
NYGREN, A. 1946. Hereditas. Bd. 32, p. 131 ff.
— 1948a. Hereditas. Bd. 34, p. 113 ff.
— 1948b. Hereditas. Bd. 34, p. 387 ff.

OEHM, G. 1924. Beih. Botan. Centralbl. Bd. 40, Abt. I, p. 237 ff.
OESTERGREN, G. 1940a. Hereditas. Bd. 26, p. 305 ff.
— 1940b. Botan. Notis. p. 133 ff.
— 1942a. Hereditas. Bd. 28, p. 242 f.
— 1942b. Botan. Notis. p. 99.
— 1945. Hereditas. Bd. 31, p. 498.
— 1947. Hereditas. Bd. 33, p. 261 ff.
— 1949. Hereditas. Bd. 35, p. 445 ff.
OGAWA, K. 1929. Mem. Coll. Sci. Kyoto Imp. Univ. Ser. B. vol. 4, p. 309 ff.
OIKAWA, K. 1942. Japan. Journ. of Genet. vol. 18, p. 157 ff.
OKABE, S. 1927. Tokyo Bot. Magaz. vol. 41, p. 398 ff.
— 1928. Sci. Rept. Tôhoku Imp. Univ. IV. Ser. Biol. vol. 3, p. 733 ff.
— 1931. Tokyo Bot. Magaz. vol. 45, p. 258 ff.
— 1934. Tokyo Bot. Magaz. vol. 48, p. (6) f.
— 1937. Cytologia. Fujii-Festschr. p. 527 ff.
OKSIJUK, P. 1929. Trud. Fisitschn. Matem. Wid. Wsjeukrainsk. Akad.
    Nauk. vol. 15, p. 37 ff.
— 1935. Journ. Instit. Botan. Acad. Sci. Ukraine. vol. 4, (12), p. 15 ff.
— 1937. Journ. Instit. Botan. Acad. Sci. Ukraine vol. 12 (20), p. 3 ff.
OKUNO, S. 1936. Tokyo Bot. Magaz. vol. 50, p. 332 ff.
— 1939. Japan. Journ. of Genet. vol. 15, p. 332 f.
— 1940. Japan. Journ. of Genet. vol. 16, p. 164 ff.
v. OLÁH, L. 1938. Botan. Közlemény. t. 35, p. 290 ff.
OLESON, E. M. 1941. Bot. Gaz. vol. 103, p. 198 ff.
OLMO, H. P. 1937. Cytologia. Fujii-Festschr. p. 606 ff.
OLSSON, G. 1949. Proceed. VIII. Internat. Congr. Genet. p. 47 f.
O'NEAL, C. E. 1920. Bull. Torrey bot. Club. vol. 47, p. 231 ff.
ONO, T. 1926. Sci. Rep. Tôhoku Imp. Univ. IV. Ser. Biol. vol. 2, p. 159 ff.
— 1927. Tokyo Bot. Magaz. vol. 41, p. 632 ff.
— 1928. Tokyo Bot. Magaz. vol. 42, p. 542 ff.
— 1930a. Tokyo Bot. Magaz. vol. 44, p. 168 ff.
— 1930b. Sci. Rept. Tôhoku Imp. Univ. IV Ser. Biol. vol. 5, p. 415 ff.
— 1932. Tokyo Bot. Magaz. vol. 46, p. 321 ff.

ONO, T. 1935. Sci. Rept. Tôhoku Imp. Univ. IV. Ser. Biol. vol. 10, p. 1 ff.
— 1937. Tokyo Bot. Magaz. vol. 51, p. 110 ff.
— 1939. Tokyo Bot. Magaz. vol. 53, p. 549 ff.
— 1940. Tokyo Bot. Magaz. vol. 54, p. 225 ff.
— u. SHIMOTOMAI, T. 1928. Tokyo Bot. Magaz. vol. 42, p. 266 ff.
ONO, Y. 1936. Japan. Journ. of Genet. vol. 11, p. 238 ff.
VAN OVEREEM, C. 1921. Beih. Botan. Centralbl. Bd. 38, Abt. I, p. 73 ff.
— 1922. Beih. Botan. Centralbl. Bd. 39, Abt. I. p. 1 ff.
OVERTON, E. 1891. Festschr. K. W. v. Nägeli u. A. v. Kölliker. Zürich.
— 1893a. Vierteljahrsschr. Naturf. Ges. Zürich. Bd. 38, p. 169 ff.
— 1893b. Ann. of Bot. vol. 7, p. 139 ff.

PADDOCK, E. F. 1943. Genetics. vol. 28, p. 85.
PALMGREN, O. 1939. Botan. Notis. p. 246 ff.
— 1943, Botan. Notis. p. 348 ff.
PANNOCHIA-LAY, F. 1938. N. G. Bot. Ital. N. S. vol. 45, p. 157 ff.
— 1939. Archiv. Ital. Anatom. e Embriol. vol. 41, p. 527 ff.
PANUTINA-MUCHINA, W. N. 1933. Bull. Soc. Nat. Moscou. S. Biolog. vol. 42, p. 162 ff.
PARDI, P. 1933. Rendic. R. Accad. Naz. Lincei. Class. sci., fis., mat. e nat. Ser. VIa. vol. 17, I. Sem. p. 1101 ff.
— 1934, N. G. Bot. Ital. N. S. vol. 40, p. 576 ff.
— 1937. N. G. Bot. Ital. N. S. vol. 44, p. 645 ff.
PAROĬSKAJA, M. J. 1930. Bull. appl. Botan. vol. 24, p. 93 ff.
PARTHASARATHY, N. 1939. Ann. of Bot. N. S. vol. 3, p. 43 ff.
PEARSON, O. H. 1933. Bot. Gaz. vol. 94, p. 534 ff.
PELLETIER, M. 1936. C. R. Soc. Biol. France. t. 121, p. 1154 ff.
PENLAND, C. W. T. 1923. Bot. Gaz. vol. 76, p. 403 ff.
PERAK, J. T. 1943. An. Instit. Fitotecn. Santa Catalina. vol. 3, p. 7 ff.
PERRY, B. A. 1943. Amer. Journ. of Botan. vol. 30, p. 527 ff.
PERRY, K. M. 1932. Journ. Roy. Microscop. Soc. vol. 52, p. 344 ff.
PERSIDSKY, K. M. 1936. Journ. Instit. Botan. Acad. Sci. Ukraine. t. 4, p. 35 ff.
PERSY, J. 1936. Bull. Soc. Roy. Belgiqu. t. 68, p. 222 ff.
PETERSEN, H. E. 1914. Diss. Univ. Köbnhavn.
PETERSON, D. 1933. Botan. Notis. p. 500 ff.
— 1935. Botan. Notis. p. 409 ff.
— 1936. Botan. Notis. p. 281 ff.
PETO, F. H. 1929. Nature. vol. 124, p. 181 ff.
— 1930. Canad. Journ. Res. vol. 3, p. 428 ff.
— 1933. Journ. of Genet. vol. 28, p. 113 ff.
— 1936. Canad. Journ. Res. vol. 14, p. 203 ff.
— 1938. Canad. Journ. Res. vol. 16, p. 445 ff.
PETROV, D. F. 1935. Bull. appl. Botan. Ser. II, vol. 8, p. 29 ff, 169 ff.
— 1939. C. R. Acad. Sci. URSS. N. S. vol. 22, p. 352 f.
PFEIFFER, H. 1942. Veröffentl. Deutsch. Kolonial Mus. Bremen. Bd. 3, p. 238 ff.
PHILLIPS, H. M. 1938. Chronic. Botan. vol. 4, p. 385 f.
PHILP, J. 1934a. Journ. of Genet. vol. 29, p. 197 ff.
— 1934 b. R. H. S. Daffodil Yearbook p. 52 f.

Piech, K. 1924. Bull. Acad. Polon. Sci. et Lettr. Cl. Sci. math. et nat. Sér. B. Sc. nat. p. 605 ff.
— 1927. Osob. Rozpr. Wydziak matem. przrod. Polsk. Akad. p. 93 ff.
— 1928a. Planta. Bd. 6, p. 96 ff.
— 1928b. Bull. Acad. Polon. Sci. et Lettr. Cl. Sci. math. et nat. Sér. B. Sc. nat. p. 1 ff.
Pieters, A. J. u. Hollowell, E. A. 1937. Yearbook U. S. Deptm. Agricult. p. 1190 ff.
Pisek, A. 1922. Ber. d. D. Botan. Gesellsch. Bd. 40, p. 406 ff.
— 1923. Jahrb. wiss. Botan. Bd. 62, p. 1 ff.
— 1924. Sitz. Ber. Akad. Wiss. Wien. Matem. naturw. Kl. Abt. I, Bd. 133, p. 1 ff.
Poddubnaja, V. 1927. Planta. Bd. 4, p. 284 ff.
— -Arnoldi, 1931. Beih. Botan. Centralbl. Bd. 48, Abt. II, p. 141 ff.
— 1933a. Planta. Bd. 19, p. 46 ff.
— 1933b. Planta. Bd. 21, p. 381 ff.
— u. Dianova, V. 1934. Planta. Bd. 23, p. 19 ff.
— , Steschina, N. u. Sosnovetz, A. 1935. Beih. Botan. Centralbl. Bd. 53, Abt. A. p. 309 ff.
Pólya, L. 1948. Archiv. Biolog. Hungar. Ser. II, vol. 18, p. 145 ff.
Pop, E. 1937. Bul. Gradin. Botan. Muzeul. Univ. Cluy. vol. 17, p. 97 ff.
Popoff, A. 1935. Planta. Bd. 24, p. 510 ff.
Postma, W. P. 1939. Rec. Trav. Botan. Néerland. t. 36, p. 672 ff.
— 1946. Mitosis, meiosis en alloploid. bij Cannabis sativa en Spinacia. Verl. Tjensk Willink u. Co. Amsterdam.
Propach, H. 1934. Planta. Bd. 22, p. 368 ff.
— 1935. Planta. Bd. 23, p. 349 ff.
— 1940. Gartenbauwissensch. Bd. 14, p. 642 ff.
Protasenja, G. 1930. Arb. Bot. Centr. Moorvers. Stat. Minsk. Bd. 1, p. 83 ff.
Prywer, C. 1932. Acta Soc. Bot. Polon. t. 9, p. 87 ff.

Quisenberry, K. S. 1927. Bot. Gaz. vol. 83, p. 85 ff.

Radeloff, H. 1930. Proceed. Internat. Seed test Assoc. Nr. 11—12, p. 1 ff.
Ramanujam, S. 1938. Ann. of Bot. N. S. vol. 2, p. 107 ff.
— u. Srinivasachar, D. 1943. Indian Journ. of Genet. and Plant-Breed. vol. 3, p. 73 ff.
Rancken, G. 1934. Acta Agral. Fennic. vol. 29, p. 1 ff.
Randall, Th. E. u. Rick, Ch. M. 1941. Amer. Journ. of Botan. vol. 28, p. 5s.
Raptopoulos, T. 1940. Journ. of Pomol. vol. 18, p. 61 ff.
— 1941a. Journ. of Genet. vol. 42, p. 73 ff.
— 1941b. Journ. of Genet. vol. 42, p. 91 ff.
Rau, N. S. 1929. Journ. Indian Botan. Soc. vol. 8, p. 126 ff.
Ray, Ch. 1940. Amer. Journ. of Botan. vol. 27, p. 8s.
— 1944. Amer. Journ. of Botan. vol. 31, p. 242 ff.
Raynor, L. A. 1946. Abstr. Thesis. Cornell Univers. 1945, p. 173 ff.
Reeves, R. G. 1930. Amer. Journ. of Botan. vol. 17, p. 145 ff.
Regnart, H. C. 1935. Genetica. vol. 17, p. 145 ff.

RENNER, O. 1914. Flora. Bd. 107, p. 115 ff.
— 1937. Flora. Bd. 131, p. 182 ff.
— 1938. Flora. Bd. 132, p. 319 ff.
— 1943. Flora. Bd. 136, p. 325 ff.
RESENDE, F. 1937. Planta. Bd. 26, p. 757 ff.
— 1940. Ber. d. D. Botan. Gesellsch. Bd. 58, p. 460 ff.
RICHARDSON, M. M. 1933. Univ. Californ. Publicat. Botan. vol. 17, p. 51 ff.
— 1935 a. Journ. of Genet. vol. 31, p. 101 ff.
— 1935b. Journ. of Genet. vol. 31, p. 119 ff.
— 1935c. Proceed. Univ. Durham Philos. Soc. vol. 9, p. 126 ff.
— 1936. Journ. of Genet. vol. 32, p. 411 ff.
RICHHARIA, R. H. 1937. Journ. of Genet. vol. 34, p. 19 ff.
— u. KALAMKAR, W. J. 1939. Ind. Journ. Agricult. Sci. vol. 9, p. 561 ff.
RIJNDERS, A. M. F. 1926. Diss. Univ. Groningen.
RISSE, K. 1926. Ber. d. D. Botan. Gesellsch. Bd. 44, p. 296 f.
— 1928. Botan. Archiv. Bd. 23, p. 266 ff.
RIZET, G. 1946. C. R. Soc. Biol. France. t. 140, p. 284 f.
ROCÉN, T. 1926. Svensk. bot. Tidskr. Bd. 20, p. 97 f.
— 1927. Diss. Univ. Upsala.
RODOLICO, A. 1930a. N. G. Bot. Ital. N. S. vol. 37, p. 279 ff.
— 1930b. N. G. Bot. Ital. N. S. vol. 37, p. 592 ff.
— 1933. N. G. Bot. Ital. N. S. vol. 40, p. 421 ff.
ROGERS, W. E. 1917. Proceed. Iowa Acad. of Sci. vol. 24, p. 415 ff.
ROHWEDER, H. 1929. Ber. d. D. Botan. Gesellsch. Bd. 47, p. 81 ff.
— 1934. Botan. Jahrb. Bd. 66, p. 249 ff.
— 1937. Planta. Bd. 27, p. 478 ff.
— 1939. Beih. Botan. Centralbl. Bd. 59, Abt. B. p. 1 ff.
ROLLINS, R. C. 1941. Rhodora, vol. 43, p. 289 ff.
ROMANENKO, V. 1937. Journ. Inst. Botan. Acad. Sci. Ukraine. t. 11, p. 3 ff.
RORK, C. L. 1946. Abstr. Thesis. Cornell Univ. 1945, p. 180 ff.
— 1949. Amer. Journ. of Botan. vol. 36, p. 687 ff.
ROSCOE, M. 1927a. Bot. Gaz. vol. 84, p. 307 ff.
— 1927b. Bot. Gaz. vol. 84, p. 392 ff.
ROSÉN, W. 1931. Medd. Göteborgs Botan. Trädgård. vol. 7, p. 31 ff.
ROSENBERG, O. 1901. Bihang K. Svensk. Vet. Akad. Handl. Bd. 27, Avd. III, Nr. 6.
— 1903. Ber. d. D. Botan. Gesellsch. Bd. 21, p. 110 ff.
— 1904a. Ber. d. D. Botan. Gesellsch. Bd. 22, p. 47 ff.
— 1904b. Flora, Bd. 93, p. 251 ff.
— 1905. Botan. Notis. p. 1 ff.
— 1906. Ber. d. D. Botan. Gesellsch. Bd. 14, p. 157 ff.
— 1907a. Botan. Tidskr. Bd. 28, p. 143 ff.
— 1907 b. Svensk bot. Tidskr. Bd. 1, p. 398 ff.
— 1909a. Svensk bot. Tidskr. Bd. 3, p. 64 ff.
— 1909b. Svensk bot. Tidskr. Bd. 3, p. 163 ff.
— 1909c. K. Svensk. Vet. Akad. Handl. Bd. 43, Nr. 11.
— 1917. Svensk bot. Tidskr. Bd. 11, p. 145 ff.
— 1918. Arkiv f. Botan. Bd. 15, Nr. 11.
— 1920. Svensk bot. Tidskr. Bd. 14, p. 319 ff.
— 1926a. Ber. d. D. Botan. Gesellsch. Bd. 44, p. 455 ff.

ROSENBERG, O. 1926b. Arkiv f. Botan. Bd. 20B, Nr. 3.
— 1926c. Hereditas. Bd. 8, p. 305 ff.
— 1927. Hereditas. Bd. 9, p. 285. ff.
ROSENDAHL, G. 1941. Planta, Bd. 31, p. 597 ff.
ROSENTHAL, C. 1936. Jahrb. wiss. Botan. Bd. 83, p. 809 ff.
ROSS, J. G. u. BOYES, J. W. 1946. Canad. Journ. of Res. C. vol. 24, p. 4 ff.
ROY, B. 1937. Journ. of Genet. vol. 35, p. 89 ff.
ROZANOVA, M. A. 1934. Bot. Journ. USSR. t. 19, p. 376 ff.
— 1938. C. R. Acad. Sci. USSR. N. S. vol. 18, p. 677 ff.
— 1939. C. R. Acad. Sci. USSR. N. S. vol. 24, p. 58 ff.
— 1940a. Journ. Botan. vol. 25, p. 304 ff.
— 1940b. C. R. Acad. Sci. USSR. N. S. vol. 27, p. 590 ff.
ROŽEVITZ, R. J. 1945. Sborn. Nautschn. Rabot. Instit. Komarov. Akad. Nauk. SSSR.
RUDLOFF, F. 1929. Zeitschr. indukt. Abstamm. u. Vererb. L. Bd. 52, p. 191 ff.
— 1930. Gartenbauwiss. Bd. 4, p. 79 ff.
— u. SCHMIDT, M. 1932. Planta. Bd. 18, p. 104 ff.
RUNQUIST, E. 1937. Hereditas. Bd. 23, p. 279 ff.
RUTISHAUSER, A. 1936/37. Mitteil. Naturf. Ges. Schaffhausen. Bd. 13, p. 25 ff.
— 1943a. Ber. Schweiz. Botan. Gesellsch. Bd. 53, p. 3 ff.
— 1943b. Mitt. Naturf. Ges. Schaffhausen. Bd. 18, p. 111 ff.
— 1943c. Archiv. Jul. Klaus-Stift. Bd. 18, p. 687 ff.
— 1945. Ber. Schweiz. Botan. Gesellsch. Bd. 55, p. 19 ff.
RUTLAND, J. P. 1941. New Phytolog. vol. 40, p. 210 ff.
RUTTLE, M. L. 1931. Gartenbauwiss. Bd. 4, p. 428 ff.
— 1932. Gartenbauwiss. Bd. 7, p. 154 ff.
RYBIN, V. A. 1926. Bull. appl. Botan. vol. 16, p. 187 ff.
— 1927. Bull. appl. Botan. vol. 17, p. 101 ff.
— 1936. Planta. Bd. 25, p. 22 ff.
— 1938. C. R. Acad. Sci. USSR. N. S. vol. 21, p. 302 ff.

SACHOFF, T. 1931. Gartenbauwiss. Bd. 5, p. 574 ff.
SAKAI, K. 1934. Japan. Journ. of Genet. vol. 9, p. 226 ff.
— 1935. Japan. Journ. of Botan. vol. 11, p. 68 ff.
SAKAMURA, T. 1914. Tokyo Bot. Magaz. vol. 28, p. 131 ff.
— 1920. Journ. Coll. Sci. Imp. Univ. Tokyo. vol. 39, Nr. 11.
— u. STOW, J. 1926. Japan. Journ. of Botan. vol. 3, p. 111 ff.
SAMUELSSON, G. 1914. Svensk bot. Tidskr. Bd. 8, p. 181 ff.
SANDO, W. J. 1939. Journ. of Hered. vol. 30, p. 271 f.
SANSOME, E. R. u. LA COUR, L. 1934. Lily Yearb. R. Hort. Soc. p. 40 ff.
SANSOME, F. W. 1936. Journ. of Genet. vol. 33, p. 359 ff.
SANTOS, A. C. 1945. Bolet. Socied. Broter. 2A. Ser. vol. 19, p. 519 ff.
SANTOS, J. K. 1924. Bot. Gaz. vol. 77, p. 353 ff.
SARGANT, E. 1896. Ann. of Bot. vol. 10, p. 445 ff.
— 1897. Ann. of Bot. vol. 11, p. 187 ff.
SASAKI, M. 1937. Japan. Journ. of Genet. vol. 13, p. 260.
SASAOKA, T. 1928. Res. Bull. 11 Imp. Hortic. Exper. Stat. Okitsu.
SATÔ, D. 1935. Tokyo Bot. Magaz. vol. 49, p. 298 ff.

Satô, D. 1936. Cytologia. vol. 7, p. 521 ff.
— 1937a. Tokyo Bot. Magaz. vol. 51, p. 59 ff.
— 1937b. Tokyo Bot. Magaz. vol. 51, p. 242 ff.
— 1938. Cytologia. vol. 9, p. 203 ff.
— u. Sinotô, Y. 1935. Japan. Journ. of Genet. vol. 11, p. 219 ff.
Saunders, A. P. u. Stebbins, G. L. 1938. Genetics. vol. 23, p. 65 ff.
Savtschenko, P. F. 1935a. Bull. appl. Botan. Ser. II, vol. 8, p. 59 ff.
— 1935b. Bull. appl. Botan. Ser. II, vol. 8, p. 105 ff.
— 1940. C. R. Acad. Sci. USSR. N. S. vol. 27, p.1024 ff.
Sax, H. J. 1932. Journ. Arnold Arboret. vol. 13, p. 368 ff.
Sax, K. 1929. Proceed. Amer. Soc. Hortic. Sci. vol. 26, p. 32 ff.
— 1930a. Journ. Arnold Arboret. vol. 11, p. 7 ff.
— 1930b. Amer. Journ. of Botan. vol. 17, p. 247 ff.
— 1931a. Journ. Arnold Arboret. vol. 12, p. 3 ff.
— 1931b. Journ. Arnold Arboret. vol. 12, p. 198 ff.
— 1933. Journ. Arnold Arboret. vol. 14, p. 82 ff.
— 1936. Journ. Arnold Arboret. vol. 17, p. 352 ff.
— u. H. J. 1933. Journ. Arnold Arboret. vol. 14, p. 356 ff.
— u. Abbe, E. C. 1932. Journ. Arnold Arboret. vol. 13, p.37 ff.
— u. Kribs, D. A. 1930. Journ. Arnold Arboret. vol. 11, p. 147 ff.
Schaede, R. 1936. Planta. Bd. 26, p. 167 ff.
— 1938. Protoplasma. Bd. 30, p. 265 ff.
Schafer, u. La Cour, L. 1934. Ann. of Bot. vol. 48, p. 693 ff.
Scheel, M. 1931. Botan. Archiv. Bd. 32, p. 148 ff.
Scheerer, H. 1937. Flora. Bd. 131, p. 287 ff.
— 1939. Planta. Bd. 29, p. 636 ff.
— 1940. Planta. Bd. 30, p. 716 ff.
— 1949. Planta. Bd. 37, p. 293 ff.
v. Schelhorn, M. 1946. Züchter. Bd. 17/18, p. 92 f.
— 1947. Zuchter. Bd. 17/18, p. 232 ff.
Scherz, W. 1940 .Züchter. Bd. 12, p. 212 ff.
Schick, R. 1934. Naturwiss. Bd. 22, p. 264 ff.
Schiemann, E. 1929. Ber. d. D. Botan. Gesellsch. Bd. 47, p. 164 ff.
— 1931. Botan. Abhandl. herausgegeben v. Goebel. Heft 18 Jena.
Schkwarnikow, P. K. 1934a. Planta. Bd. 22, p. 375 ff.
     1934b. Journ. Biol. t. 3. p. 533 ff.
— 1936. Planta. Bd. 25, p. 689 ff.
— u. Nawaschin, M. 1934. Planta. Bd. 22, p. 720 ff.
Schlenker, G. 1937. Flora. Bd. 130, p. 305 ff.
Schmid, E. 1906. Beih. Botan. Centralbl. Bd. 20, Abt. I, p. 175 ff.
Schoennagel, E. 1931. Botan. Jahrb. Bd. 64, p. 266 ff.
Schürhoff, 1919. Archiv f. Zellforsch. Bd. 15, p. 145 ff.
— 1925a. Jahrb. wiss. Botan. Bd. 64, p. 443 ff.
— 1925b. Ber. d. D. Botan. Gesellsch. Bd. 43, p. 450 ff.
— 1926. Die Zytologie der Blütenpflanzen. Stuttgart.
— 1927. Beitr. z. Biol. d. Pflanz. Bd. 15, p. 129 ff.
— 1929. Archiv d. Pharmaz. Bd. 267, p. 515 ff.
Schulle, H. 1933. Flora. Bd. 127, p. 140 ff.
Schulz-Gaebel, H. H. 1930. Beitr. z. Biol. d. Pflanz. Bd. 18, p. 345 ff.
Schwarzenbach, F. 1922. Flora. Bd. 115, p. 393 ff.

SCHWEMMLE, J. 1924. Ber. d. D. Botan. Gesellsch. Bd. 42, p. 238 ff.
— 1927. Jahrb. wiss. Botan. Bd. 66, p. 579 ff.
SENJANINOVA, M. 1926. Zeitschr. f. Zellforsch. u. mikrosk. Anatom. Bd. 3, p. 417 ff.
— 1927. Zeitschr. f. Zellforsch. u. mikroskop. Anatom. Bd. 5, p. 675 ff.
— KORTZAGINA. 1932. Bull. appl. Botan. vol. 28, p. 91 ff.
SENN, H. A. 1938a. Amer. Journ. of Botan. vol. 25, p. 67 ff.
— 1938b. Bibliograph. Genet. vol. 12, p. 175 ff.
— ,HEIMBURGER, M. L. u. MOORE, R. J. 1947. Amer. Journ. of Botan. vol. 34, p. 607.
SHALYGIN, J. N. 1941. C. R. Acad. Sci. USSR. N. S. vol. 30, p. 527 ff.
SHAMEL, A. D. 1937. Journ. of Hered. vol. 28, p. 350 ff.
SHEFFIELD, F. M. L. 1927. Ann. of Bot. vol. 41, p. 779 ff.
SHARMAN, B. C. 1934. Nature. vol. 151, p. 170.
SHEPELJEVA, E. M. 1939. C. R. Acad. Sci. USSR. N. S. vol. 25, p. 228 ff.
SHERMAN, M. 1946. Univ. Californ. Publicat. Botan. vol. 18, p. 369 ff.
SHIMAMURA, T. 1929. Journ. Roy. Microscop. Soc. Ser. 3, vol. 49, p. 211 ff.
— 1941. Tokyo Botan. Magaz. vol. 55, p. 553 ff.
SHIMOTOMAI, N. 1925. Tokyo Bot. Magaz. vol. 39, p. 122 ff.
— 1929. Sci. Rept. Tôhoku Imp. Univ. 4. ser. vol. 4, p. 369 ff.
— 1930a. Tokyo Bot. Magaz . vol. 44, p. 490 ff.
— 1930b. Journ. of Sci. Hiroshima Univ. Ser. B, Div. 2, vol. 1. p, 1 ff.
— 1935. Japan. Journ. of Genet. vol. 11, p. 297 ff.
— 1937. Zeitschr. indukt. Abstamm. u. Vererb. L. Bd. 74, p. 30 ff.
— 1938 Bibliograph. Genet. vol. 11, p. 161 ff.
SHINKE, N. 1929. Mem. Coll. Sci. Kyoto Imp. Univ. Ser. B. vol. 4, p. 283 ff.
SHOJI, T. u. NAKAMURA, T. 1928. Japan. Journ. of Botan. vol. 4, p. 125 ff.
SHULL, G. H. 1937. Nelson Fifthian Davis Birthday vol. Boston. p. 1 ff.
SIENICKA, A. 1929. Acta Soc. Bot. Polon. vol. 6, p. 296 ff.
SIKKA, S. M. 1939. Proceed. VII. Internat. Congr. Genetics. p. 264.
— 1940a. Ann. of Bot. N. S. vol. 4, p. 427 ff.
— 1940b. Journ. of Genet. vol. 40, p. 441 ff.
SIMONET, M. 1928a. C. R. Soc. Biol. France. t. 99, p. 1314 ff.
— 1928b. C. R. Acad. Sc. Paris. t. 187, p. 840 ff.
— 1928c. C. R. Soc. Biol. France. t. 99, p. 1928 ff.
— 1929a. C. R. Acad. Sc. Paris. t. 188, p. 82ff.
— 1929b. Archiv. d'Anatom. microscop t. 25, p. 372 ff.
— 1929c. Bull. Soc. Nat. d'Horticult. France. t. 2, p. 454 ff.
— 1932a. Bull. Biol. t. 66, p. 256 ff.
— 1932b. C. R. X. Congr. Internat. Horticult.
— 1932c. C. R. Acad. Sc. Paris. t. 195, p. 738 ff.
— 1934a. Annal. Sci. Nat. X Sér. Botan. t. 16, p. 229 ff.
— 1934b. C. R. Soc. Biol. France. t. 117, p. 1153 ff.
— 1934c. Bull. Soc. bot. France. t. 81, p. 801 ff.
— 1935a. C. R. Acad. Sc. Paris. t. 201, p. 1210 ff.
— 1935b. Bull. Soc. bot. France. t. 82, p. 624 ff.
— 1938. Revue horticol. t. 110, p. 159 ff.
— u. CHOPINET, R. 1942. Revue horticol. t. 114, p. 146 ff.
— u. GUINOCHET, M. 1938. Bull. Soc. bot. France. t. 85, p. 175 ff.
— u. GUINOCHET, M. 1939. C. R. Soc. Biol. France. t. 130, p. 1057 ff.

SIMONET, M. u. MIEDZYRZECKI, C. 1932. C.R. Soc. Biol. France. t. 111, p. 969 ff.
SINOTÔ, Y. 1924. Tokyo Bot. Magaz. vol. 38, p. 153 ff.
— 1925. Tokyo Bot. Magaz. vol. 39, p. 159 ff.
— 1928. Proceed. Imp. Acad. Tokyo. vol. 4, p. 175 ff.
— 1929a. Proceed. Imp. Acad. Tokyo. vol. 5, p. 46 f.
— 1929b. Cytologia. vol. 1, p. 109 ff.
— 1936. Japan. Journ. of Genet. vol. 12, p. 24.
— 1937a. Japan. Journ. of Genet. vol. 13, p. 55 f.
— 1937b. Cytologia. Fujii-Festschr. p. 1139 ff.
— 1937c. Contrib. Bot. Instit. Facult. of Sci. Tokyo Imp. Univ.
   Nr. 157.
— u. KIYOHARA, K. 1928. Tokyo Bot. Magaz. vol. 42, p. 82 ff.
SINSKAJA, E. N. 1940. Zeitschr. indukt. Abstamm. u. Vererb. L. Bd. 78, p.
   399 ff.
— 1945. C. R. Acad. Sci. USSR. N. S. vol. 48, p. 281 f.
SIZOVA, M. A. 1936. C. R. Acad. Sci. USSR. N. S. vol. 2 (11), p. 197 f.
SKALIŃSKA, M. 1945. Proceed. Linn. Soc. London. Botan. vol. 157, p. 4.
— 1946. Acta Soc. Bot. Polon. vol. 17. Supplem. p. 39 ff.
— 1947. Journ. Linn. Soc. London. Botan. vol. 53, p. 159 ff.
SKOVSTED, A. 1929. Hereditas. Bd. 12, p. 64 ff.
-- 1934. Dansk Bot. Arkiv. Bd. 8, Nr. 5.
— 1935. Journ. of Genet. vol. 31, p. 263 ff.
— 1939. C. R. Trav. Labor. Carlsberg. Sér. Physiol. vol. 22, p. 427 ff.
— 1941. C. R. Trav. Labor. Carlsberg. Sér. Physiol. vol. 23, p. 195 ff.
— 1944. C. R. Trav. Labor. Carlsberg. Sér. Physiol. vol. 24, p. 1 ff.
DE SMET, E. 1914. Cellule. t. 29, p. 335 ff.
SMITH, B. W. u. M. Th. 1947. Genetics. vol. 32, p. 104 f.
SMITH, E. Ch. 1943. Journ. Arnold Arboret. vol. 24, p. 275 ff.
SMITH, F. H. 1938. Amer. Journ. of Botan. vol. 25, p. 220 f.
SMITH, H. B. 1927. Amer. Journ. of Botan. vol. 14, p. 129 ff.
SMITH, S. G. 1931. Nature. vol. 18, p. 493 f.
— 1932. Bot. Gaz. vol. 94, p. 394 ff.
SMÓLSKA, A. 1927. Bull. Acad. Polon. Sci. et Lettr. Cl. Sci. math. et nat.
   Sér. B. p. 993 ff.
SÖRENSEN, Th. u. GUDJÓNSSON, G. 1946. K. Dansk Vidensk. Selsk. Biol.
   Skrift. Bd. 4, Nr. 2.
SOKOLOVSKAJA, A. N. 1932. Trud. Peterhof jestjestw. Nautschn. Instit.
   vol. 8, p. 149 ff.
— 1938. Cytologia. vol. 8, p. 452 ff.
— u. STRELKOVA, O. O. 1938. C. R. Acad. Sci. USSR. N. S. vol. 21,
   p. 68 ff.
— u. STRELKOVA, 1940. C. R. Acad. Sci .USSR. N. S. vol. 29, p. 415 ff.
— u. STRELKOVA, 1941. C. R. Acad. Sci. USSR. N. S. vol. 32, p. 144 ff.
SOROKIN, H. 1924. Publicat. Fac. of Sci. Univ. Charles. Univ. Prague.
   Čisl. 13.
— 1927a. Amer. Journ. of Botan. vol. 14, p. 76 ff.
— 1927b. Genetics. vol. 12, p. 59 ff.
— 1927c. Amer. Natural. vol. 61. p. 571 ff.
— 1927d. Amer. Journ. of Botan. vol. 14, p. 565 ff.
DE SOUZA VIOLANTE, J. M. 1929. Cellule. t. 39, p. 235 ff.

SPIER, J. D. 1934. Canad. Journ. of Res. vol. 11, p. 347 ff.
SPRAGUE, T. A. 1940. Proceed. Linn. Soc. London. vol. 152, p. 111 ff.
SPRUMONT, G. 1928. Cellule. t. 38, p. 271 ff.
STÄHLIN, A. 1928. Pflanzenbau. Bd. 5, p. 152.
— 1929. Wiss. Archiv d. Landwirtsch. Bd. 1, p. 330 ff.
STANER, P. 1929. Cellule. t. 39, p. 219 ff.
STEBBINS, G. L. 1938. Genetics. vol. 23, p. 83 ff.
— u. LOVE, R. M. 1941. Amer. Journ. of Botan. vol. 28, p. 371 ff.
— u. VALENCIA, J. J. u. R. M. 1946. Amer. Journ. of Botan. vol. 33, p. 579 ff.
STEIN, E. 1926. Zeitschr. indukt. Abstamm. u. Vererb. L. Bd. 43, p. 1 ff.
— 1927. Biolog. Zentralbl. Bd. 47, p. 705 ff.
— 1932. Phytopathol. Zeitschr. Bd. 4, p. 523 ff.
— 1933. Zeitschr. indukt. Abstamm. u. Vererb. L. Bd. 64, p. 77 ff.
STEINDL, F. 1935. Ber. Schweiz. Botan. Gesellsch. Bd. 44, p. 343 ff.
STENAR, H. 1925. Akad. Afhandl. Upsala.
— 1928. Botan. Notis. p. 357 ff.
— 1935. Arkiv f. Botan. Bd. 26, Nr. 8.
— 1937. Heimbygd. Tidskr. Foruvardaren. Uppsala.
— 1938. Botan. Notis. p. 515 ff.
STEVENS, W. C. 1898. Ber. d. D. Botan. Gesellsch. Bd. 30, p. 406 ff.
STEWART, R. N. 1947. Amer. Journ. of Botan. vol. 34, p. 9 ff.
STOLT, K. A. H. 1921. K. Svensk. Vetensk. Akad. Handl. Bd. 61, Nr. 14.
STOLZE, K. V. 1925. Bibliothec. Genet. Bd. 8, p. 71 ff.
STOMPS, T. J. 1912. Ber. d. D. Botan. Gesellsch. Bd. 30, p. 406 ff.
— 1916. Biol. Zentralbl. Bd. 36, p. 129 ff.
— 1919. Zeitschr. indukt. Abstamm. u. Vererb. L. Bd. 21, p. 65 ff.
— 1925. Cellule. t. 36, p. 235 ff.
— 1928. Zeitschr. indukt. Abstamm. u. Vererb. L. Supplem. Bd. 2, p. 1405 ff.
— 1948. Recueil Trav. Bot. Néerland. t. 41, p. 131 ff.
STONE, L. H. A. 1933. Ann. of Bot. vol. 47, p. 815 ff.
STOUT, A. B. 1932. Cytologia. vol. 3, p. 250 ff.
— 1937. Proceed. Amer. Soc. Hortic. Sci. vol. 39.
STRASBURGER, E. 1882. Archiv. mikrosk. Anat. Bd. 21, p. 476 ff.
— 1888. Histol. Beitr. Heft 1. Jena.
— 1892. Histol. Beitr. Heft 4. Jena.
— 1893. Anat. Anz. Bd. 8, p. 177 ff.
— 1900. Histol. Beitr. Heft 6. Jena.
— 1902. Jahrb. wiss. Botan. Bd. 37, p. 477 ff.
— 1904. Jahrb. wiss. Botan. Bd. 41, p. 88 ff.
— 1905. Jahrb. wiss. Botan. Bd. 42, p. 1 ff.
— 1907. Flora. Bd. 97, p. 123 ff.
— 1908. Jahrb. wiss. Botan. Bd. 45, p. 479 ff.
— 1909. Histol. Beitr. Heft 7. Jena.
— 1910. Jahrb. wiss. Botan. Bd. 48, p. 427 ff.
STRAUB, J. 1936. Zeitschr. f. Botan. Bd. 30, p. 1 ff.
— 1937. Zeitschr. f. Botan. Bd. 32, p. 225 ff.
— 1939. Ber. d. D. Botan. Gesellsch. Bd. 57, p. 531 ff.
— 1941. Biol. Zentralbl. Bd. 61, p. 573 ff.

STRELKOVA, O. 1938. Cytologia. vol. 8, p. 468 ff.
STREY, M. 1931. Planta. Bd. 14, p. 682 ff.
STUBBE, H. 1934. Planta. Bd. 22, p. 153 ff.
— 1938. Biol. Zentralbl. Bd. 58, p. 394 ff.
STUCKEY, J. u. BANFIELD, W. G. 1946. Amer. Journ. of Botan. vol. 33, p. 185 ff.
STURTEVANT, A. H. u. RANDOLPH, L. F. 1945 .Amer. Iris Soc. Bull. Nr. 99.
SUGIURA, T. 1931. Tokyo Bot. Magaz. vol. 45, p. 353 ff.
— 1936a. Proceed. Imp. Acad. Tokyo. vol. 12, p. 144 ff.
— 1936b. Cytologia. vol. 7, p. 544 ff.
— 1937a. Cytologia. Fujii-Festschr. p. 845 ff.
— 1937b. Tokyo Bot. Magaz. vol. 51, p. 425 ff.
— 1937c. Proceed. Imp. Acad. Tokyo. vol. 13, p. 430.
— 1939a. Proceed. Imp. Acad. Tokyo. vol. 14, p. 391 f.
— 1939b. Cytologia. vol. 10, p. 73 ff.
— 1940a. Cytologia. vol. 10, p. 324 ff.
— 1940b. Cytologia. vol. 10, p. 363 ff.
— 1940c. Cytologia. vol. 10, p. 558 ff.
— 1940d. Proceed. Imp. Acad. Tokyo. vol. 16, p. 304 ff.
— 1941. Proceed. Imp. Acad. Tokyo vol. 17, p. 29 f.
— 1942a. Proceed. Imp. Acad. Tokyo vol. 18, p. 30.
— 1942b. Cytologia. vol. 13, p. 418 ff.
— 1943. Proceed. Imp. Acad. Tokyo. vol. 19, p. 94.
— ⸗1944. Cytologia. vol. 13, p. 352 ff.
v. SUN, G. u. SZE, L. C. 1945. Proceed. Amer. Soc. Hort. Sci. vol. 46, p. 295 ff.
SUOMALAINEN, E. 1947. Annal. Acad. Scient. Fenn. Ser. A. IV. Biol. Nr. 13.
— 1949. Hereditas. Bd. 35, p. 86 ff.
SUTÔ, T. 1940. Japan. Journ. of Genet. vol. 16, p. 304 ff.
SVENSSON, H. G. 1925. Upsala Univ. Årsskr. Matem. och Naturvetensk. Nr. 2.
— 1928. Svensk bot. Tidskr. Bd. 22, p. 465 ff.
SVESCHNIKOVA, J. N. 1927. Bull. appl. Botan. vol. 17, p. 37 ff.
— 1928. Zeitschr. indukt. Abstamm. u. Vererb. L. Supplem. Bd. 2, p. 1415 ff.
— 1929. Sborn. Selekz. Stanz. vol. 1, p. 1 ff.
— 1930. Procced. USSR. Congr. Genetics. vol. 2, p. 447 ff.
— 1935. Biol. Journ. vol. 4, p. 843 ff.
— 1936. Bull. appl. Botan. II. Ser. vol. 5, p. 303 ff.
— 1937. Biolog. Journ. vol. 6, p. 949 ff.
— 1938. Biolog. Journ. vol. 7, p. 1067 ff.
— 1941 .C. R. Acad. Sci. USSR. N. S. vol. 30, p. 761 ff.
— u. BELEKHOVA, J. P. 1935. Bull. appl. Botan. II. Ser. vol. 9, p. 63 ff.
SWEZY, O. 1935. Amer. Natural. vol. 69, p. 383 f.
SYMONS, J. L. 1926. Bot. Gaz. vol. 81, p. 121 ff.
SZTAYGERWALDÓWNA, M. 1929. Acta Soc. Botan. Polon. vol. 6, p. 335 ff.

TÄCKHOLM, 1920. Svensk bot. Tidskr. Bd. 12, p. 189 ff.
— 1922 Acta Hort. Bergian. Bd. 7 Nr. 3.
— u. SÖDERBERG, E. 1918. Svensk bot. Tidskr. Bd. 12, p. 189 ff.
TAHARA, M. 1915a. Tokyo Bot. Magaz. vol. 29, p. 48 ff.

TAHARA, M. 1915b. Tokyo Bot. Magaz. vol. 29, p. (245) ff.
— 1915c. Tokyo Bot. Magaz. vol. 29, p. (254) ff.
— 1921. Journ. Coll. Sci. Imp. Univ. Tokyo. vol. 43, Art. 7.
— u. SHIMOTOMAI, N. 1926. Tokyo Bot. Magaz. vol. 40, p. 132 ff.
TAKAMINE, N. 1927. Tokyo Bot. Magaz. vol. 41, p. 118 ff.
TAKENAKA, Y. 1929. Cytologia. vol. 1. p, 76 ff.
— 1930. Tokyo Bot. Magaz. vol. 44, p. 176 ff.
— 1931. Tokyo Bot. Magaz. vol. 45. p, 475 ff.
— 1937a. Cytologia. Fujii-Festschr. p. 995 ff.
— 1937b. Japan. Journ. of Genet. vol. 13, p. 217 ff.
— 1940. Tokyo Bot. Magaz. vol. 54, p. 12 ff.
— 1941. Tokyo Bot. Magaz. vol. 55, p. 319 ff.
TAMAMSCHJAN, S. 1933. Bull. appl. Botan. II. Ser. Nr. 2 p. 137 ff.
TAMMES, T. 1922. Journ. of Genet. vol. 12, p. 19 ff.
TANAKA, N. 1937. Cytologia. Fujii-Festschr. p. 814 ff.
— 1938. Cytologia. vol. 8, p. 515 ff.
— 1939. Cytologia. vol. 9, p. 533 ff.
— 1940. Cytologia. vol. 10, p. 348 ff.
— 1942a. Medicine a. Biology. vol. 2, p. 91 ff (Japan).
— 1942b. Medicine a. Biology. vol. 2, p. 96 ff (Japan).
— 1942c. Medicine a. Biology. vol. 2, p. 210 ff (Japan.)
— 1942d. Medicine a. Biology. vol. 2, p. 215 ff. (Japan.)
— 1942e. Medicine a. Biology. vol. 2, p. 220 ff. (Japan.)
— 1942f. Medicine a. Biology. vol. 2, p. 289 ff. (Japan.)
— 1942g. Medicine a. Biology. vol. 2, p. 293 ff .(Japan.)
— 1942h. Medicine a. Biology. vol. 2, p. 297 ff. (Japan.)
— 1942i. Medicine a. Biology. vol. 2, p. 417 ff. (Japan.)
— 1942k. Medicine a. Biology. vol. 2, p. 421 ff. (Japan.)
— 1942l. Medicine a. Biology. vol. 2, p. 425 ff. (Japan.)
— 1948. Biologic. Contribut. in Japan. Nr. 4, 327 pp. (Japan.)
TANJI, 1925. Tokyo Bot. Magaz. vol. 39, p. 55 ff.
TARNAVSCHI, J. T. 1935. Bul. Fac. Stiint. Cernauti. vol. 9, p. 47 ff.
— 1938. Bul. Fac. Stiint. Cernauti. vol. 12, p. 68 ff.
TAYLOR, Sh. H. 1949. Amer. Journ. of Botan. vol. 36. p. 222 ff.
TAYLOR, W. R. 1920. Contr. Bot. Labor. Univ. Pennsylvan. vol. 5, 111 ff.
— 1925. Amer. Journ. of Botan. vol. 12, p. 238 ff.
— 1926. Amer. Journ. of Botan. vol. 13, p. 179 ff.
THÉRON, A. 1939. Revue Cytol. et Cytophysiol. végétal. t. 4, p. 101 ff.
THOMAS, P. T. 1936. Nature. vol. 138, p. 402.
— 1940a. Journ. of Genet. vol. 40, p. 119 ff.
— 1940b. Journ. of Genet. vol. 40, p. 141 ff.
THOMPSON, R. C. ,WHITAKER, T. W. u. KOSAR, W. F. 1941. Journ. Agricult.
    Res. vol. 63, p. 91 ff.
TJEBBES, K. 1927. Hereditas. Bd. 10, p. 160 ff.
— 1928. Hereditas. Bd. 10, p. 328 ff.
TIMM, E. W. u. CLAPHAM, A. R. 1940. New Phytolog. vol. 39, p. 1 ff.
TINNEY, F. W. 1940 Journ. Agricult. Res. vol. 60, p. 351 ff.
TISCHLER, G. 1915. Progr. rei Botan. Bd. 5, p. 164 ff.
— 1918. Ber. d. D. Botan. Gesellsch. Bd. 36, p. 549 ff.
— 1920. Biol. Centralbl. Bd. 40, p. 15 ff.

TISCHLER, G. 1921/22. Allgemeine Pflanzenkaryologie. Berlin.
— 1927. Planta. Bd. 4, p. 617 ff.
— 1928. Biol. Zentralbl. Bd. 48, p. 321 ff.
— 1929a. Planta. Bd. 8, p. 685 ff.
— 1929b. Ber. d. D. Botan. Gesellsch. Bd. 47, p. (30) ff.
— 1934. Botan. Jahrb. Bd. 67 p. 1. ff.
— 1942. Naturwiss. Bd. 30, p. 713 ff.
TITOVA, N. N. 1935. Sovjetz. Botan. Nr. 2, p. 61 ff.
TOKUNAGA, K. 1934. Japan. Journ. of Genet. vol. 9, p. 231 ff.
TOME, G. u. JOHNSON, J. J. 1945. Journ. Amer. Soc. Agronom. vol. 37,
    p. 1011 ff.
TOMETORP, G. 1937. Botan. Notis. p. 285 ff.
TONGIORGI, E. 1935. N. G. Bot. Ital. N. S. vol. 42, p. 261 f.
— 1942. N. G. Bot. Ital. N. S. vol. 49, p. 242 ff.
TOURNOIS, J. 1914. Annal. Sci. natur. Sér. IX. Botan. t. 19, p. 49 ff.
TOYOHUKU, T. 1935. Japan. Journ. of Genet. vol. 11, p. 316 f.
TRANKOVSKY, D. A. 1930a. Zeitschr. f. Zellforsch. u. mikroskop. Anatom.
    Bd. 10, p. 736 ff.
— 1930b. Planta. Bd. 12, p. 1 ff.
TSCHECHOW, W. 1930. Planta. Bd. 9, p. 673 ff.
— 1931. Iswjest. Tomsk otdel. Russk. Botan. vol. 3, p. 1 ff.
— 1933. Bull. appl. Botan. Ser. II, vol. 1, p. 119 ff.
— 1935. Trud. Biolog. Nautschn. issledow. Instit. vol. 1, p. 143 ff.
— 1936. (Sep.), p. 71 ff.[1])
— u. KARTASHOVA, N. 1932. Cytologia. vol. 3, p. 221 ff.
TSCHERMAK-WOESS, E. 1947, Chromosoma. Bd. 3, p. 66 ff.
TSCHERNOYAROV, M. 1914. Ber. d. D. Botan. Gesellsch. Bd. 32, p. 411 ff.
— 1927. Bull. Jard. Botan. Kiew. vol. 5—6, p. 107 ff.
TSCHUKSANOVA, N. 1939. C. R. Acad. Sci. USSR. vol. 25, p. 219 ff.
TUDA, M. 1929. Japan. Journ. of Genet. vol. 4, p. 115 f.
TURESSON, G. 1930. Hereditas. Bd. 13, p. 177 ff.
— 1931a. Botan. Notis. p. 15 ff.
— 1931b. Hereditas. Bd. 15, p. 13 ff.
— 1938. Ann. Agricult. Coll. Sweden. vol. 5, p. 405 ff.
TUSCHNJAKOVA, M. 1929a. Planta. Bd. 7, p. 29 ff.
— 1929b. Planta. Bd. 7, p. 427 ff.
— 1935. Züchter. Bd. 7, p. 169 ff.

U, N. 1935. Japan. Journ. of Botan. vol. 7, p. 389 ff.
— , NAGAMATU, T. u. MIDUSIMA, N. 1937. Cytologia. Fujii-Festschr.
    p. 437 ff.
UDDLING, A. 1929. Hereditas. Bd. 12, p. 294 ff.
UJHELYI, J. u. FELFÖLDY, L. J. M. 1948. Arch. Biol. Hungar. vol. 18, p. 52 ff.
UPCOTT, M. 1936. Journ. of Genet. vol. 33, p. 135 ff.
— 1939. Journ. of Genet. vol. 37, p. 303 ff.
— u. LA COUR, L. 1936. Journ. of Genet. vol. 33, p. 237 ff.
— u. PHILP, J. 1939. Journ. of Genet. vol. 38, p. 91 ff.

---

[1]) Auf dem Separatabdruck ist der Name der Zeitschrift nicht angegeben.

VAARAMA, A. 1939. Journ. Scient. Soc. Finland. vol. 11 p. 72 ff.
— 1941. Ann. Bot. Soc. Zool.-Bot. Fennic. Vanamo. Bd. 16, Nr. 2.
— 1943. Hereditas. Bd. 29, p. 191 ff.
— 1947. Acta Agral. Fennic. vol. 67, p. 53 ff.
— 1949a. Hereditas. Bd. 35, p. 136 ff.
— 1949b. Hereditas Bd. 35. p. 251 f.
VACHELL, E. u. BLACKBURN, K. H. 1939. Journ. of Botan. vol. 77, p. 65 ff.
VAKAR, B. A. 1935. Studies in wheat hybrids. Omsk Upol. gord. Nr. 911.
— 1936. Cytologia. vol. 7, p. 293 ff.
VALCANOVER, R. 1927. Cellule, t. 37, p. 203 ff.
VERMEULEN, P. 1938. Chronic. Botan. vol. 4, p. 107 f.
— 1947. Studies on Dactylorchis. Utrecht. Verl. Schotanus u. Jens.
— 1949. Nederl. Kruidk. Archief. Bd. 56, p. 204 ff.
VIGNOLI, L. 1933. Lav. R. Istit. Botan. Palermo. vol. 4, p. 5 ff.
— 1945. N. G. Bot. Ital. N. S. vol. 52, p. 11 ff.
VILCINS, M. u. ABELE, K. 1927. Acta Hort. Botan. Latviens. Bd. 2, p. 125 ff.
DE VILMORIN, R. u. SIMONET, M. 1927a. C. R. Acad. Sc. Paris. t. 184,
    p. 164 ff.
— u. SIMONET, M. 1927b. C. R. Soc. Biol. France. t. 96, p. 166 ff.
— u. SIMONET, M. 1928. Zeitschr. indukt. Abstamm. u. Vererb. L.
    Supplem. Bd. 2, p. 1520 ff.
VINALL, H. N. u. HEIN, M. A. 1937. Yearbook U. S. Deptm. Agricult.
    p. 1032 ff.
VIŠ, J. D. 1933. Verhandl. 24. Nederl. Natuur- en Geneeskd. Congr.
    p. 186 ff.
VLADESCO, A. 1941. Bull. Sect. Sci. Acad. Rouman. vol. 3, p. 258 ff.
VOGEL, G. 1936. Diss. Univ. Berlin.

WAHL, H. A. 1940. Amer. Journ. of Botan. vol. 27, p. 458 ff.
WALTHER, E. 1949. Mitteil. Thüring. Botan. Gesellsch. Beih. 1.
WANNER, H. 1943. Planta. Bd. 33, p. 637 ff.
— 1944. Archiv Jul. Klaus-Stift. Bd. 19, p. 537 ff.
— 1945. Archiv. Jul. Klaus-Stift. Bd. 20, p. 356 ff.
WANSCHER, J. H. 1931. Hereditas. Bd. 15, p. 179 ff.
— 1932. Bot. Tidskr. Bd. 42, p. 49 ff.
— 1933a. Bot. Tidskr. Bd. 42, p. 384 ff.
— 1933b. New Phytolog. vol. 33, p. 58 ff.
— 1939. Roy. veterin. a. agricult. Coll. Yearb. p. 21 ff.
WARBURG, E. F. 1938. New Phytolog. vol. 37, p. 130 ff.
WARMKE, H. E. 1946. Amer. Journ. of Botan. vol. 33, p. 648 ff.
— u. BLAKESLEE, A. F. 1939. Genetics. vol. 24, p. 88 f.
— u. BLAKESLEE, A. F. 1940. Amer. Journ. of Botan. vol. 27, p. 751 ff.
WEBER, E. 1929. Botan. Archiv. Bd. 25, p. 1 ff.
WEICHSEL, G. 1940. Züchter. Bd. 12, p. 25 ff.
WEIMARCK, H. 1942. Botan. Notis. p. 218 ff.
WEINEDEL-LIEBAU, F. 1928. Jahrb. wiss. Botan. Bd. 69, p. 636 ff.
WEST, G. 1930. Ann. of Bot. vol. 44, p. 87 ff.
WESTERGAARD, M. 1936. C. R. Trav. Labor. Carlsberg. Sér. Physiol.
    vol. 21, p. 437 ff.
— 1938a. Dansk Botan. Arkiv. Bd. 9, Nr. 5.

Westergaard, M. 1938b. Nature. vol. 412, p. 917.
— 1940. Dansk Botan. Arkiv. Bd. 10, p. 131 ff.
— 1941. Dansk Botan. Tidskr. Bd. 45, p. 338 ff.
— 1943. K. Dansk Vidensk. Selsk. Biol. Skrift. Bd. 2, Nr. 4.
Wetmore, R. H. u. Delisle, A. L. 1939. Amer. Journ. of Botan. vol. 26, p. 1 ff.
v. Wettstein, F. 1940. Ber. d. D. Botan. Gesellsch. Bd. 58, p. 374 ff.
v. Wettstein, R. 1925. Flora. Bd. 118/119, p. 600 ff.
v. Wettstein, W. 1933. Züchter. Bd. 5, p. 280 f.
— u. Propach, H. 1939. Züchter. Bd. 11, p. 279 f.
Wetzel, G. 1929. Botan. Archiv. Bd. 25, p. 257 ff.
Wexelsen, H. 1928. Univ. Californ. Publicat. Agricult. Sci. vol. 12, p. 355 ff.
Whitaker, T. W. 1934a. Journ. Arnold Arboret. vol. 15, p. 135 ff.
— 1934b. Journ. Arnold Arboret. vol. 15, p. 353 ff.
— 1941. Proceed. Amer. Soc. Horticult. Sci. vol. 39, p. 346 ff.
— u. Jagger, J. C. 1939. Journ. Agric. Res. vol. 58, p. 297 ff.
Whyte, R. O. 1929. Journ. of Genet. vol. 21, p. 183 ff.
— 1930. Journ. of Genet. vol. 23, p. 92 ff.
Wiebalck, U. 1940. Zeitschr. f. Botan. Bd. 36, p. 161 ff.
Wilke, J. 1930. Oesterr. Botan. Zeitschr. Bd. 79, p. 78 ff.
Wilkinson, J. 1941. Ann. of Bot. N. S. vol. 5, p. 149 ff.
— 1944. Ann. of Bot. N. S. vol. 8, p. 269 ff.
Winge, Oe. 1914. C. R. Trav. Labor. Carlsberg. vol. 11, p. 1 ff.
— 1917. C. R. Trav. Labor. Carlsberg. vol. 13, p. 131 ff.
— 1919. Journ. of Genet. vol. 18, p. 133 ff.
— 1923. C. R. Trav. Labor. Carlsberg. vol. 15, Nr. 5.
— 1925. Cellule. t. 35, p. 305 ff.
— 1926. Beretn. Nord. Jordbrugsforsk. Kongr. Oslo, p. 592 ff.
— 1927. Journ. of Genet. vol. 18, p. 99 ff.
— 1929a. Hereditas. Bd. 12, p. 53 ff.
— 1929b. Hereditas. Bd. 12, p. 269 ff.
— 1933. Hereditas. Bd. 18, p. 181 ff.
— 1938. C. R. Trav. Labor. Carlsberg. Sér. Physiol. vol. 22, p. 155 ff.
— 1940. C. R. Trav. Labor. Carlsberg. Sér. Physiol. vol. 23, p. 41 ff.
— 1944. C. R. Trav. Labor. Carlsberg. Sér. Physiol. vol. 24, p. 73 ff.
Winkler, H. 1910. Zeitschr. f. Botan. Bd. 2, p. 1 ff.
— 1916. Zeitschr. f. Botan. Bd. 8, p. 417 ff.
— 1931. Zeitschr. indukt. Abstamm. u. Vererb. L. Bd. 27, p. 253 ff.
— 1934. Planta. Bd. 21, p. 613 ff.
Wipf, L. 1939. Bot. Gaz. vol. 101, p. 51 ff.
— u. Cooper, D. C. 1938. Proceed. Nation. Acad. of Sci. vol. 24, p. 87 ff.
— u. Cooper, D. C. 1940. Amer. Journ. of Botan. vol. 27, p. 821 ff.
Wiśniewska, E. 1932. Planta, Bd. 18, p. 211 ff.
v. Witsch, H. 1932. Oesterr. Botan. Zeitschr. Bd. 81, p. 108 ff.
Witte, M. B. 1947. Bull. Torrey bot. Club. vol. 74, p. 443 ff.
v. Woess, F. 1941. Zeitschr. indukt. Abstamm. u. Vererb. L. Bd. 79, p. 444 ff.
Wolcott, G. B. 1937. Amer. Natural. vol. 71, p. 190 ff.
Woodworth, R. H. 1929a. Bot. Gaz. vol. 87, p. 331 ff.
— 1929b. Bot. Gaz. vol. 88, p. 383 ff.
— 1930. Bot. Gaz. vol. 90, p. 180 ff.

WOODWORTH, R. H. 1931. Journ. Arnold Arbor. vol. 12, p. 206 ff.
WÓYCICKI, Z. 1937. Cytologia. Fujii-Festschr. p. 1094 ff.
WRIGHT, F. R. E. 1938, Journ. of Botan. vol. 76, p. 361 ff.
WÜNSCHE, O.-ABROMEIT, J. 1909. Die Pflanzen Deutschlands. 9. Aufl.
      Leipzig u. Berlin.
WULFF, H. D. 1933 .Planta. Bd. 21, p. 12 ff.
— 1934a. Ber. d. D. Botan. Gesellsch. Bd. 52, p. 43 ff.
— 1934b. Ber. d. D. Botan. Gesellsch. Bd. 52, p. 597 ff.
— 1935. Beih. Botan. Centralbl. Bd. 54, Abt. A. p. 83 ff.
— 1936. Planta. Bd. 26, p. 275 ff.
— 1937a. Jahrb. wiss. Botan. Bd. 84, p. 812 ff.
— 1937b. Ber. d. D. Botan. Gesellsch. Bd. 55, p. 262 ff.
— 1938. Ber. d. D. Botan. Gesellsch. Bd. 56, p. 247 ff.
— 1939a. Jahrb. wiss. Botan. Bd. 87, p. 533 ff.
— 1939b. Ber. d. D. Botan. Gesellsch. Bd. 57, p. 84 ff.
— 1939c. Ber. d. D. Botan. Gesellsch. Bd. 57, p. 424 ff.
— 1940. Planta. Bd. 31, p. 478 ff.
WUNDERLICH, R. 1926. Oesterr. Botan. Zeitschr. Bd. 85, p. 30 ff.
— 1937. Flora. Bd. 132, p. 48 ff.
WYLIE, R. B. 1904. Bot. Gaz. vol. 37, p. 1 ff.

YAKAR, N. 1945. Revue Fac. Sci. Univ. Istanbul. Sér. B. t. 10, p. 299 ff.
YAKOVLEVA, S. V. 1933. Bull. appl. Botan. Ser. II. Nr. 5, p. 207 f.
YAMADA, J. 1943. Seiken Zihô. Nr. 2, p. 64 ff.
YAMAMOTO, K. u. SAKAI, K. 1932. Japan. Journ. of Genet. vol. 8, p. 27 ff.
YAMAMOTO, Y. 1933 a. Japan. Journ. of Genet. vol. 8, p. 125 ff.
— 1933b. Japan. Journ. of Genet. vol. 8, p. 264 ff.
— 1934a. Cytologia. vol. 5, p. 317 ff.
— 1934b. Botan. a. Zoolog. vol. 2, p. 1160 ff.
— 1935a. Japan. Journ. of Genet. vol. 11, p. 6 ff.
— 1935b. Cytologia. vol. 6, p. 407 ff.
— 1935c. Japan. Journ. of Genet. vol. 11, p. 321 ff.
— 1936a. Japan. Journ. of Genet. vol. 12, p. 61 f.
— 1936b. Japan. Journ. of Genet. vol. 12, p. 73 ff.
— 1936c. Japan. Journ. of Botan. vol. 8, p. 295 ff.
— 1937. Japan. Journ. of Genet. vol. 13, p. 53 f.
— 1938. Mem. Coll. Agricult. Kyoto Imp. Univ. vol. 43, p. 1 ff.
YAMASHITA, K. 1937. Agricult. a. Horticult. vol. 12, p. 1219 f.
YAMAZAKI, Y. 1936. Japan. Journ. of Botan. vol. 8, p. 151 ff.
YAMPOLSKY, C. 1925. Ber. d. D. Botan. Gesellsch. Bd. 43, p. 241 ff.
— 1933. Bull. Torrey bot. Club. vol. 60, p. 639 ff.
YARNELL, S. H. 1929. Genetics. vol. 14, p. 78 ff.
— 1931a. Genetics. vol. 16, p. 422 ff.
— 1931b. Proceed. Amer. Soc. Horticult. Sci. p. 114 ff.
YASUI, K. 1911. Ann. of Bot. vol. 25, p. 469 ff.
YENIKEJEV, K. K. 1938. Genetica. vol. 20, p. 187 ff.

ZABBAN, B. 1935. Rendicont. R. Accadem. Naz. Lincei. Cl. scient.
      fis. mat. e. nat. vol. 21, p. 208 ff.
— 1936. Annali di Botan. vol. 21, p. 307 ff.
ZIMMERMANN, W. 1932. Jahrb. wiss. Botan. Bd. 77, p. 393 ff.

GATTUNGSREGISTER.

NACHTRAG.

Folgende neue Chromosomenzahlen wurden mir nach Druckabschluss noch bekannt:

Nr. 2228. Senecio doronicum L. 40 Afzelius 1949.
Nr. 2239.   „   aquaticus Huds. 20 Afzelius 1949.
Nr. 2471. Scheuchzeria palustris L. 11 Manton 1949.
AFZELIUS, K. 1949. Acta Horti Bergian. Bd. 15, p. 65 ff.
MANTON, I. 1949. Watsonia. vol. 1, p. 36.